贵州省科学技术厅资助项目（黔科合支撑〔2019〕2884号）

道路交通安全理论与实践

张显强　孟　娇　徐　梅　李寓星　等著

中国人民公安大学出版社
·北　京·

图书在版编目（CIP）数据

道路交通安全理论与实践 / 张显强等著 .—北京：中国人民公安大学出版社，2021. 12

ISBN 978-7-5653-4443-5

Ⅰ. ①道… Ⅱ. ①张… Ⅲ. ①交通运输安全 Ⅳ. ①X951

中国版本图书馆 CIP 数据核字（2021）第 266262 号

道路交通安全理论与实践

张显强 孟 娇 徐 梅 李寓星 等著

出版发行：中国人民公安大学出版社
地　　址：北京市西城区木樨地南里
邮政编码：100038
经　　销：新华书店
印　　刷：北京市泰锐印刷有限责任公司

版　　次：2021 年 12 月第 1 版
印　　次：2021 年 12 月第 1 次
印　　张：18. 5
开　　本：787 毫米×1092 毫米 1/16
字　　数：390 千字

书　　号：ISBN 978-7-5653-4443-5
定　　价：60. 00 元

网　　址：www. cppsup. com. cn　www. porclub. com. cn
电子邮箱：zbs@ cppsup. com　zbs@ cppsu. edu. cn

营销中心电话：010-83903991
读者服务部电话（门市）：010-83903257
警官读者俱乐部电话（网购、邮购）：010-83901775
教材分社电话：010-83903259

道路交通安全理论与实践

项目组成员

张显强　孟　娇　徐　梅　李寓星

涂国章　石晓玲　张　艳　张　伟

贺中华　王金换　王晓卉　赵玉霞

前 言

道路交通伤害目前已成为严重的公共卫生问题，也是在全世界范围内造成人员伤亡和残疾的主要原因之一。世界卫生组织在2018年《全球道路安全现状报告》中指出，道路交通死亡人数继续攀升，每年死亡人数达135万人，数百万人受伤或残疾。这些事故大多发生在发展中国家，道路交通伤害是全球5-29岁人口死亡的首要原因。随着道路交通的迅猛发展，人、车、路和交通环境之间的协调越来越难，交通事故越来越多，因交通事故引发群众上诉上访、聚集闹事的案（事）件也越来越多。本书结合贵州山区道路地质条件复杂、地貌类型多样、气候变化快速的特点，分别从驾驶人行为适应性、模糊图像处理技术研究与系统开发、基于3S技术的道路交通事故影响因素等方面对贵州省交通事故的成因进行了研究，以期为山区道路交通事故预测和防控对策的制定提供参考。

本书以大量理论和实验数据为基础，全面介绍道路交通安全理论和实践应用。全书共七章，第一、三、五、七章由张显强、孟娇、贺中华撰写，第二章由徐梅撰写，第四章由涂国章、张艳、张伟、孟娇撰写，第六章由张伟、李寓星撰写。附录由孟娇、徐梅、李寓星收集、整理。张显强、王金换、王晓卉、赵玉霞负责全书的统稿和校对。第一章绪论，介绍了本书编写的背景和意义、国内外研究现状、道路交通安全发展现状和“十三五”期间的道路交通事故研判。第二章道路交通安全的影响因素，系统地总结了人、车辆、道路和环境因素对交通安全的影响。第三章道路交通事故预防的对策与建议，针对山区道路特点，提出防控的对策与建议，以供相关职能部门参考。第四章驾驶行为适应性与交通安全的关联机制，系统介绍影响血醇测定结果准确性的因素、酒驾血醇消除速率动态研究及数学模型构建、酒驾行为适应性检测设备及软件开发与研究。第五章毒驾问题及其防控对策研究，通过对近几年贵州省毒驾现状分析，提出毒驾问题防控对策。第六章模糊图像处理技术研究与系统开发，针对模糊图像复原与矫正方法进行研究，构建了模糊视频图像修复系统。第七章基于3S技术的贵州省道路交通事故车辆监控及预测预警研究，系统分析了贵州道路交通事故特征、影响因素，特殊天气对特大道路交通事故影响，道路分形对道路交通事故影响和地貌组合特征对道路交通事故影响，并进行了实证研究。

本书数据丰富，实用性强，得到贵州省科学技术厅“基于稳定同位素技术的油漆物证比对及其溯源研究”（黔科合支撑〔2019〕2884号）项目资助，是科技平台项目“贵州省道路交通事故鉴定工程技术研究中心”（黔科合G字〔2014〕4001号）近八年的研究工作阶段总结。由于作者水平有限，书中难免存在疏漏，敬请广大读者批评指正。

张显强

2021年9月

Contents/目 录

第一篇 基础理论

第二篇 实践应用

第一篇　基础理论

第一章 绪 论

道路交通伤害目前已成为严重的公共卫生问题，也是在全世界范围内造成人员伤亡和残疾的主要原因之一。世界卫生组织在 2018 年《全球道路安全现状报告》中指出，道路交通死亡人数继续攀升，每年死亡人数达 135 万人，数百万人受伤或残疾。这些事故大多发生在发展中国家。道路交通伤害是全球 5-29 岁人口死亡的首要原因。

道路交通伤害不仅是一个重大的卫生问题，也可能使许多国家的发展出现倒退。对于家庭而言，这种伤害会造成严重的经济负担。受害家庭通常必须承担巨额医疗和康复的直接费用，并且因受害人无法继续挣钱或应医务人员的要求改换工作而遭受间接损失。对于国家而言，道路交通伤害对保健和康复系统的直接冲击及其造成的间接损失，成为国家经济的沉重负担。在中低收入国家，道路交通事故每年造成的损失在 650 亿到 1000 亿美元——超过每年收到的发展援助总额。

机动化程度的提高除导致道路交通伤害剧增外，还给人类健康和全球环境带来其他不利后果。世界许多地区受到气候变化影响，有证据表明，全球温室气体排放量的 14%来自仍然严重依赖石油的道路运输。温室气体排放污染了空气，进而影响呼吸系统，直接影响了人体健康。人们依赖机动交通减少了体力活动，这对健康也产生了许多不利影响。全球各国决策者正考虑如何减少温室气体排放量及其对全球气候变化的影响。世界卫生组织 WHO 在道路安全行动十年计划期间还将开展一系列活动和措施，改进可持续的交通系统，进而减缓对气候变化的影响。例如，通过推动使用安全、更环保洁净的公共交通和促进积极运动等措施减少机动车辆的使用，减少温室气体排放量，帮助人们增进健康，在一定程度上也可减少道路交通伤害人数。

针对道路交通伤害，也可以采取一定的预防措施。例如，制订有可衡量目标的国家计划或战略是可持续道路安全应对办法的重要内容。有效的干预措施包括：在土地使用、城市规划和交通规划中考虑道路安全因素；设计更安全的道路，并要求对新建项目进行独立的道路安全设计；改进车辆的安全性能；提倡公共交通出行；通过采用交通缓解措施有效管理车速；制定和执行关于使用安全带、头盔和儿童约束装置的法律规定；制定和执行驾驶员血液酒精浓度限值规定；改善对道路交通碰撞事故受害者的救治。开展宣传教育运动，向公众讲解违规的风险以及相关处罚，这些在协助实施法律措施方面也会发挥重要作用。

第一节 背景和意义

一、研究背景

道路交通伤害是一个重要的全球公共卫生问题，需要全人类付出加倍努力，才能有效地、可持续地预防道路交通伤害。在人们每天接触的所有系统当中，道路交通伤害是最为复杂和危险的。世界卫生组织 2018 年《全球道路安全现状报告》显示，道路交通死亡人数继续攀升，每年死亡人数达 135 万人，且道路交通伤害如今是 5-29 岁儿童和年轻人死亡的首要原因（见图 1-1）。尽管死亡总人数在上升，但相对于世界人口规模来说，总死亡率相对稳定，提示部分中、高收入国家在道路安全方面采取的围绕超速、酒驾、不使用安全带和摩托车头盔、儿童约束装置等主要风险完善立法；设立更加安全的道路基础设施，如人行道、自行车道和摩托车道；

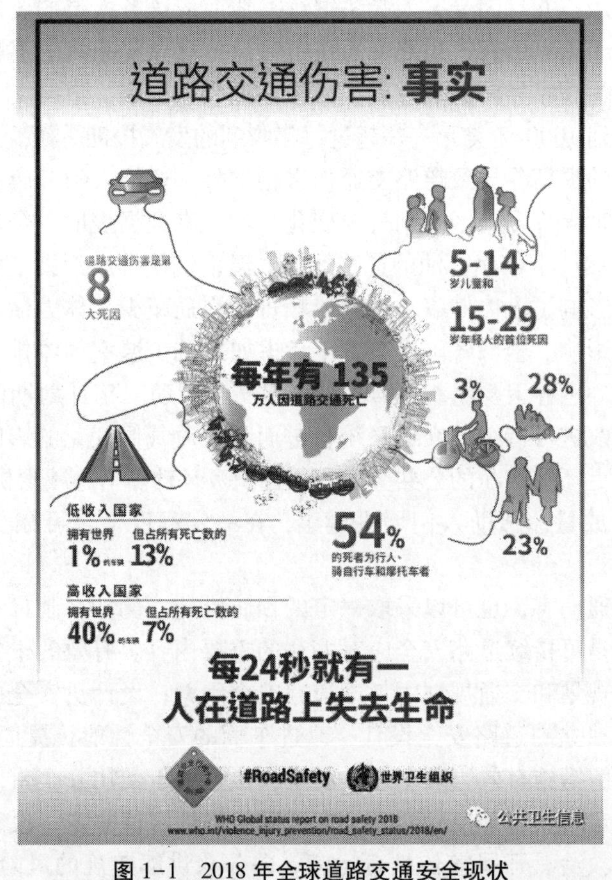

图 1-1 2018 年全球道路交通安全现状

提高车辆标准；完善道路交通事故后的急救措施等方面。但是，低收入国家道路交通死亡风险为高收入国家高的3倍，道路交通死亡率最高的是非洲（每100000人死亡26.6人），最低的是欧洲（每100000人死亡9.3人）。另外，世界上有3个区域报告了道路交通死亡率下降的情况，分别是美洲、欧洲和西太平洋。①

道路交通伤害的现况是令人痛心的，因为大多数交通伤害原本是可以避免的。世界卫生组织曾在2009年提出，如果不付诸加倍努力并开展新的道路安全行动，预计到2020年全球道路伤亡总数将上升65%左右，而中低收入国家死亡人数将增加80%。② 目前包括行人、骑脚踏车者和摩托车驾驶员在内的“道路交通安全弱势群体”构成了上述交通事故死亡的主体。在高收入国家，轿车使用者依然是道路交通事故死亡主体，但是道路安全弱势群体人均危险性更高。

虽然未专门讨论中国的道路交通事故问题，但是，来自世界卫生组织、世界银行、中国卫生部、公安部、交通部的官员均表示：中国的交通事故安全问题非常严重，中国每年因交通事故死亡的人数居世界首位，并且以每年10%的速度递增。

（一）道路交通事故的严重性

交通运输业是国民经济中一个重要的物质生产部门，被马克思称为“除采掘业、农业、加工业以外的第四物质生产领域”。它对推动生产发展、促进物质交流、改善人民生活等具有十分重要的作用。道路交通作为其中一项很重要的内容以其机动灵活、活动面广的特点，能够将其运动的触角延伸到社会各个层面，在现代化建设进程中“先行、纽带、桥梁”的作用越来越明显。但事物的发展无不具有矛盾的二重性，随着工业化进程的加快，交通运输业突飞猛进，一方面促进了经济社会的繁荣，另一方面交通事故所带来的负面影响也不容忽视，道路交通事故在世界各国已成为一个极为严重的社会问题。自汽车问世以来的100余年中，全球死于交通事故的人数逐年增加；到2005年累计死亡约3800万人，且其上升势头一直未得到有效遏制。③ 美国国家安全局一项数据统计显示，在美国每8分钟就有1人伤于车祸，每11分钟就有1人死于车祸，每年有15万人因交通事故致残，有10万个家庭因车祸而发生不幸。无怪乎人们称道路已成为不使用武器的战场，交通事故是一场没有硝烟的战争。

美国著名学者乔治·威伦在他的著作《交通法院》中写道：“人们应该承认，交通事故已成为今天国家最大的问题之一，它比消防问题更严重，是因为每年交通事故比火灾死的人更多，遭受的财产损失更大；它比犯罪问题更严重，是因为交通事故跟整个人类有关，不管是强者还是弱者，富人还是穷人，聪明人还是愚蠢人，每一个男人、女人、孩子或者婴儿，只要他们在街道或公路上，每一分钟都可能死

---

① 世界卫生组织．全球道路安全现状报告，2018.

② 世界卫生组织．全球道路安全现状报告，2009.

③ 世界卫生组织．全球道路安全现状报告，2009.

于交通事故。”段蕾蕾在2010年时分析我国2007年道路交通事故情况结果表明：全国平均每分钟发生1.4起交通事故，每5分钟就有1人因交通事故死亡，每1分钟就有1人因交通事故受伤。

“车祸猛于虎”，随着经济的高速发展，城市化、工业化的发展速度也在加快，交通事故发生率和死亡人数也随之加大，美国在1952年到1972年的21年间里，道路交通事故死亡人数由1952年的37794人增加到1972年的56278人，达到美国历史上交通事故死亡人数最高峰，增长了49%，年均增长率2.1%，刚好这段时间是美国在第二次世界大战后经济发展最快的时期。1973年开始，受世界能源与经济危机的影响，美国的经济发展速度下降，因此交通事故死亡人数同时也开始下降。从1972年到1994年，交通事故死亡人数年均下降率为2%。日本在1952年到1970年的18年间里，道路交通事故死亡人数由1952年的4696人增加到1970年的16765人，达到日本历史上交通事故死亡人数最高峰，增长了257%，年均增长率为7.7%，日本在1945年战败投降后，国内经济经过6年的恢复，到1952年开始高速增长，一直持续到1970年，这段时间是日本历史上经济发展最快的时期。鉴于交通事故的严重性，从1970年开始，日本全国上下视交通事故如同交通战争，在交通安全上进行了大量的投入，加之经济发展速度变慢，因此交通事故死亡人数曾一度急剧下降，到1979年交通事故死亡人数为8466人，仅为1970年的50.5%。

在1951年至2001年的51年中，我国道路交通事故一直呈上升趋势，20世纪80年代以后这个趋势尤为明显。道路交通事故发生次数从1951年的5922起增加到2001年的754919起，伤亡人数以每10年翻一番的速度上升。在这51年间，道路交通事故发生数、受伤人数和死亡人数分别增加了127倍、105倍和123倍；2001年死亡率攀升至8.51/10万人口。[①] 车祸死亡人员中，行人、乘客、骑摩托车者和骑自行车者等交通弱势群体占了80%以上。首当其冲的是儿童和青壮年劳动人群，半数以上的车祸死亡者是16-45岁的青壮年，其中75%是26-45岁年龄组，道路交通事故对劳动生产力人口造成严重影响。死亡所带来的潜在寿命损失年（YPLL）远高于恶性肿瘤和冠心病，“60岁以上的道路交通事故伤亡者的上升趋势，提示老年人也是道路交通事故死亡和重度创伤的弱势人群，这将成为全球日益关注的问题”。[②]

（二）道路交通事故预防的必要性

回顾英、美等发达国家的交通事故史可以发现，他们几乎在同一时期，也就是1945年至20世纪70年代初，交通事故的发生率达到了鼎盛时期，事故率和死亡率迅速上升，成为一个严重的社会问题。而这一时期，正是这些国家经济飞速发展的时期，道路工程大规模建设，汽车保有量成倍增长。而我国目前正好处在这样一个时期，GDP年增长率保持在8%以上，远远超出同一时期世界平均水平；汽车保有

---

① 张鹏辉．道路交通事故规律分析及预防对策研究．合肥工业大学硕士学位论文，2008.

② 世界卫生组织．全球道路安全现状报告，2009.

量增长速度惊人，与此同时，道路及相关设施的建设速度却远远落后，这样的反差导致我国交通事故率居高不下，死亡人数逐年攀升。

20世纪六七十年代，道路交通事故死亡率在高收入国家已经开始下降。例如，1975年至1998年每10万人口的道路交通事故死亡率在美国下降27个百分点，加拿大则下降了63个百分点。为了降低交通事故带来的损失，西方国家对事故预防及对策倾注了大量人力、物力和财力，制定了完善的道路交通管理法律、法规和相关政策。虽然每年因交通事故造成的损失还是很高，但上升的势头已被遏制，甚至开始下降。而我国则相反，在改革开放前30年内交通事故四项统计指标几乎呈直线上升趋势。

（三）加强道路交通安全是维护社会稳定的必然需求

稳定是解决一切问题的基础，没有社会稳定作前提，社会发展也就失去了依托，其正常进程也很难继续进行。因为作为社会进步根本标志的生产力的发展往往是在社会稳定的条件下实现的。一个不能保持长期社会稳定的国家，其生产力发展和现代化便无从谈起。据新华社报道，2011年8月12日，贵州省黔西县曾出现一起因城管纠正违章停车与群众冲突引发的恶性群体性事件。由此可见，道路交通安全执法过程中处理的方法、策略非常重要。目前我国正处于社会转型时期，由于经济基础剧变，社会阶级和阶层结构重组，利益格局重构和利益意识唤醒，社会价值取向多，观念分歧，社会道德标准漂移和约束力降低，导致与社会巨变相适应的社会心态浮躁和冲动倾向等现状的凸显。加上有的地方政府执行政策有偏差，造成干群关系紧张，不断引发新的矛盾，从而导致群体性事件不断发生扩大。因此，加强道路交通安全执法的规范性、判断的科学性、处理的快速性是维护社会稳定的必然需求。

二、开展道路交通安全研究的意义

（一）道路交通事故已经成为世界范围内困扰社会和公众的“公害”

在此背景下，加强山区道路交通安全研究，掌握道路交通事故的发生、发展、分布规律与特征，探究道路交通事故与人、车、路、环境及管理之间相互关系，找到道路交通事故的发生规律，以及在现有道路交通条件下交通事故的发展趋势，并提出行之有效的交通安全对策，是交通管理部门面临的迫切问题。

（二）我国的道路交通事故目前正处在多发的关键时期

虽然各个城市都采取了很多应急措施，以降低交通事故的发生率；但是，如果没有科学理论做指导，治理交通事故的成效将难以持久，道路交通事故随着社会经济的发展、汽车数量的激增、交通环境的变化，还会有反复和上升趋势。在道路交通规划、设计、管理、法规等方面，道路交通安全的研究成果对于科学决策越来越重要。

（三）借鉴先进国家经验提高我国道路交通安全领域研究水平

国外学者从20世纪七八十年代就开始了道路交通安全方面的研究，并在交通事故致因分析与对策实施方面取得了创新性成果。我们应当借鉴先进国家的经验，通过对道路交通安全的研究，提高我国在该领域的研究水平，为道路安全规划设计和交通安全管理提供科学依据。

第二节 国内外研究现状

一、国外研究现状

在20世纪60年代以前，西方和日本等发达国家的道路交通事故和事故死亡人数随着汽车保有量的增加不断上升。到了60年代，这些国家的道路交通事故死亡人数出现急剧增长，如英国上升率为45%，法国为81.5%。日本交通事故死亡人数从50年代就开始上升，上升率为34%，至1970年死亡人数为16765人，达到最高峰。美国在1972年交通事故死亡人数为56278人，达到最高峰。严重的交通事故率、人员死亡率给民众带来了痛苦和伤害，也给经济发展和政府交通管理带来沉重压力。美国1978年非病死亡人数为110200人，其中交通事故约占一半，说明交通事故在各种意外事故中所占比例最大。[①] 在经济损失方面，1978年美国的交通事故经济损失为361.5亿美元，是全国火灾事故经济损失的7倍。

60年代中期，道路交通安全形势严峻的各国政府开始调整交通管理模式，完善道路交通安全法规，开展道路交通事故的综合治理。进入70年代后，这些措施开始见到成效。例如，美国在1999年机动车保有量达到21158万辆，比70年代初增长了73%，但是当年交通事故死亡人数却比70年代初减少了27.5%，为40800人。日本在1998年的机动车保有量达到8548.4万辆，是1970年的3倍，但当年交通事故死亡人数却下降了约一半，为9211人，是1970年的55%。[②]

道路交通事故是全球一项重要死亡原因，且是15-29岁人群的主要死亡原因，图1-2为世界卫生组织于2015年统计的各区域每10万人的道路交通死亡率。[③] 纳入可持续发展目标说明国家层面已经认识到道路交通伤害给国家经济和家庭造成的沉重负担，并将其纳入目标所涉及的更广泛的发展和环境议程。

进入90年代，特别是1994年以后，世界各国的交通安全情况发生了很大变化，东欧、亚洲、非洲的许多国家和地区道路交通事故死亡人数开始幅度不等地下降，包括一些发展中国家交通安全形势也出现明显好转，只有中国等少数发展中国家的交通安全形势仍很严峻。在全球人口增加4%和机动化程度增加16%的情况下，道路交通死亡人数处于稳定水平，这表明过去开展的道路安全努力取得了一些成效。

① 王宏伟．道路条件对公路交通安全的影响研究．西南交通大学硕士学位论文，2010.

② 裴玉龙，王炜．道路交通事故成因分析及预防对策．人民交通出版社，2004.

③ 世界卫生组织．全球道路安全现状报告，2015.

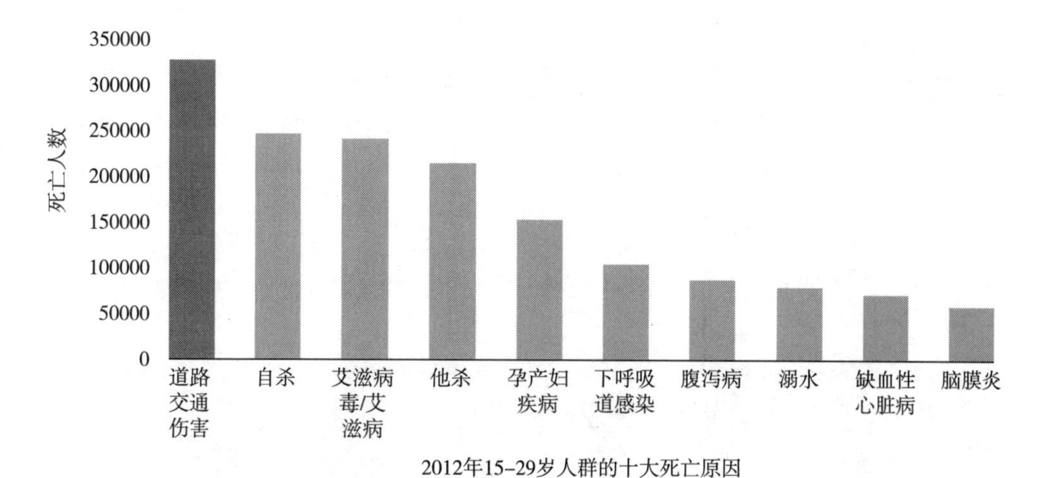

图 1-2 世界卫生组织统计的各区域每 10 万人的道路交通死亡率

自 2007 年以来，这一情况没有发生太大变化。但应当考虑到，同期全球注册登记的车辆数增加了 15%，也就是说，改进全球道路安全的干预措施减少了道路交通死亡增加的情况。从 2007 年到 2010 年，有 88 个国家（人口总计 16 亿）的道路交通死亡数量下降了，而且如果各国采取进一步行动还有可能挽救更多生命。

同期有 87 个国家的道路交通死亡数量增加了。中等收入国家的年道路交通死亡率最高，为每 10 万人 20.1 人，高于高收入国家（每 10 万人 8.7 人）和低收入国家（每 10 万人 18.3 人）；中等收入国家人口占全世界的 70%，拥有全世界 53%的注册车辆，而道路交通死亡人数占全世界的 74%。相对其机动车数量而言，这些国家的道路交通死亡负担过高；低收入国家的死亡率是高收入国家的两倍多，相对于这些国家的机动化水平，它们的死亡人数不成比例：道路交通死亡 90%发生在低收入和中等收入国家，而这些国家只拥有世界 54%的车辆（见图 1-3）。非洲区域的道路交通死亡率仍然最高（每 10 万人 26.6 人），欧洲区域高收入国家的死亡率最低（每 10 万人 9.3 人），尽管机动化水平不断升高，但其中许多国家非常成功地降低

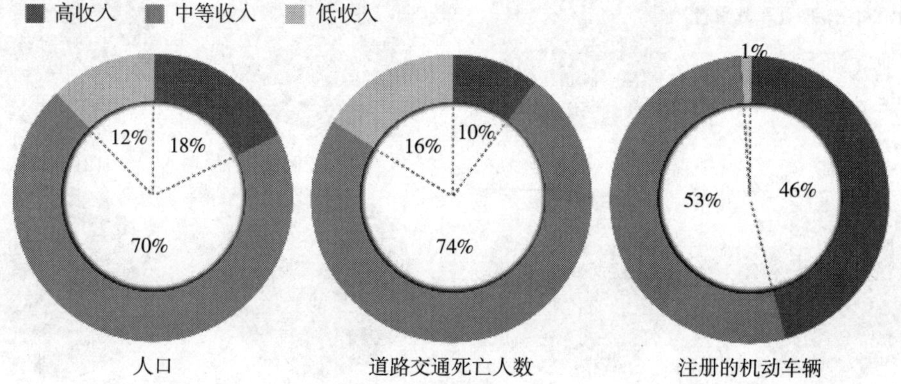

图 1-3 同收入水平国家的人口、道路交通死亡人数和注册机动车辆数量比例

了死亡率并保持了这种趋势。

就道路交通伤害造成死亡的风险而言，非洲区域最高，欧洲区域最低（见图 1-4）。但是，同一区域不同国家之间的道路交通死亡率大相径庭，欧洲区域国家之间的差别最大。

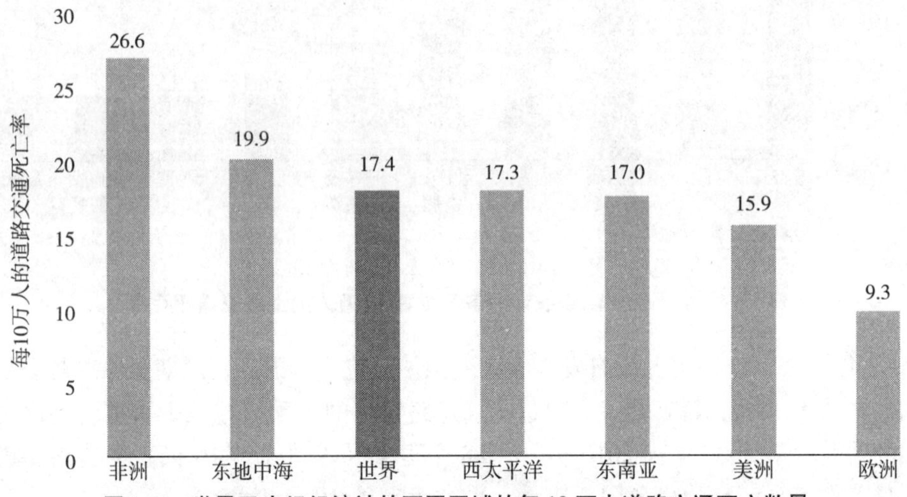

图 1-4　世界卫生组织统计的不同区域的每 10 万人道路交通死亡数量

所有道路交通死亡中有半数是行人、骑自行车者和骑摩托车者，世界道路上的死亡者中一半是弱势群体，即骑摩托车者（23%）、行人（22%）和骑自行车者（4%）。但是，骑摩托车者、骑自行车者或行人死于道路交通事故的可能性随区域而有所不同：非洲区域行人和骑自行车者的死亡比例最高，占所有道路交通死亡的 43%，而该比率在东南亚区域则较低（见图 1-5）。这反映了各个区域为保护不同道路使用者所采取的安全措施水平以及主要出行方式。

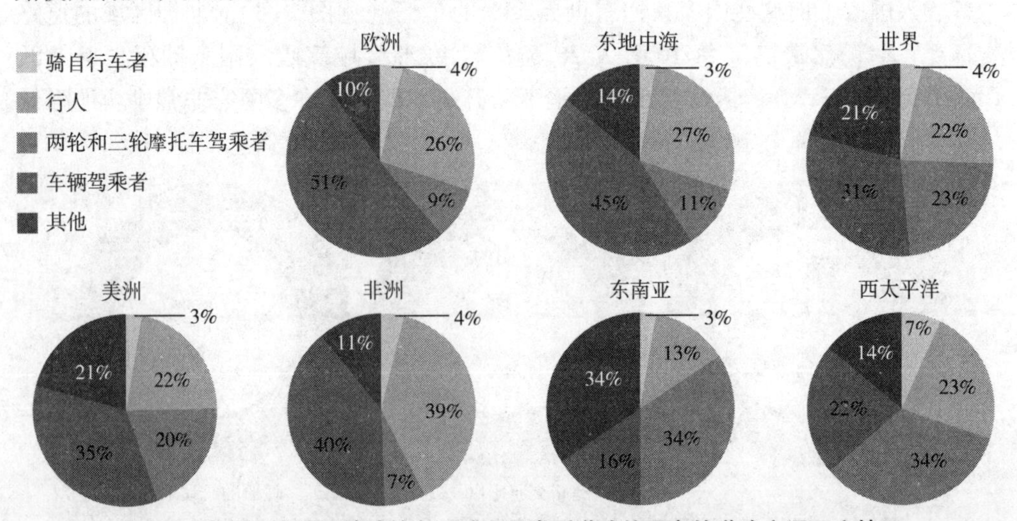

图 1-5　世界卫生组织统计的各区域不同类型道路使用者的道路交通死亡情况

二、国内研究现状

（一）全国道路交通事故现状

与国外情况相似，我国的道路交通事故相关统计数据，也带有明显的社会经济发展和公众生活水平变化烙印，反映了交通参与者的安全意识程度和交通安全科技的应用成效。20 世纪五六十年代每年全国交通事故死亡人数仅为几百至几千人，70 年代为一万到两万人；到 80 年代中期，我国道路交通事故和死亡人数开始明显增加，90 年代末期出现了急剧增长的趋势。[①] 机动车给我们生活提供方便的同时，也产生了一系列问题，如道路交通事故、环境污染等。2020 年中国道路交通事故万车死亡人数为 1. 66 人，同比下降 7. 8%。2019 年中国道路交通事故发生数量为 24. 8 万起，同比增长 1. 1%；中国道路交通事故造成直接财产损失为 13. 46 亿元，同比下降 2. 8%。交通事故事件受伤人数远远大于死亡人数，2019 年中国道路交通事故死亡人数为 62763 人，同比下降 0. 7%；中国道路交通事故受伤人数为 256101 人，同比下降 0. 9%。虽然交通事故死亡人数逐年下降，但 2019 年中国机动车交通事故死亡人数占比还是较高，为 90. 7%；非机动车交通事故死亡人数为 6. 9%。2019 年中国交通事故受伤人数中，机动车交通事故受伤人数为 221309 人，同比下降 2. 7%；其中，汽车交通事故受伤人数为 157157 人，同比下降 7%；摩托车交通事故受伤人数为 53710 人，同比下降 2. 5%；中国非机动车交通事故受伤人数为 32347 人，同比增长 11. 6%。

道路交通事故的大量发生，时刻威胁着交通参与者的生命财产安全，对国民经济的迅速发展起着负面影响，削弱了公众的幸福感，也成为公众关注的社会热点问题之一。综合有关统计数据说明：第一，目前我国道路交通事故死亡人数仍居世界前列，车辆事故率为发达国家的十多倍。第二，道路交通事故是我国安全生产的主要事故源，其死亡人数约占全国生产事故总死亡人数的 80%；而在“空、水、路、铁”四大交通方式中道路交通事故占绝大多数，安全问题最为突出。第三，道路交通事故所造成的实际经济损失远高于我国目前统计公布的直接经济损失，2019 年中国交通事故直接财产损失中，机动车交通事故直接财产损失为 125800. 9 万元，同比下降 4%；其中汽车交通事故直接财产损失为 111420. 6 万元，同比下降 6. 1%；摩托车交通事故直接财产损失为 10771. 5 万元，同比增长 0. 8%；中国非机动车交通事故直接财产损失为 6212. 2 万元，同比增长 13. 6%。[②]

（二）道路交通事故形势依然严峻

近年来中国机动车保有量逐年增加，2020 年中国机动车保有量达 3. 72 亿辆，较 2019 年增加了 0. 24 亿辆，同比增长 6. 9%。2020 年全国 70 个城市汽车保有量超

---

① 郑安文，等．道路交通安全与管理——事故成因分析和预防策略．机械工业出版社，2008：29-30.

② 智研咨询集团．2021-2027 年中国交通事故现场勘查救援设备行业市场运行格局及战略咨询研究报告，2021.

过100万辆，其中北京、成都、重庆超过500万辆，苏州、上海、郑州超过400万辆，西安、武汉、深圳、东莞、天津、青岛、石家庄7个城市超过300万辆。以贵州省为例，截至2018年年底，贵州省机动车已达771万辆，驾驶人数量达964万人。贵州多雨雾凝冻等恶劣天气，因此交通事故高发。2019年，贵州全年查处交通违法2531.04万起，全省较大事故大幅下降，为近30年来最低，重大道路交通事故实现零发生。2019年，全省道路运输事故发生下降9.8%，死亡人数下降20.1%，受伤人数下降10.6%。道路运输事故在贵州省安全生产事故中的占比为74.7%，已连续两年低于80%。全省较大道路交通事故同比下降63.6%，死亡人数下降58.6%，受伤人数下降65.8%，为近30年来最低。全省农村地区事故起数和死亡人数占全部事故总数的比例分别为56.5%和65.6%；与近三年来农村事故占全部事故的年平均值（63.8%和69.5%）相比，分别下降7.3和3.9个百分点。全年完成整改治理安全隐患路段3318处，农村生命防护工程和农村公路平交路口“千灯万带”示范工程持续深入推进，全省单车翻坠事故大幅下降，翻坠事故致死率也得到明显控制。全省单车翻坠事故下降17.4%，死亡人数下降36.5%。致死率从每起事故死亡1.1人下降到2019年的每起事故死亡0.64人。酒驾醉驾交通事故占全省交通事故总数的9.92%，与2017年占12.9%，2018年占11.3%相比，呈逐年下降趋势。其中，2019年全省因酒驾醉驾肇事的较大道路交通事故与2018年相比下降71.43%，死亡人数下降73.08%，呈逐年下降趋势。①

针对严峻的交通安全形势，贵州省交警总队会同有关部门和科研院所专家就贵州山区公路、农村道路，客运交通安全及高速公路应急等方面设计了调研课题，对贵州道路交通事故预防工作提出规划。但极度欠缺对交通事故后续处理，如事故成因、伤残鉴定、痕迹物证、车辆安全检测等专业系统的深入研究，这对扭转贵州省当前道路交通安全形势严峻的被动局面极为不利。因此，积极探索贵州省重特大交通事故频发、高发的根本原因，建立科学的交通安全监控管理体系，提高交通事故防控的水平，已成为当务之急。

第三节　道路交通安全发展特征分析
——以贵州省为例

一、贵州省概况

（一）地理气候情况

贵州省是全国唯一没有平原支撑的省份，境内有乌蒙山、大娄山、苗岭山、武

① 重大事故“零发生”！贵州道路交通安全工作取得新进展新突破．[2020-01-01]．当代先锋网．

陵山四大山脉，山地和丘陵占全省面积的92.5%，喀斯特（出露）面积为10.9万平方公里，占全省国土总面积的61.9%，是喀斯特地形学的天然百科全书。贵州省属于亚热带季风气候，大部分地区温和湿润，气候垂直变化明显，有“一山有四季，十里不同天”之说。由于特殊的地理环境，贵州省四季分明，春暖风和、冬无严寒、夏无酷暑、雨量充沛、雨热同季。全省日照时数在1200-1600小时，年均气温在14℃-18℃，降雨量在1100-1300毫米，气候十分舒适宜人。

（二）人口与民族

截至2019年年末，贵州省常住人口3622.95万人，比2018年年末增加22.95万人。其中，城镇常住人口1775.97万人，占年末常住人口的比重为49.02%，比2018年年末提高1.5个百分点。全年出生人口49.30万人，出生率为13.65‰；死亡人口25.10万人，死亡率为6.95‰；自然增长率为6.7‰。

贵州是一个多民族共居的省份，其中世居民族有汉族、苗族、布依族、侗族、土家族、彝族、仡佬族、水族、回族、白族、瑶族、壮族、畲族、毛南族、满族、蒙古族、仫佬族、羌族18个民族。据全国第五次人口普查，全省人口超过10万的民族有汉族（2191.17万，占62.2%）、苗族（429.99万，占12.2%）、布依族（279.82万，占7.9%）、侗族（162.86万，占4.6%）、土家族（143.03万，占4.1%）、彝族（84.36万人，占2.4%）、仡佬族（55.9万，占1.6%）、水族（36.97万，占1.0%）、白族（18.74万，占0.53%）和回族（16.87万，占0.5%）。

（三）行政区划与城市

截至2021年3月，贵州省辖贵阳、遵义、六盘水、安顺、毕节、铜仁6个地级市，黔东南、黔南、黔西南3个民族自治州；10个县级市、50个县、11个自治县、1个特区、16个区，共88个县级政区；832个镇、122个乡、193个民族乡、362个街道。总计1509个政区。

（四）公路交通

贵州是西南地区交通枢纽省份，是西北、西南省区通往沿海的重要中转过境地区。贵州基本形成以贵阳为中心、沟通贵州各市县的公路网。西南第一条高等级公路——贵阳至黄果树公路已建成通车，随后贵阳至遵义、贵阳至广西新寨的高等级公路相继建成。“十三五”期间，贵州交通预计投入建设资金5000亿元。2020年，全省公路网总里程达到20万公里，其中，力争建成和在建高速公路里程达到7400公里以上，建成环贵州高速公路，形成23个省际通道，使网络结构更加完善、高速公路密度进一步提高，基本建成以高速公路为骨架、国省干线为支撑、县乡公路为脉络、通村公路为基础的公路网络体系，适应贵州与全国同步全面建成小康社会的需要。

二、贵州省道路交通事故发展变化情况

根据贵州省道路1978年至2013年的36年交通事故统计资料，贵州省的道路交

通事故总体呈减少的趋势。分析年间的道路交通事故变化呈双峰发展趋势，1986-1987 年事故起数、死亡人数、受伤人数均达到历史的最高点，之后逐步下降；进入 2000 年后逐步上升，在 2004 年至 2005 年又达到历史的第二个高峰，之后下降；但经济损失总体呈现出增加的趋势。随着交通量的增加，若今后不采取更先进的技术措施减少交通事故的发生，造成的事故损失有可能会反弹甚至增加（见图 1-6）。

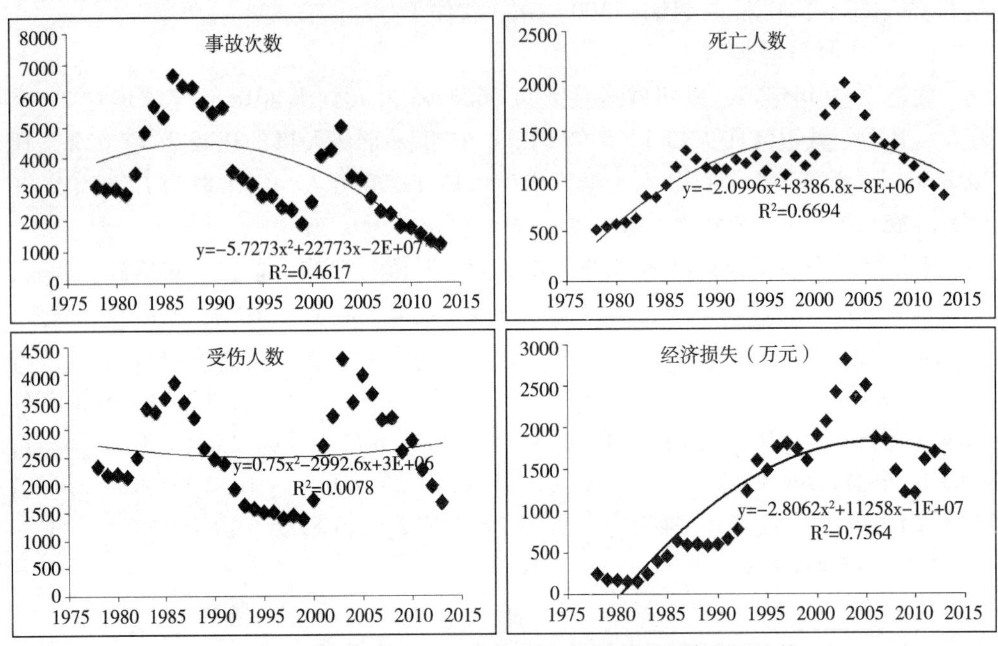

图 1-6 改革开放至 2013 年贵州省道路交通事故发展趋势

三、贵州省“十三五”期间的道路交通事故概况

综合贵州省 2015 年至 2019 年的道路交通事故各项指标数据，分析“十三五”期间贵州省道路交通事故的总体发展趋势，从人、车、路、环境四个方面总结一般、较大、重大交通事故的特点，为“十四五”期间贵州省道路交通管理工作的决策部署提供参考依据和方向。2015 年至 2019 年，贵州省道路交通安全形势保持总体平稳，虽然各项指标逐年波动但呈现向好态势。

（一）道路里程数的快速增长，是交通安全出行风险快速增长的一个重要原因

“十三五”期间，全省实现了所有的县、县级市及部分其他县级行政区的辖域内都有高速公路经过，并设有出入口，也就是“县县通高速”的道路建设目标。同时也实现了“村村通油路”“组组通硬路”的交通道路建设目标，贵州省在贯彻执行大交通引领大发展的过程中，等级道路从 17.9 万公里增长到 19.69 万公里；机动车从 452.1 万辆增长到 838.8 万辆，机动车驾驶人从 525.1 万人增加到 1047.9 万人，同时带来的是交通安全风险也呈逐年上升，从 2015 年至 2019 年，交通事故总

量增幅达177.3%。

（二）在各交通管理部门的共同努力下，通过不断强化道路交通安全中的弱项、补齐短板、堵住漏洞，事故预防取得了明显成效

在交通事故总量上升的背景下，因为交通事故造成人民群众的死亡人数，呈逐年下降趋势，从2015年到2019年，死亡人数降幅为23.1%。

（三）贵州省的北部、中部和西北部区域成为事故多发区

全省55.2%的交通事故发生在北部的遵义市、中部的贵阳市和西北部的毕节市，三个市的事故造成死亡人数、受伤人数总数占全省总数的46.2%、55.7%，这三个市是贵州省人口密度大、车辆多、经济最活跃的地区，也是贵州省事故预防工作的重心。其中五年来遵义市的交通事故数（30.08万起）、造成人员死亡数、人员受伤（含轻微伤）数三项指标分别占总数的24.7%、18.1%和21.8%；贵阳市的交通事故数（24.61万起）、造成人员死亡数、人员受伤数三项指标分别占总数的20.2%、13.8%和17.1%；毕节市的交通事故数（12.52万起）、造成人员死亡数、人员受伤数三项指标分别占总数的10.3%、14.3%和16.8%（见表1-1）。

表1-1 贵阳、遵义、毕节事故数量和经济指标统计表

	五年来交通事故情况				2018年年底社会经济主要指标			
	事故次数（万起）	占全省比例（%）	死亡人数比例（%）	受伤人数比例（%）	常住人口（万人）	占全省总人口数比例（%）	地区GDP（亿元）	占全省GDP比例（%）
贵阳市	24.61	20.2	13.8	17.1	488.19	13.56	3798.45	25.65
遵义市	30.08	24.7	18.1	21.8	627.07	17.42	3000.23	20.26
毕节市	12.52	10.3	14.3	16.8	668.61	18.57	1921.43	12.98
合计	67.21	55.2	46.2	55.7	1783.87	49.55	8720.11	58.89

（四）安顺、毕节、黔西南和铜仁万车死亡率较高，存在较大风险

万车死亡率是国际通用的反映一段时间内某地区交通安全水平的常用指标，表示在一定空间和时间范围内，按机动车拥有量所平均的交通事故死亡人数。其计算公式为：$RN=D/N\times10000$。式中RN表示万车死亡率；D表示交通事故的死亡人数；N表示机动车的拥有量。安顺、毕节、黔西南和铜仁四个市（州）的万车死亡率远高于全省平均值，分别较全省平均万车死亡率高10.5、8.3、5.3和5.2个千分点。在一般程序处理的事故中，黔东南、贵安新区、黔南和铜仁每百起事故平均造成的死亡人数远高于全省平均值，说明这几个市（州）的死亡事故发生率较其他地区高、事故伤害后果更为严重。

（五）道路运输事故持续大幅下降

道路运输事故，全称为道路运输合同质量事故，是指承运人将旅客或者货物从

起运地点运送到约定地点，旅客、托运人或者收货人支付票款或者运输费用，在履行合同中，发生旅客人身伤害或货损货差的质量事故，运输质量事故又分为旅客运输合同事故和货物运输合同事故。而道路交通事故是指车辆在道路上因过错或者意外造成人身伤亡或者财产损失的事件。交通事故可以由不特定的人员违反道路交通安全法规造成；也可以由地震、台风、山洪、雷击等不可抗拒的自然灾害造成，道路交通事故包含了道路运输事故。2016 年按照国务院安委会办公室关于生产安全事故统计改革的要求，建立起十三类道路运输车辆发生人员伤亡的信息由县级安全监管部门“归口统计”上报的机制，该年事故统计口径与往年不同，不具有可比性。2016 年以后全省道路运输事故次数和死亡人数均呈大幅下降趋势，2019 年事故次数和死亡人数为 2016 年的 56.2%和 62.2%；同时连续两年道路运输事故的死亡人数占全部安全生产事故死亡总数的 80%以下。

第二章　道路交通安全的影响因素

第一节　人的因素与交通安全

道路交通系统是由人、车辆、道路、环境等因素构成的复杂的动态系统。分析各影响因素对道路交通事故的作用规律和影响机理，厘清事故影响因素与道路交通事故之间的关系，采用合理的道路交通安全对策及建议对交通事故发生进行预测，对于制定交通安全管理措施、减少道路交通事故、提高道路交通安全水平具有重要意义。道路交通安全的影响因素分析，是道路交通安全预测的基础和依据，是建立道路交通安全预测模型的关键。在诸多道路交通安全的影响因素中，人的因素成为道路交通事故的关键因素。为此，本节从驾驶员、行人及其他道路驾驶人因素两方面对人的因素展开分析。

一、驾驶员的因素

在所有的交通事故中，在高速公路上发生事故的概率非常高，因而本书主要选择高速公路作为研究对象。由于高速公路的特殊性，排除了行人和非机动车驾驶员的干扰，人的因素只考虑车辆驾驶员因素。驾驶员是环境的理解者，车辆指令的发出和操作者，成为道路交通系统的核心人物，同时也是道路交通安全的重要影响因素。驾驶员发生交通事故原因主要包括：视觉特性、反应特性、心理特性、超速、疲劳驾驶、操作不当和违章等（见图 2-1）。

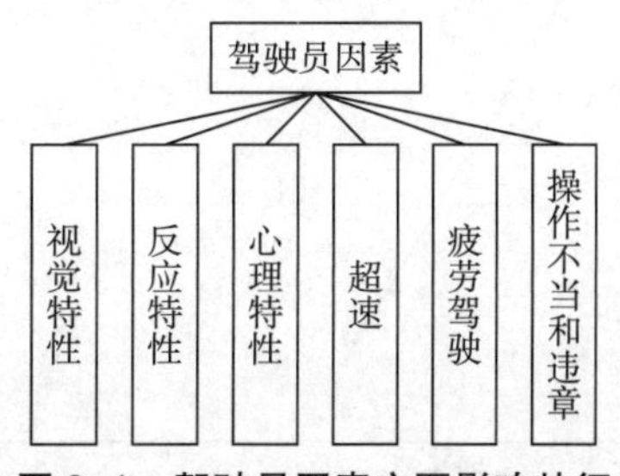

图 2-1　驾驶员因素主要影响特征

（一）驾驶员视觉特性

驾驶员在驾驶过程中，视线一直注视前方，驾驶员通过视线获取外界行车信息达到80%以上。一般而言，人的眼睛正常范围内能看到180°以内的视野空间。视角的大小随着视力而变化，因此，驾驶人员在行驶中，在可视范围内必须不断变换注视点以便有效地获取道路信息。

行驶中，车辆的速度对驾驶人员的视觉判断能力有巨大的影响。汽车在行驶过程中和静止时，驾驶员视觉的判断能力完全不同，当车辆高速行驶时，驾驶人员因注视远方，视野范围变窄。据实验表明，当车辆的速度为40km/h时，视野低于100°，速度提高到70km/h时，视野会降低35°甚至更多，达到100km/h时，视野范围低于40°。因此，对于速度较高的车辆行驶在高速道路上时，道路两旁必须设计有隔离措施，禁止行人或自行车走在车行道旁，以免危险事故的发生。另外，车辆在行驶过程中，驾驶员观察事物的视线焦点距离因速度的增加而增加，实验表明，当速度为20km/h时，眼睛至焦点为67m；当速度为40km/h时，眼睛至焦点提高为200m；当速度为60km/h时，眼睛至焦点为335m左右。

1. 视力。视力也叫视敏度，是指能够分辨细小物体或细微部分或远处物体的能力。区别两物体之间距离的大小是视觉敏锐度的基本特征。视力分为静视力、动视力和夜间视力。（1）静视力就是静止时的视力。视力的测定，以能识别最小两点所形成的视角为标准。（2）动视力是指人和视标处于运动（其中的一方运动或两方都运动）时的视力。动视力跟车辆行驶速度有关，一般是随着行驶速度的增加动视力逐渐降低。一般情况下，动视力比静视力低10%-20%，特殊情况下动视力比静视力低30%-40%。例如，车辆以60km/h的速度行驶时，驾驶人员可看清离车240m处的交通标志，当速度提到80km/h时，距离160m处的交通标志就看不清了。驾驶员的动视力随客观刺激显露的时间长短而变化，当目标急速移动时，视力下降，当

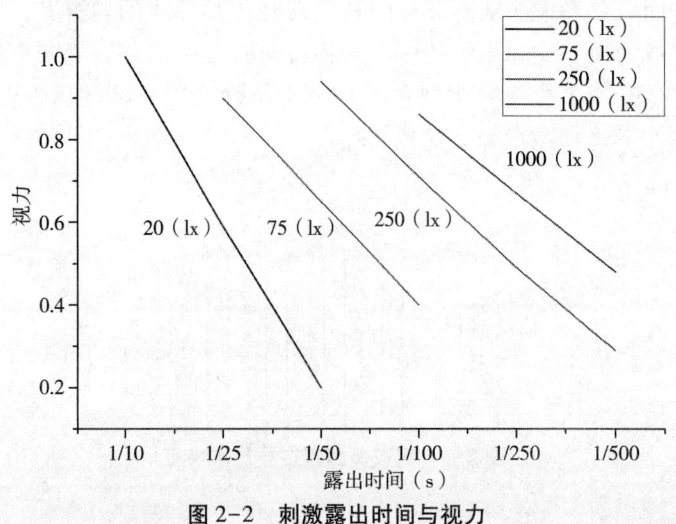

图2-2 刺激露出时间与视力

照明亮度为 20 勒克斯（lx），目标露出时间长达 1/10s 时，视力为 1.0，当目标露出时间长达 1/25s 时，视力减弱一半。一般情况下，目标作垂直方向移动引起的视力下降，比目标作水平方向移动所引起的视力下降要大得多（见图 2-2）。（3）夜间视力与亮度有关，亮度加大可以增强视力。在照度为 0.1-1000 勒克斯（lx）的范围内，两者呈线性关系。黄昏时刻，光线较暗，驾驶员的视度下降，即使汽车开头灯照亮周围，驾驶员的视度也不会有所提高。因此，在这样暗环境下驾驶员很难看到周围车辆和行人。此外，夜间的视力还与驾驶人员的年龄有关，年龄越大，驾驶员在夜间视力就越差，据研究表明，20-30 岁的驾驶人员夜间视力最好。

2. 暗适应与亮适应。暗适应是指人由光亮的地方突然进入黑暗的地方，由于从亮的地方过渡到暗的地方，需经过一些时间，视力才能逐渐看清周围的物体，这个过程称为暗适应。亮适应则与暗适应相反，是人由黑暗骤然进入明亮的环境时，感到光线明亮，眼睛也有个习惯和视力恢复过程，这个过程称为亮适应。

一般而言，暗适应比亮适应所需要的时间要长。进入暗室时，大约需经过 15min 才开始适应，要完全适应则需要 30min 以上。而亮适应的时间却一般只要几秒到 1min。眼睛由于瞳孔活动和网膜的灵敏度对亮暗适应起调节作用，因此，我们的眼睛即使在几万 lx 的白天或是 0.1lx 的夜间也是有效的。不过，当汽车运行在明暗急剧变化的道路上时，由于视觉不能立即适应，则容易发生视觉危害。为了防止视觉危害，必须减少由亮到暗而引起的落差，通常慢慢降低照明度，这叫缓和照明。例如，在城区与郊区的交界处往往将路灯的距离慢慢拉长，直到郊区人烟稀少的地方才不设置路灯，这样才不致使由城内开车到郊区的人感到由亮突然变暗，从而达到维护交通安全的目的。再如，在道路的隧道入口处附近，虽然隧道内有 1100lx 左右的照明，但在白天，隧道入口前的照度几乎达到几万 lx，这时驾驶人员驾驶车辆进入隧道，由于明暗交替过大，眼睛需要 10s 左右才能适应，这种情形很有可能发生交通事故。如果行车时速为 100km/h，人就会有 10s 左右的视觉危害，相当于驾驶人员开车行驶 260m 后才能适应。而在出口处，因为是由暗到亮，这个视觉危害时间只有 1s 左右。

3. 晃眼。晃眼主要是指光在眼球内的角膜与网膜之间的媒质中产生散射而引起的反应。光源晃眼会使视力下降，其下降的程度与影响光的强度成正比，与影响光的距离的平方成反比。间断性晃眼和连续性晃眼是晃眼的两个种类。车辆在夜间行驶时所遇到的晃眼主要是间断性晃眼，这通常是由于对向车头灯而引起，这种间断性晃眼称为生理性晃眼或称危害性晃眼。另外一种晃眼是由于街道照明（路灯）而引起的，称为连续性晃眼。这种晃眼带给驾驶人员一种不舒服的感觉，我们称这种晃眼为心理性晃眼。

晃眼与下列因素有关：（1）光源的亮度；（2）光源外观的大小；（3）光源对视线的位置；（4）光源周围的亮度；（5）视野内光束发散度的分布；（6）对眼睛部分的照度；（7）眼睛的适应性。对于汽车头灯所引起的晃眼，据实验得出：（1）对于驾驶人员所感觉到的晃眼的程度，动态实验和静态实验在距离上没太大差别；（2）根据静态实验，感觉到晃眼的距离为100m±25m。为了预防对向车头灯晃眼，世界各国正在研究有效的办法。日本针对晃眼这一问题研究了防眩眼镜和服用防眩药物，有研究显示均有不错的效果。此外，解决晃眼问题的举措有：（1）道路照明采用防眩网可使驾驶员不容易出现晃眼。（2）为遮挡对向车的车头灯发出的光线可在中心隔离带处植树。（3）在汽车上装置设有偏振玻璃的前灯等。

4. 视野。驾驶人员在驾驶车辆时，从驾驶位置的地方能够看到的范围称为视野。驾驶人员的头部和眼球固定时能够看到的范围称为静视野，仅将头部固定不动眼球自由转动时能够看到的所有范围称为动视野。动视野比静视野左右方向约宽15°，上方宽10°，下方宽度相同。由实验得知：（1）双眼的视野比单眼的视野宽；（2）目标物（对象物）的速度越快，则动视野越窄；（3）驾驶人员在驾驶中以水平方向的视线移动，几乎成直线，而垂直或斜向的视线移动则相当不规则，斜向视野（视线为斜向所成的视野），无论上下左右各方，都是目标物速度越快，视野越窄。

5. 行驶中视觉空间的特性。驾驶人员在行车中具有的特性与静止时不同。相对于行车中的驾驶人员来说，周围的景色不断在动。对象物越近，移动越快。对近距离内的对象物再次确认很难，而只有远处的对象物，驾驶人员可以有更多的时间予以确认。

驾驶人员眼睛的注视点变化时需要时间，如驾驶人员眼睛由注视车上的速度表到注视路面上的对象物需要1s的时间，而将眼睛注视固定于对象物需1/10-3/10s的时间。国外对于高速道路上的交通标志，有下列实验结果：驾驶人员初次看到的地名，自305m处可以看清楚的交通标志上的文字的高度要在48cm以上。驾驶人员行驶在高速道路上，其注视点通常为305-610m。驾驶速度越快，其注视点越向前移，同时就有集中一点的趋势，视野因而变得越狭窄，此时，视野由180°聚拢到注视点的周围。很多驾驶人员在行驶过程中，有把注意力集中于路面的习惯，即使路旁出现零散的物体，驾驶人员也很难注意到。因此，要想在道路上吸引驾驶人员的注意力，则必须沿道路的行进方向设置突出的对象物，在道路的垂直方向设有极为醒目的对象物时驾驶员也容易注意到，而水平方向上则不显著。

实验表明，速度与注视点的距离为：（1）行驶速度为40km/h时的注视点在汽车前方约180m的路面上；（2）行驶速度为72km/h时的注视点在汽车前方约360m的路面上；（3）行驶速度为105km/h时的注视点在汽车前方约600m的路面上。速度越快，注视点越向远处移动，视野越狭窄。这样，驾驶人员所看到的就是“山洞视”，这种“山洞视”与催眠术经常利用的视野限制相类似，很容易导致驾驶员被催眠而引发交通事故。道路交通工程师为了防止这种情况发生，在道路的平面线插入曲线，强制将驾驶人员的注视点转移，以避免产生道路催眠。

另外，行驶中车辆随着速度的加快导致近处的景物变得模糊，为了能使驾驶人员看清标志，必须将交通标志置于距离驾驶人员相当远的地方。实验显示，行驶速度为64km/h时，只能看清24m以外的物体；行车速度加快至96km/h时，看清物体的距离上升至30m以外。在高速路上，正常行驶的车辆速度都在60km/h或以上，因此，要想识别比上述距离还近的物体几乎是做不到的。如果物体在420m以外则因过于细小，无法辨别物体，要确认详细情况也是不可能的。驾驶人员在时速超过96km/h时，视角为40°，距离为30-420m，这个距离可称为是有意义的空间，在此区间内行驶的时间为15s左右。随着速度的不断增加，驾驶人员对于空间的认识能力则会显著减弱。因此在高速行驶时，设置细小而过于繁杂的交通标志对于驾驶人员识别物体已失去了意义，粗大而简单的标志反而容易确认。

一般来说，驾驶人员能够根据对象物的位置与大小判断物体是否在移动。假若对象物变化太小，而且又缺少确认的辅助设备和措施，在这种情况下，由于驾驶人员注视点一直是前方，对象物是否在移动难以判断。国外一些城市中，在一些行人过马路或街道的地方设置黄闪光以示行人优先，其目的是提示驾驶员停下先让行人通行。根据经验，多数驾驶人员在高速行驶时除反应迟缓之外，对自身驾驶车辆速度的判断比实际车速要低。因此，如若接近一个对象物体时，驾驶人员估算的时间往往比车辆的实际行驶时间要长，这对于交通安全是很不利的。

收费岛前，从高速道路上来的车辆车速很快，但驾驶人员自己感觉到的速度比实际的车速慢，因而可能产生减速不及时的问题。为此，需在收费岛前设置路面交通标示，表2-1为减速标线设置间隔。

表2-1　减速标线设置间隔

减速标线（道）	第1道	第2道	第3道	第4道	第5道	第6道	第7道	第8道	第9道	第10道	第11道
间隔（m）	$L_1=5$	$L_2=9$	$L_3=13$	$L_4=17$	$L_5=20$	$L_6=23$	$L_7=23$	$L_8=28$	$L_9=30$	$L_{10}=32$	$L_{11}=32$
标线重复次数	1	1	2	2	2	2	3	3	3	3	3

6. 色觉。对人的视觉有色彩感的波长在380-780nm，因此，我们称这段波长的电磁波为可见光线。

（1）色的物理性质。光源色：由光源本身所发出的分光光谱所形成。透过色：由透明物体所透过的和所吸收的分光光谱所形成。表面色：表面色又称反射色，由物体表面反射的分光光谱所形成。

色彩对于交通有重要意义。色彩有色相、色调变化和色品度三种性质。色相是指色彩的性质，红、黄、蓝为色彩的基本色；色调变化即眼睛所感觉到的颜色的深浅及亮度；色品度是指色彩的鲜艳程度以及颜色光泽的强度。

（2）色彩在生理和心理上的作用。色与大小的关系：色的亮度高的物体，看起来觉得小一些。色与进退的关系：我们可以把色分为前进色与后退色。例如，红蓝两种颜色的物体与观察者保持等距离，但在观察者看来，与观察者靠得近的是红色物体，蓝色物体则离观察者要远些。因此，我们把红、黄色称为前进色，把蓝、绿色称为后退色。另外，亮度高的看起来距离近，亮度低的看起来距离远。在各种天气条件下，不同颜色光的视认性也不同。表 2-2 表明，从 4.5km 远的地方来辨认各种颜色的光所需的亮度。将红色光与绿色光比较，无论是夜间还是白天，认知红色光所需要的亮度只有绿色光的 1/2。无论在什么样的环境条件下，红色光的视认性都是最好的，这也是交通信号中将红色光作为禁行信号的科学依据。色与温度：红色系统感到暖和，蓝色系统感到寒冷。色与安全感：亮度大的配置在上方而亮度小的配置在下方时具有安全感。色与轻重：亮度大的看起来有轻的感觉，亮度小的看起来有重的感觉。色与亮度大小：亮度大的，光的反射强，感觉明亮。色与刺激：一般认为，暖色为刺激色，冷色为沉静色。色与适应的关系：冷色暗、适应差，暖色亮、适应强。色与对比效应：将绿色纸片分别放在红色和灰色纸上，前者看起来更鲜艳些。色与波长：暖色光的波长长，冷色光的波长短。

表 2-2 在各种气候条件下不同颜色的视认性

气候条件	红	橙	白	绿
夜间、天晴	1.0	2.0	2.5	2.8
夜间、小雨	1.2	2.1	3.0	3.2
夜间、阴天、有雾	3.2	4.1	3.1	5.9
夜间、大雨	8.9	33.5	13260	33.5
夜间、小雪	222	835	1556	567
白天、阴天、有雾	2000	2111	3222	4000
白天、天晴	4778	7556	11111	10000

（3）色彩调和与安全色彩。色彩调和在交通安全上的意义为：提高视认性、引起注意（如表示危险物等的安全标志）和提高识别能力。由于色彩具有心理性和生理性效果，因此色彩调和可提高安全感、转变气氛、调节情绪以及带来沉静感等。根据色彩的心理性和生理性效果，对于交通标志的易读性为黄底黑字、白底绿字、白底红字、白底蓝字、蓝底白字、白底黑字。黄底红字虽不易读认，但最能引起驾驶人员的注意。

7. 交通视觉干扰。交通视觉干扰是指驾驶人视线受观察交通情况所需以外要素的影响。例如，在一些城市街道上的商标广告以及夜晚的霓虹灯等，对驾驶人员辨认路旁的交通标志等有不同程度的阻碍，因而不利于交通安全。这里称这些商标、广告以及霓虹灯等为交通视觉干扰。交通视觉干扰还可能延长驾驶人员的反应时间。因此，在商标、广告区域的地方一般不设置交通标志。

（二）驾驶员反应特性

1. 信息处理过程。操作车辆，就是由驾驶人员介于车辆（车内环境）与道路（车外环境）之间对车辆进行实际操作，由人和驾驶装置组成人—机控制系统。驾驶人员的主要信息来源是道路即车外环境，车外环境瞬息万变，因此驾驶人员驾驶车辆必须适应车外环境的变化，所以，我们把这个系统称为人—机调节系统。这个系统对信息进行处理，其处理过程见图 2-3。

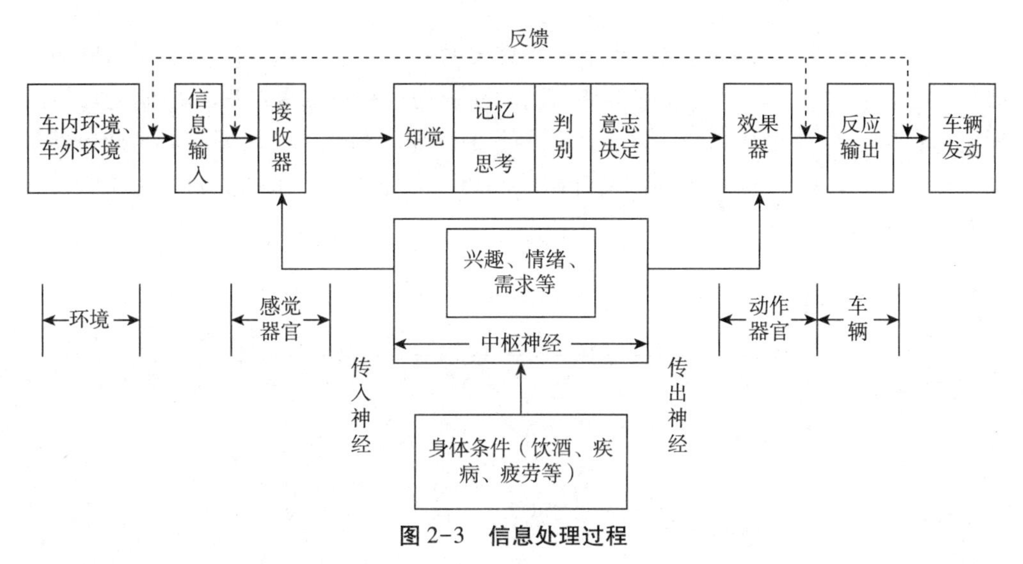

图 2-3 信息处理过程

图 2-3 表示由环境获得信息，由接收器（感觉器官，主要是视觉、听觉、触觉等）经传入神经传递到信息处理部（中枢神经），在此与既定的计划相对照，加以思考判断，进行意志决定。然后由传出神经传递到效果器（手、脚等运动器官），从而使车辆开始发动，这时如果效果器在响应上有偏差，导致汽车发动响应异常，则必须重新把此信息返回到中枢神经进行修正，然后再传递到效果器，由效果器执行修正后的命令。上述操纵的特性是按一般情况说的，实际上，对于驾驶人员来说，情绪、身体条件、疲劳程度以及疾病、药物等与人—机调节系统有密切的关系，信息处理正确与否对响应特性有很大的影响。可以这样说，驾驶人员的操作特性是非线性的，不但取决于驾驶人员本身，而且与环境条件有关。

2. 反应时间的定义。人由眼睛等感觉器官获得信息传入大脑，经大脑处理后发出命令而产生动作，这一段时间称为反应时间。因为神经对刺激的传递需要时间，大脑的处理过程也需要时间，这两个时间之和就构成反应时间。反应时间又分为简单反应时间和选择反应时间。对于一种刺激，只需要做一个动作即可，这个动作所需要的时间叫简单反应时间。对于两种以上的刺激，需按既定方式，采取一个以上的动作所需要的时间叫选择反应时间。一般简单反应时间较短，见表 2-3。

表 2-3　简单反应时间

感觉	反应时间（s）
视觉	0.15-2.00
听觉	0.12-0.16
触觉	0.11-0.16

制动反应时间是车辆行驶过程中特别重要的一个概念。这个时间是指驾驶人员接收到某种刺激后，脚从加速踏板移向制动踏板的过程所需要的时间。制动反应时间包括：（1）反射时间（从制动要求到脚开始动作时间）；（2）脚从加速踏板到制动踏板的时间；（3）脚踏板到制动开始的时间。另外还有一个概念叫作制动所需要的时间，见图 2-4。

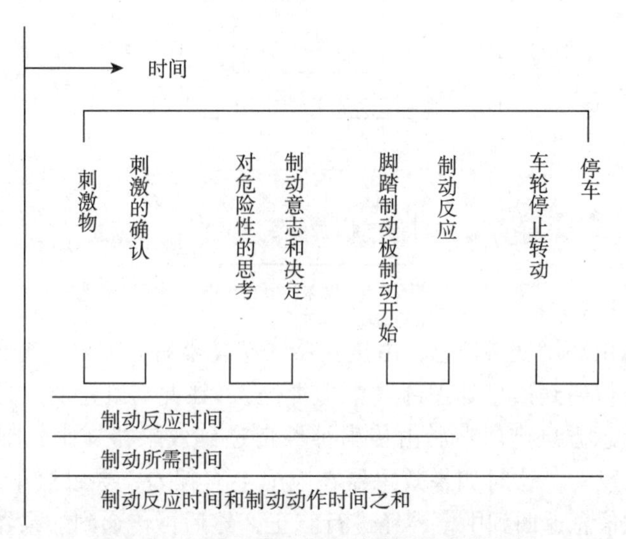

图 2-4　制动反应时间和制动所需要的时间

一般来说，根据室内模拟试验，制动反应时间为 0.6s 左右，实际车辆运行中制动反应时间为 0.52-1.34s。

3. 反应时间的特性。（1）反应时间与刺激的种类有关。在各类刺激中，以声音刺激的反应时间最短，见表 2-4。（2）反应时间与反应运动系统的种类有关。无论左手还是右手，都比脚反应快，见表 2-5。（3）反应时间与显示的刺激性质有关。从经验可知，两种色差大的颜色对比时，反应时间短；两种色差小的颜色对比时，反应时间长，而且反应时间的长短因刺激强弱程度的不同而不同。（4）反应时间与反应者的年龄和性别有关。一般来说，儿童、老人、女性的反应时间较长（见图 2-5）。

表 2-4　反应时间与刺激的关系

感觉（刺激种类）	触觉	听觉	视觉	嗅觉
反应时间（s）	0. 11-0. 16	0. 12-0. 16	0. 15-0. 20	0. 20-0. 80

表 2-5　反应运动系统的种类与反应时间

运动器官	反应时间（ms）	运动器官	反应时间（ms）
左手	144	右手	147
左脚	179	右脚	174

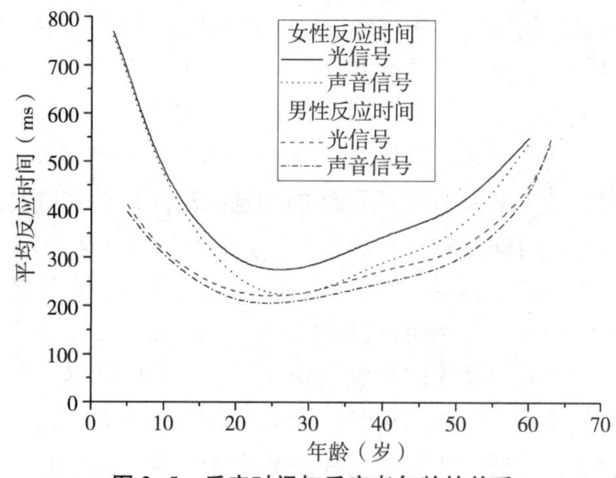

图 2-5　反应时间与反应者年龄的关系

（三）驾驶员心理特性

驾驶工作需要驾驶员有良好的心理特性，而这种心理特性并不是谁都具有。在驾驶员中，总有一些人比其他人更易发生交通事故。驾驶人员肇事的代价，并非是从事一般行业的人由于失误而造成的后果所能类比。汽车驾驶员的工作反映的是驾驶员遇到突发状况时，能够随机应变避免事故的发生，他需要接收大量信息，对其进行综合分析并迅速采取行动。为此，对人体的心理因素做出客观的评价，具有非常重要的意义。

1. 感觉与知觉。驾驶员认识周围环境是从最简单的心理活动——感觉开始。感觉是客观事物的个别属性作用于人们的感官在头脑中的反映。与驾驶行为有关的最重要的感觉有视觉、听觉、平衡觉、运动觉等。视觉和听觉是眼、耳的功能，而平衡觉是由人体位置的变化和运动速度的变化所引起的。人体在进行直线运动或旋转运动时，其速度的加快或减慢，以及体位的变化都会引起前庭器官中感觉器的兴奋而产生平衡觉。运动觉是由于机械力作用于身体肌肉、筋键和关节中的感觉器而产生兴奋的结果，运动觉的代表区在大脑皮层中央前面，运动觉为我们提供关于身体运动状况的信息。

知觉是比感觉更为复杂的认识形式。知觉是在感觉的基础上，对事物各种属性的综合反映，它是同时参与知觉的不同感觉器官以某种优势的器官为基础，并综合了两个或若干个感觉器官的感知结果。在实际生活中，人们都是以知觉的形式来直接反映客观事物。与驾驶有关的最重要的知觉有空间知觉、时间知觉和运动知觉。

（1）空间知觉。空间知觉包括对对象的大小、形状、距离、体积、方位等的知觉。空间知觉是通过多种感觉器官协同活动而实现的。驾驶员的空间知觉是非常重要的一种知觉，行车、超车、会车都要依靠空间知觉，没有空间知觉是无法驾驶机动车辆的。正确的空间知觉是驾驶员在驾驶实践中逐渐形成的。

（2）时间知觉。时间知觉是对客观事物运动和变化的延续和顺序性的反映，人们总是通过某种衡量时间的标准来反映时间。这些标准可能是自然界的周期性现象，如太阳的升落、昼夜的交替、季节的变化等；也可能是机体内部一些有节律的生理活动，如心跳、呼吸等；还可能是一些物体有规律的运动，如钟摆等。人们常常有过高地估计较短的时间间隔和过低地估计较长的时间间隔的倾向。

（3）运动知觉。人对物体在空间位移的知觉，称为运动知觉。运动知觉和运动的速度以及空间知觉、时间知觉有密切的联系。非常缓慢的运动，我们很难感知它，而极迅速的运动，也同样不容易为人感知。在一般条件下，人感觉速度的极限，水平线性加速度为 $12-20cm/s^2$，垂直线性加速度为 $4-12cm/s^2$，角加速度为 $0.2°/s^2$。驾驶员在估计车速时，是根据先前行驶的速度来估算当时的速度的。当减速时，驾驶员则会低估自己的速度，而在加速时又会高估自己的速度，而且速度估算的准确性随工作年龄而增加，同时，年老的驾驶员趋于低估速度而年轻的驾驶员则趋于高估速度。

2. 记忆。驾驶员具有特别有效的记忆能力，这种记忆主要表现在记忆的范围、速度、准确性、持久性和完备性。其中，记忆的完备性是最有价值的记忆特性，它可以确保在必要时再现所需的材料。有时，在时间紧迫的情况下，驾驶员必须运用自己的知识和应对突发问题的能力。在这种情况下，驾驶员能否采取及时有效的措施，在很大程度上取决于其记忆的完备性。记忆的效率不是固定的，很多原因能使其受到影响并发生变化。研究结果证明，工作 6 小时以后，驾驶人员的记忆会有明显减退，因此应避免长时间疲劳驾驶。

3. 思维。要预见事态的发展必须全面分析、概括事实，得出结论，用于其他类似的事实。这个从特殊到普遍，再从普遍到特殊的往返过程，是在一个复杂的心理认识过程中实现的，这个复杂的心理过程就是思维。人们通过思维获得的信息，是对来自各种事物的大量感性材料进行加工制作的结果。这种信息是这些事物某些最本质属性概括的形态。思维的第二个重要特征是能够间接地反映客观现实。思维的一种复杂的形式是推理，即由若干个判断推导出一个新的判断的思维形式。推理分为归纳推理（从个别到一般的思维形式）和演绎推理（从一般到个别的思维形式）。

概念和以概念为基础的判断及推理，要通过一些思维程序来形成，如分析、综合、比较、抽象、具体和概括等。驾驶员的训练越多，他的专业知识和经验就越丰富，因为随着时间的推移，驾驶员能够逐渐依据分析、综合、比较的方法来工作。思维过程越严谨，侥幸的心理就越少，所采取的措施也就越正确。

4. 情绪与情感。人在活动中会对自己周围的世界表现出自己的态度，这种态度总是以带有某些色彩的体验形式表现出来，如开心、忧愁、愉悦、伤心、悲伤、害怕、恐惧、苦恼等，这就是各种形式的情绪和情感。情绪一般是指与人的生理需要相联系的态度体验，如防御反射、食物反射等非条件反射引起的高级、复杂的体验。人的情绪可以根据其发生的速度、强度和延续时间的长短，分为激情、应激和心境三种状态。对于驾驶员来说，情感中的道德感、理智感、美感均具有重要的意义。道德感是一个人对人们的行为和对自己行为的情绪态度。道德感的特点是它们有积极作用，是完成工作、做出高尚行为的内部动机。驾驶员应该具有礼貌、谦让、尊重他人的道德感。理智感是人在智力活动过程中所产生的体验。当驾驶员认识了安全行车的规律，成功地通过交通环境复杂地段的体验，会推动他进一步思考、总结规律，从而更有效地完成任务，保证交通安全。

（四）超速

驾驶员获取道路信息对其超速行为具有重要的价值意义。驾驶员超速信息处理过程见图2-6。驾驶员在行驶过程中要保证在信息感知阶段、分析判断阶段、操作反应阶段都不产生任何失误，才能做到超速安全驾驶。而从实际事故中可以发现，驾驶员往往因在信息处理这个环节出现失误才导致大多数交通事故。

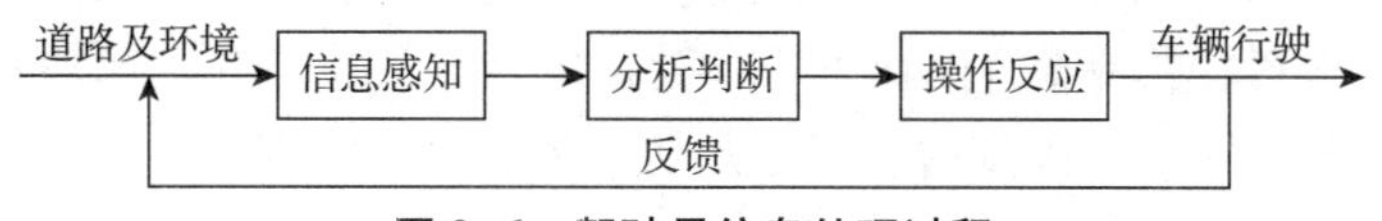

图2-6　驾驶员信息处理过程

1. 信息感知阶段失误形式及原因。驾驶员信息感知阶段产生失误主要形式有感知迟缓、感知错误及感知遗漏三种。感知失误主要体现在三个方面：信息源本身原因，如信息过于突然、过于隐蔽，刺激强度过弱等；驾驶员心理原因，如驾驶员长时间运行同一线路且长时间驾驶产生的注意力不集中，过于自信等；驾驶员生理原因，如驾驶员工作压力大对感觉器官及大脑机能产生一定的影响，此外酒后驾驶，疲劳驾驶，患病驾驶等也会产生一定影响。

2. 分析判断阶段失误形式及原因。驾驶员在分析判断阶段产生的失误主要形式包括判断迟缓、判断失误、主观臆想三种。分析判断阶段的结果受到信息感知阶段结果的直接影响，正确及时的信息感知是分析判断正确及时的基础。同时驾驶员缺乏安全驾驶知识和安全驾驶经验，存在侥幸心理等都会引起分析判断阶段产生失误。

3. 操作反应阶段失误形式及原因。驾驶员在操作反应阶段的失误形式主要有操作失误、操作延缓两种。产生失误的原因有车辆本身原因和驾驶员自身原因两类。

车辆本身原因多由突发机械故障引起，如制动系、转向系故障。驾驶员原因主要是初学驾驶员驾驶技术不熟练，动作协调性差，遇到紧急情况时手忙脚乱，心态不好等。在实际驾驶过程中，驾驶员的信息感知、分析判断、操作反应三个阶段之间是有机结合的，与驾驶员的驾驶技术及心理、生理性能密切相关，见图 2-7。

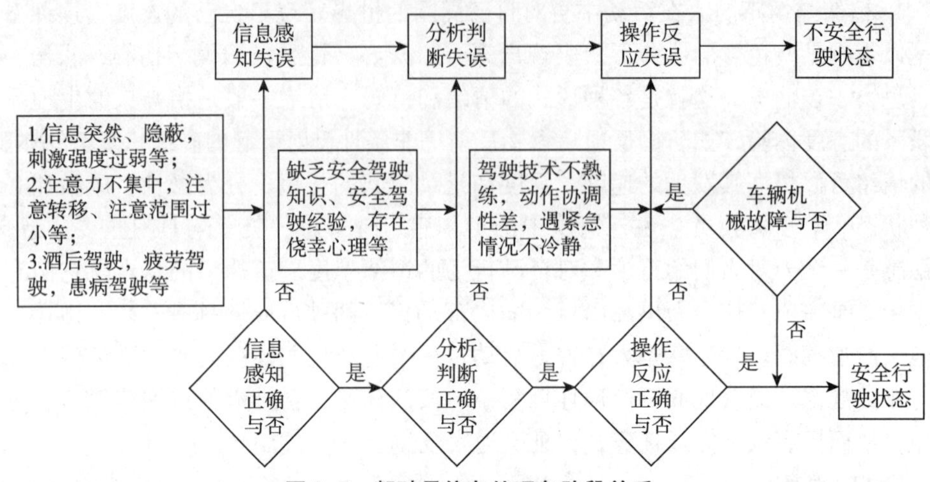

图 2-7 驾驶员信息处理各阶段关系

超速是指车辆的行驶速度超过道路限定的标准。动视力是指车辆运行过程中驾驶人的视力，它随着车辆的行驶速度的不断增加而下降。①《中华人民共和国道路安全法》中规定高速公路应当标明车道的行驶速度，最高车速不得超过 120km/h，最低车速不得低于 60km/h，超过规定的速度即为超速。超速行驶对交通安全有非常大的影响，它会使驾驶员视觉特性和车辆行驶稳定性等发生变化。超速行驶会使驾驶员视野变窄，图 2-8 为驾驶员的视野与机动车速度的关系图。

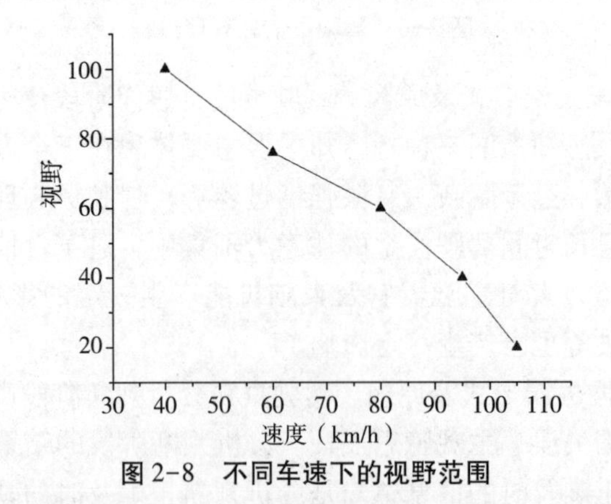

图 2-8 不同车速下的视野范围

有数据表明，制动距离随着车辆速度的提高而增大，且车辆在超速行驶时制动

① 赵恩棠，刘稀柏．道路交通安全．人民交通出版社，1998.

距离则会更大幅度地增加，见图 2-9。超速行驶车辆会使制动距离增加，这样就极易与发生意外情况而减速的前车发生追尾事故。另外，车辆超速行驶也在一定程度上影响车辆的操作稳定性，易使车辆在变道行驶或转弯时发生事故。

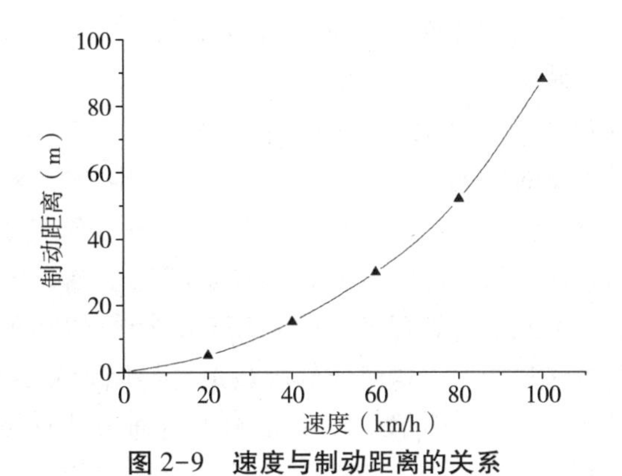

图 2-9　速度与制动距离的关系

超速是发生道路交通事故的原因之一，它不仅会增加交通事故次数，而且将大大加剧事故的严重性。超速驾驶首先影响驾驶员的反应判断能力，其次驾驶的技术难度也相对加大。例如，大货车重心较高，车辆在弯道处超速，此时车辆离心力增大，转弯急打方向盘极易造成侧滑、侧翻事故。此外，超速驾驶还会影响车辆的安全性能，加大车辆的负荷和工作强度，加剧机件的磨损。例如，高速行驶会使轮胎过热，胎内气压增高，容易发生爆胎事故。超速驾驶加大了汽车的冲击力，一旦发生事故往往会造成更为严重的后果。

行车速度的选择不仅与驾驶员的年龄、性别、驾驶态度及对法规和交通事故的认识有关，还与天气情况、车辆特性、驾驶环境有关。可以概括为以下几个原因：（1）驾驶员交通安全意识和法制观念淡薄，对行驶速度与事故之间的关系认识不到位；（2）随着道路交通通行条件的改善，驾驶员对道路环境及车速的期望增高，从而提高了车速；（3）道路的发展速度赶不上驾驶员车速提高所对应的要求，这一矛盾致使驾驶员产生超速驾驶行为；（4）道路线形在设计时没有考虑到如何预防超速行驶的问题，对于对路段较为陌生或驾驶经验不足的驾驶员来说，极易受到道路线形的指向进行超速驾驶，而交通安全管理措施相对滞后或流于形式，GPS 实时监测系统存在执行不严，出现中途关闭等现象。

（五）疲劳驾驶

疲劳驾驶与困倦驾驶不同，是指由于驾驶员长时间驾驶作业导致心理变化、身体上的疲劳以及客观测定驾驶功能低落的总称，困倦驾驶是其中一种，它是一种复杂的生理、心理问题。驾驶能力随着疲劳程度的加深而下降，主要表现在精神不集中，想睡觉，反应迟钝，会出现操作失误或完全丧失驾驶能力等。①

---

① 张灵聪，王正国，朱佩芳，尹志勇．汽车驾驶疲劳研究综述．人类工效学，2003（1）：39-42.

疲劳驾驶主要表现在生理和心理两方面。生理反应主要有感官功能降低、感知觉反应下降、眼睛困乏等，如脸部表情呆滞、肌肉麻木、头昏脑涨、视力模糊、四肢无力、频繁眨眼、心跳急速、频繁打哈欠、感觉心情烦躁、神情恍惚、难以辨清方向等。心理反应有大脑反应迟钝、精神不集中、思维逻辑能力下降、精神萎靡、自我控制能力减退、容易激动、心情急躁等。[①]

1. 疲劳驾驶形成过程。道路交通的四要素：人、车、路、环境，对驾驶员的疲劳驾驶均会产生不同程度的影响，在疲劳形成的几个阶段中共同作用，从而形成了感知、判断和行为阶段。[②] 由于驾驶员长时间保持一种姿势驾驶，精神高度紧张，不断地接收和处理来自外界的信息，容易进入疲劳状态。当驾驶员感觉疲劳时，大脑属于反应迟钝状态，不能及时处理各种外界信息，严重时甚至困倦打瞌睡，使驾驶操作失误或完全失去驾驶能力，这时候驾驶员最容易因为疲劳产生事故。

2. 疲劳驾驶影响因素。感知阶段主要是指驾驶员通过感官接收周围环境变化信息，经过长时间感官不断地接收信息使驾驶员感到精神疲劳，从而使其生理机能下降。判断阶段主要是指驾驶员在驾驶过程中受到外界刺激进行判断，经判断后再进行相关的车辆操作，不断地进行判断并操作，使得驾驶员精神不能放松，时刻处于紧张状态，长时间驾驶致使驾驶员精神疲劳和脑力疲劳。行为阶段主要是指驾驶员在脑力判断之后，对车辆采取的操作行为，长时间驾驶使驾驶员容易引起体力疲劳。综上所述，三个阶段使驾驶员感到精神疲劳、脑力疲劳和体力疲劳。驾驶员就会进入疲劳阶段，操作能力下降，驾驶行为容易操作失误，引发事故。

研究疲劳驾驶的影响因素有助于确定疲劳驾驶的检测方法。Brown 大致将疲劳的致因分为 5 种，分别为睡眠缺乏或睡眠质量不好、生理节律、驾驶时长、驾驶任务的单调性和驾驶员身体条件。[③] 正常人的睡眠时间为每天 8 小时左右，当驾驶员的睡眠时间低于这一时间时，视为睡眠缺乏，若长期处于这种睡眠缺乏状态，极易导致疲劳驾驶。另外，睡眠质量的好坏也影响驾驶员在睡眠之后的状态是否符合清醒驾驶的要求。生理节律是指驾驶人的生物钟和生活习惯，这一因素决定着驾驶员的清醒程度、情绪、动机和行为等方面。例如，一般情况下，人们在凌晨和午后两个时间段最容易产生疲劳，此时的驾驶任务很容易在困倦驾驶的基础上演变成疲劳驾驶。驾驶员的身体状态也会对疲劳程度造成一定影响。长时间的活动会导致生理上和心理上的疲劳，驾驶时长也是导致疲劳驾驶的最主要因素。研究表明，在驾驶任务时间持续比较长时，中途不定时的休息会大大降低疲劳驾驶的产生。[④] 单调的驾驶任务以及单调的驾驶环境更容易导致疲劳驾驶事故的发生。

---

① 许士丽．基于生理信号的驾驶疲劳判别方法研究．北京工业大学硕士学位论文，2012.

② 许士丽．基于生理信号的驾驶疲劳判别方法研究．北京工业大学硕士学位论文，2012.

③ Brown I D. Driver Fatigue. Ergonomics，1994，36：298-314.

④ Philip P，Sagaspe P，Moore N，Taillard J，Charles A，Guilleminault C，Bioulac B. Fatigue，Sleep Restriction and Driving Performance. Accident Analysis and Prevention，2005，37：473-478.

（六）操作不当和违章

良好的操作驾驶习惯对于行车安全至关重要，不当的驾驶习惯可能是交通事故的诱发因素或直接原因，驾驶员操作不当主要表现在以下几个方面：

1. 转弯、并线、起步、变道不打转向灯或强行并线。

2. 快车道里慢行。

3. 随意乱停车和违章调头。如一些营运客车为谋取更大利润随时停车揽客，更有甚者在高速公路上随意停车上下乘客。

4. 在车流中乱窜。如营运车辆驾驶员一般为职业驾驶员，对自身驾驶技术较为自信，且在“争取尽快完成驾驶任务”想法的驱使下，不断变道超车，在车流中乱窜的现象时有发生。

5. 开车不系安全带。很多营运客车乘客缺乏系安全带的习惯。

6. 雨天行车不减速。

7. 边开车边使用手机或与他人聊天。如短途客车驾驶员，经常开车打电话或与乘客闲谈。

8. 行人、骑车人及乘客也会对交通安全造成一定的影响，行人抱着省时、省力的心理任意乱窜或横穿马路。骑车人存在不在规定车道行驶的现象，占用机动车道甚至行驶至高速公路上。骑车人行驶习惯较差，变道或转弯不打方向灯，车辆较少时不遵守交通信号灯等。

驾驶员在高速公路上驾驶车辆若遇到突发的意外事件，极易做出急转弯和紧急制动等一系列操作不当的行为，从而可能造成车轮抱死、侧偏侧滑或方向失控等交通事故。根据相关部门的统计调查，在高速公路交通事故中，由超车造成的交通事故占到了全部交通事故的50%-60%。极易引起高速公路交通事故的违章驾车行为，包括占道行驶、违章调头、违章停车、违章倒车、违章并线、违章超车和逆行等。

二、行人及其他道路驾驶人因素

道路交通系统中，行人交通是重要的组成部分。如从很多城市居民出行方式调查中发现，步行出行的方式占了25%以上。日本东京的交通调查显示，居民购物出行中有70%依靠步行，步行上学占60%以上。这充分说明，步行在人们的交通出行方式中所占比重很大。对行人交通特征进行深入研究，采取必要的管理和控制措施，有效地处理好城市行人交通问题，是减少交通拥堵和交通事故，保证交通安全的重要途径。

（一）行人交通特性

行人交通具有两个基本参数，即步幅和步行速度。二者大小与年龄、性别、身体状况、心理状态、出行目的、行程距离、道路条件、天气因素等有关。其中，年龄和性别是两个最基本的因素。一般妇女、老年人和儿童步幅较小，男性中青年人步幅较大。男性行人步幅在0.5-0.8m的占95%，青年男性中步幅在0.7-0.8m的人数比步幅为 0.5-0.6m 的人数多；男性老年行人则相反，步幅在 0.5-0.6m 的占多数；94%以上的女性步幅在 0.5-0.8m 范围内，但在 0.5-0.6m 的人数远多于 0.7-0.8m 的人数。我国行人步行速度的平均值，一般变化于 0.7-1.7m/s。

（二）行人过街一般特征

1. 行人过街行为方式。行人过街有单人穿越和结群穿越之分。根据实际情况，单人穿越街道，一般有三种情况。第一种情况是待机过街，即行人等待汽车停驻，或车流中出现足以过街的空隙再行过街。第二种情况是抢行过街，即车流中空隙小，过街人抓住空隙的时间冒险快步穿越。第三种情况是适时过街，即行人走到人行横道端点，恰巧遇到车流中出现可过街的空隙时间，不用等待，就能穿越过街。

2. 行人过街的危险程度。行人过街的危险程度与过街人数有关。人行横道上人多，容易引起驾驶人的注意，安全程度大；反之则危险程度大。实验也证明，汽车在人行横道处的停驻率，与人行横道上的人数有关。如当穿越人数为一人，路上有一辆汽车时，在穿越开始一侧，汽车停驻率为 17.2%，在对侧为 30.6%。当穿越人数增至 5 人时，穿越开始一侧为 55.5%，对侧为 66.7%。道路两侧汽车的停驻率随穿越人数增多而增高。一般情况下，车辆一停，穿越行人开始过街。此时，后继车会从停驻车的左侧通过，由于先行车停在前面挡住视线，造成视觉盲区，致使行人极易与后继车发生冲突。另外，行人过街时，往往先观察左侧来车情况，同时也要注意马路中线另一侧右前方车辆的动向，考虑跨越中线的情况。因此，有时可能被左侧来车撞到。

3. 行人过街等待时间。行人利用车流间隙过街的等待时间长短取决于汽车交通量、道路宽度和行人条件。交通量大、可穿越间隙少，行人等待过街时间就长，反之则短。道路比较宽，则行人过街等待时间就比较长，反之则比较短。女性较男性的等待时间长，年龄大者过街等待时间长。在同一天的不同时刻，行人的过街等待时间也有差异，上下班时间等待时间较短，非上下班时间，等待时间较长。

行人的焦虑随着等待时间的延长变得越来越严重，行人冒险穿越的倾向性也随之增大。交通运行的混乱以及造成行人过街不安全的因素都与行人强行穿越有关，当这种行为停止时，交通秩序和人身安全就不会被影响到。如今，强行穿越现象普遍存在，最主要的原因是由于行人等待时间超出可承受的范围。《行人和自行车设施通行能力分析报告》中指出：强行穿越的行人所占的比例，随着平均行人过街延误值的增加而增加，且无信号控制路口行人所能承受的延误值普遍小于有信号控制路口。

4. 行人过街时的速度。行人过街速度和步幅与性别、年龄、出行状态有关。男性过街速度一般为 1.25m/s，女性为 1.15m/s，老年人一般为 1.0m/s，中青年为 1.29m/s，儿童为 1.18m/s。一些研究还发现，单人步行速度为 1.29m/s，但人们结伴而行时，速度为 1.17m/s。出行目的不同也会带来过街速度的不同，如上班的步速较快，而购物休闲等个人生活方面的出行目的，步行速度较慢。

（三）行人交通心理特征

行人在无任何防护装置的情况下参与交通，属于交通的弱者。行人参与交通的目的就是能快速、方便地到达目的地即可，因而对步行的质量要求不高。但在参与交通时行人往往具有侥幸、贪利、集团、从众、弱势和“零代价”的心理特征。

1. 侥幸心理。行人往往过高地信赖机动车驾驶人会遵守交通规则行驶，表现为即使听到鸣笛或者汽车驶近身边也不避让。当机动车躲避或刹车不及之时，行人易受伤害。

2. 贪利心理。行人只要可能避开车辆碰撞就会不遵守交通规则，在人行横道外斜穿、快步抢行，或者在机动车流中危险穿行，将自己置身于十分危险的境地的同时，也会极大地干扰其他车辆通行。

3. 集团心理。行人单独过马路时一般会看交通指示灯且小心翼翼通过，而当多人同时穿越时，则会感到人多力量大，在心理上会产生一种盲目的安全感。尤其是走在人群中间的人，更少考虑躲避车辆的问题。

4. 从众心理。如当行人横穿道路时，看到别人抄近路或闯红灯而没有人管，自己也跟着效仿，不顾交通规则，与机动车抢行。这样极易造成交通秩序混乱，影响交通安全。

5. 弱势心理。行人由于速度低、没有保护设施，在交通系统中处于弱势地位。在遇到突发或是复杂的交通情况时，容易惊慌失措乱跑、乱闯。

6. “零代价”心理。目前交通管理部门执法时较多地关注于驾驶人交通失范行为，对于行人的交通失范行为往往只是加以制止，最多给予批评教育，有时甚至视而不见。行人往往觉得自己并不需要付出任何代价，因此会放纵自己发生交通失范行为。①

认知心理学认为，“感觉（信息输入）—判断（信息加工处理）—行为（反应）”构成了人体的信息处理系统，无论其中哪一个环节出现失误都将导致行人产生不安全行为。从认知心理学的角度看，行人行为失误主要包括行人感觉过程失误、对交通信息判断过程失误以及行人的行为过程失误。根据认知心理学原理，从行人感知觉、注意、记忆等特征出发，通过行人适应性分析，可得出行人出行中对交通信息处理过程的概念模型，见图 2-10。

由图 2-10 可知，行人在出行过程中接收来自交通系统的各种信息，主要包括信号信息（信号灯）、道路信息（人行道长度、行人设施等）、车辆信息（行驶状况）和环境信息（周围环境、天气状况等），这些信息都通过视力和听力等感觉器官传输到行人的中枢神经。行人在感知信息的基础上，将当前情景与心理的经验和学习情景匹配后做出判断，该判断可能是反射产生的判断也可能是深思熟虑后产生的判断，其可能是安全行为也可能是不安全行为，如对于熟悉交通安全知识的行人，

① 舒晓兵．城市交通失范行为的原因探析．城市规划，2000（3）：21-25.

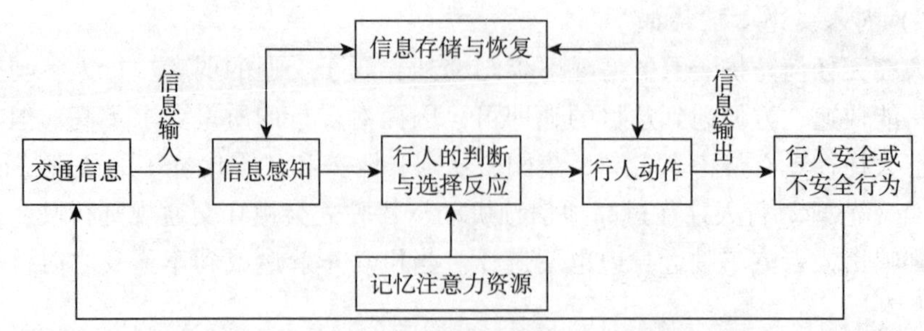

图 2-10 行人不安全行为形成过程

其可以迅速对信号标志做出正确反应；但如果行人置身于复杂且无信号控制的道路环境中，或行人不能正确地判断信号标志，那么行人只能根据自己的心理反应通过，这样就会产生失误或不安全行为，这也是在信号交叉口事故率远小于无信号控制交叉口的原因之一。

信号控制从时间上分离了交叉口相互冲突的交通流，消除或者减少了交叉口的冲突点，降低了交叉口范围内发生事故的可能性。但是从行人不安全行为产生过程中可知，虽然信号作为交通信息之一被行人接收，但是行人在信息感知中仍会根据当前的心理做出判断，决定是否产生不安全行为，当行人产生不安全行为时会增大交通冲突，降低道路安全性。

（四）行人个体差异

行人个体差异是因为行人个体产生不同的行为，这样个体与个体之间就会存在差异。通过对哈尔滨不同种类的交叉口处的行人交通特性进行研究，证实行人的年龄、性别等因素对行人的交通特性具有显著影响。[①] 宁波市 2006 年至 2010 年的交通事故数据分析，其中行人事故为 1952 起，占总事故的 17.17%，在这些统计数据中，行人交通事故在行人的年龄构成、性别构成中的特点较为明显。在不同年龄段中成年人占事故总数最大，见图 2-11，行人年龄在 0-20 岁所占比例为 0.92%；21-40

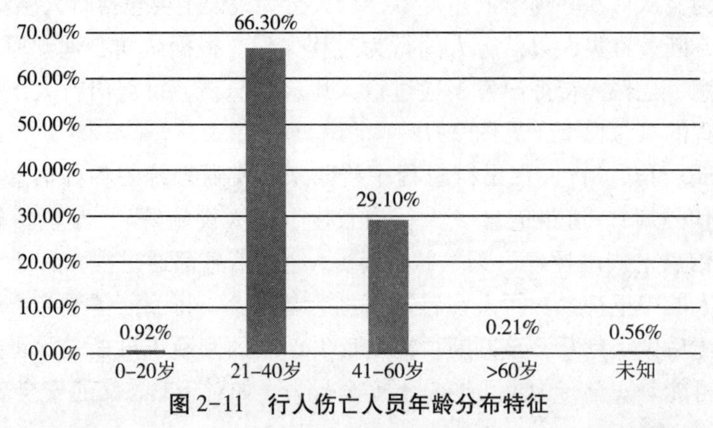

图 2-11 行人伤亡人员年龄分布特征

① 裴玉龙，冯树民．城市行人过街速度研究．公路交通科技，2006（9）：104-107.

岁所占比例为 66.3%；41-60 岁所占比例为 29.1%；60 岁以上所占比例为 0.21%；年龄未知占 0.56%。通过年龄所占比例不同可以看出，年龄对行人发生不安全行为导致事故具有重要影响。

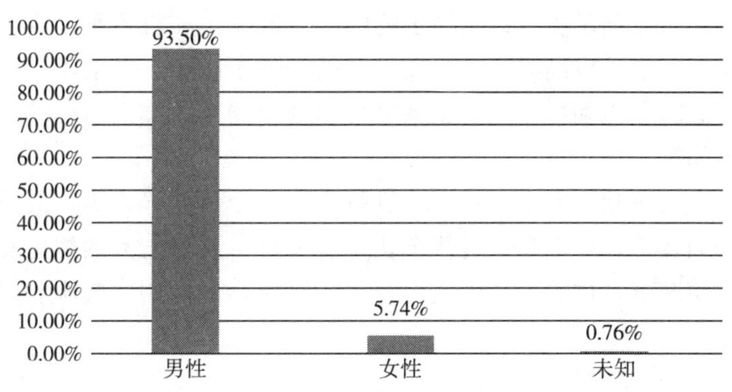

图 2-12 行人伤亡人员性别分布特征

由图 2-12 可知，事故中行人的性别分布情况，根据统计数据，男性比例占 93.5%，女性比例占 5.74%，可以看出行人性别对行人不安全行为也具有重要影响作用。男性由于性格外向、反应能力强、运动速度快等原因在过街行为决策时通常表现出更多的不安全行为；而女性因性格细腻，步速较慢，尤其是在带领小孩的情况下，过街行为中表现出更多的小心谨慎，违章率也更低。

除了个体本身会因自身差异性导致行人不安全行为的发生之外，群体中每个成员都具有相同或相似的利益和目的，因此，在交通系统中个体态度也会不可避免地受到群体行为的影响。行人不安全行为极易在不良的交通环境中产生和诱发，这也是行人从众心理的外在表现。同时说明了在交通法规不健全，交通管理不到位，交通安全意识宣传不足时，由于群体违章现象的增加都会增加行人不安全行为产生的概率。安全氛围对行人的行为会产生影响，根据问卷并运用层次回归方法进行分析，得出结论：安全氛围对安全遵守行为与安全参与行为均具有显著的正向影响。[①] 由此可知，当交通安全氛围较差时，会导致人车交通的冲突，增加行人交通违法的可能性。我国的交通安全氛围还有待进一步完善，在日常生活中，交警会对出现交通违法现象的行人实行劝阻教育，严重的处以罚款，但无论是教育还是罚款往往都会引起违法者的抵触，达不到改善交通秩序的效果。另外，在宣传教育上存在一定误区，许多新闻媒体，甚至一些法学专家片面宣传和强调行人在交通中的“弱者”地位，使很多行人以“弱者”自居。加之交通法规的很多规定都更倾向于保护行人，以体现法律的人性化，这些措施让行人觉得有一层“保护伞”，因而在车辆面前更加肆无忌惮地行走，造成与机动车抢行、横穿马路的现象屡见不鲜。只有良好的交通安全氛围，才能在社会范围内最大限度地提高行人的安全意识，减少行人不安全

① 叶新凤，李新春．安全氛围对安全行为的影响：有调节的中介模型．科学决策，2014（10）：26-29.

行为产生的可能性。

（五）其他驾驶人

在非机动车交通方式中，电动车和自行车交通占有重要地位。随着技术不断的革新，中国是拥有电动车和自行车最多的国家，电动车和自行车交通在给人们生活带来方便的同时，隐患也同时存在。在所有的交通事故中，电动车和自行车的事故率是非常高的。骑车人和行人在交通事故中均处于弱势，如果与机动车发生交通事故，极易受到伤害。

电动车和自行车状态完全由骑车人进行操作，个体差异很大。其速度除与道路条件、各种交通环境和电动车、自行车状态有关外，主要与人的体力和辅助动力功率有关。正常情况下，体力大小因人而异，不同年龄、性别和健康状况的体力差异很大。

1. 骑车人交通心理表现。

（1）求快心理。选择自行车、电动车出行的人虽然出行目的不同，但是目标都是同一个，那就是在最短的时间内到达目的地，这是最常见、最普遍的一种心理。特别是上班、上学等时间受限的出行情况，骑行者求快心理更加明显。在求快心理支配下，骑车人常有冲抢、猛拐、疾驶等盲目求快的行为，穿梭在车流中，如果车流中有更多的骑行者，他们之间就会在竞争心理的驱使下互相超越对方，这样就容易造成交通事故。

（2）畏惧心理。由于电动车、自行车稳定性差、无防护装备，当遇到快速驶过的机动车、来来往往的其他车辆或是拥挤人群时，骑车人就会有畏惧心理，特别是骑行技术较差或力不从心时，畏惧心理更加显著。有关资料表明，电动车、自行车交通事故最危险的是15-18岁的青少年和65岁以上的老年人，其原因是他们在紧急状况下，更容易惊慌失措，失去正常的判断和控制能力。

（3）离散心理。电动车、自行车行驶时会显示出不稳定性和无防护性的特点，因此，骑车人更倾向于选择较宽敞的道路和人、车较少的地方骑行，所以电动车、自行车在道路上的分布呈现离散的特点。特别是在没有交通指挥管理的情况下更是如此，骑车人各自独行，互相避让，有时会占用行人和机动车的正常行驶空间，在道路狭窄拥挤处容易扰乱正常的交通秩序。

（4）从众心理。人们一般认为，只有自己的行为与多数人一致时，心理上才会有安全感，骑车人的畏惧心理会刺激骑行者的合群倾向。在这种从众心理作用下的合群行为，能有效减少畏惧心理，甚至改变其在交通行为中的传统“弱势”心理。

（5）其他心理特征。一方面，电动车、自行车缺乏类似汽车驾驶室的有效“屏蔽”防护，骑车人注意力是分散的。另一方面，气候的变化对骑车人的心理影响很大。如雨天骑车人很少关注路上的交通情况，穿雨衣者视野窄、听觉受限、行动不便，对道路交通情况了解不全面，容易导致事故发生。

2. 自行车交通事故的情形。在我国许多城市和地区，电动车、自行车交通事故已经相当严重，而且有进一步恶化的趋势。一般自行车交通事故的发生有以下几种情形。

（1）正常行驶中的碰撞。电动车、自行车的运动轨迹一般呈蛇形，即使在正常行驶状态下与其他车辆发生剐蹭的可能性也较大。当其与机动车同方向行驶时，容易发生尾随性碰撞或侧面刮擦，如果出现逆行现象，极易与机动车迎头相撞。这两种碰撞，主要分布在市区道路拥挤时，或是骑车人冒险进入机动车道时，发生在多种类车型同时混行的道路上。在郊区，多发生在路面较窄，机动车会车时。

（2）横穿道路时的碰撞。电动车、自行车在行驶中常常表现出很强的随意性，骑车人横穿道路时的突然猛拐，可能与上、下行两个方向的机动车辆碰撞。面对突然出现的电动车、自行车，机动车驾驶人没有提前刹车的准备，来不及采取相应的安全措施。此类事故多发生在中央无隔离设施的道路上。

（3）支干路交叉口碰撞。在城市道路中，支干路交叉口特别是一些胡同和道路的交叉口，由于建筑遮挡，视野范围受限，如果电动车、自行车突然冲出，极可能与主路上的其他车辆相撞。如在美国、英国和丹麦，这类事故占电动车、自行车事故总数的17%左右。我国的城市中，在胡同和支路与主干道的交叉处一般没有交通控制设备，即使有也往往是对机动车有效。因此，应当重视对此类事故的防控。

（4）电动车、自行车左转弯时的碰撞。电动车、自行车在路段上或交叉路口左转弯时，主要是与同方向直行或右转弯的机动车相撞。特别是在实行两相位信号控制或无信号控制的路口，由于双方不注意避让或抢行而造成相撞事故。

（5）公共电车、汽车进出站与电动车、自行车碰撞。由于城市中的公共电车、汽车站，设置于道路右侧边缘，在道路狭窄的情况下，公共电车、汽车停靠站或起步时要侵占电动车、自行车道。这样会多次与电动车、自行车交叉或交织，影响电动车、自行车的正常行驶。在相互躲闪、超越或争抢路线的过程中，常常发生事故。

3. 骑车人交通违法行为表现。电动车、自行车行驶状态的主导控制由骑车人决定，所以骑车人的行为表现在电动车、自行车交通事故中起着关键性的作用。骑车人常见的交通违法行为有以下几方面的表现：

（1）危险骑行。这类违法行为的主要表现是超速行驶、互相追逐、双手离把、攀扶车辆和逆向行驶等。有的骑车人为了图省力、求快而攀扶车辆，借助车辆带动自己行驶。当车辆突然制动时，骑车人由于惯性向前冲撞，会出现被车辆后轮碾轧、摔倒及与左右两侧车辆碰撞的现象。部分骑车人因目的地就在附近，不想绕道而逆向行驶。这样骑行容易与正常行驶的非机动车发生碰撞，在没有机非分隔带的情况下会干扰机动车行驶，导致严重事故发生。

（2）违法转弯。在自行车违法行为中，以违法转弯最为突出。自行车违法转弯的表现为：提前转弯：还没有进入路口就开始转弯，有人提前30-50m，有人甚至提前100m。不伸手示意：转弯前没有任何标志，特别是在人多、车多的上下班高峰时和没有交通警察指挥的路口。突然转弯：骑行中，突然转弯或者改变骑行轨迹，让他人没有反应的时间。

（3）违法乘载。骑车人在电动车、自行车两旁挂载重物或骑车带人，增加了电动车、自行车的不稳定性，骑车人骑行起来也比较吃力，若遇到突发险情，很难及时采取制动措施。特别是用电动车、自行车运载超宽、超重货物时，电动车、自行车重心偏高，造成行车蛇形轨迹宽度过大，容易被行驶的车辆剐擦，也容易伤及其他的骑车人和行人。

（4）侵占机动车道或人行道。骑车人侵占机动车道，干扰了机动车正常行驶，易与行驶的车辆发生碰撞，引发交通事故。在本来设置非机动车道的路段上，有的骑车人占用人行道逆行，容易与行人发生冲撞，影响正常交通秩序。

（5）不符合骑车条件。不符合骑车条件是指手脚不便的老人，或是身体有缺陷的人，如视听不好的驾驶者，机动车驾驶人在对他们不了解的情况下不会避让，容易与其发生碰撞。不满12岁的儿童骑车，交通安全常识不够，加之他们身体尚未发育成熟，四肢长度不够，很多时候是勉强骑行，时常臀部离开坐垫，用两脚跳跃式蹬车，导致自行车左右摇摆，稳定性极差。一遇到突发情况，他们常常不知所措，且容易摔倒，危险性极大。

三、道路交通安全评价

（一）道路交通安全评价定义

在1995年的世界道路会议（PIARC）上，道路安全委员会提出了道路安全评价的问题，他们对道路安全评价下了这样的定义，“道路安全评价是应用系统方法，将道路交通安全的知识应用到道路的规划和设计等各个阶段，以预防交通事故。”除此之外，不同的国家在交通安全评价方面有许多不同的定义。例如，英国认为“道路安全评价是直接影响道路使用者安全的道路组成元素和其他相关因素的评价，通过道路交通安全评价预测潜在的道路安全问题，解决潜在的危险”；美国对道路安全评价的定义为“对已建或拟建交通项目或其他相关项目做出审查评定，由独立的、合格的评价者评价道路的交通安全性和潜在事故可能性”。城市道路交通安全评价是一种改善新建道路和现有道路的有效手段，近些年来在一些发达国家已经得到了广泛的应用，特别在英国、丹麦等国家，因采用了这种道路交通安全评价技术，大大改善了交通安全状况，交通安全事故发生率明显降低。

（二）道路交通安全评价方法

1. 模糊综合评价法。模糊综合评价法是一种基于模糊数学的综合评价方法。该综合评价法根据模糊数学的隶属度理论把定性评价转化为定量评价，即用模糊数学对受到多种因素制约的事物或对象做出一个总体的评价。其结果清晰、系统性强的特点能很好地解决模糊、难以量化的问题，如解决非确定性问题是一个非常有效的方法。① 城市道路交通安全可以看作一个复杂的模糊系统，采用以模糊理论为基础的模糊综合评价的方法可以对城市道路交通安全做出有效的综合评价。模糊综合评价的步骤如下：

（1）建立评价对象的因素集。在对事物进行评价时，如果评价的指标因素具有很多个，如有 P 个评价指标，则建立一个优先级集合 $u = \{u_1, u_2, \cdots, u_p\}$ 。

（2）建立评价集。按照评价的实际需求，把评价结果分成若干等级，建立一个有限集合 $v = \{v_1, v_2, \cdots, v_P\}$ ，即等级集合。其中的每一个等级对应一个模糊子集。

（3）建立模糊关系评判矩阵 R 。

$$R = \begin{bmatrix} R| & u_1 \\ R| & u_2 \\ \vdots & \vdots \\ R| & u_p \end{bmatrix} = \begin{bmatrix} r_{11} & r_{12} & \cdots & r_{1m} \\ r_{21} & r_{22} & \cdots & r_{2m} \\ \vdots & \vdots & \vdots & \vdots \\ r_{p1} & r_{p2} & \cdots & r_{pm} \end{bmatrix}$$

（4）确定各评价因素的权向量。在模糊综合评价中，确定评价因素的权向量。

$$A = (a_1, a_2, \cdots, a_p), \sum_{i=1}^{p} a_i = 1, a_i \geqslant 0, i = 1, 2, \cdots, n$$

（5）得出模糊综合评价结果。经过一定的运算，得到各被评事物的模糊综合评价结果向量 B ，即：

$$A \cdot R = (a_1, a_2, \cdots, a_P) \begin{bmatrix} r_{11} & r_{12} & \cdots & r_{1m} \\ r_{21} & r_{22} & \cdots & r_{2m} \\ \vdots & \vdots & \vdots & \vdots \\ r_{p1} & r_{p2} & \cdots & r_{pm} \end{bmatrix} = (b_1, b_2, \cdots, b_m) = B$$

（6）分析评价结果，得出结论。

2. 主成分分析法。主成分分析又称主分量分析，其思想是利用降维把多指标转化为少数的综合指标。主成分分析法是一种降维的统计方法，它借助于一个正交变换，将其分量相关的原随机向量转化成不相关的新随机向量，这在代数上表现为将原随机向量的协方差阵变换成对角形阵，在几何上表现为将原坐标系变换成新的正交坐标系，使之指向样本点散布最开的 P 个正交方向，然后对多维变量系统进行降维处理，使之能以一个较高的精度转换成低维变量系统，再通过构造适当的价值函数，进一步把低维系统转化成一维系统。在实证问题研究中，为了能够全面系统分析问题，须考虑很多指标。在多元统计分析中这些指标也称为变量。因为每个变量都在不同程度上反映了所研究问题的某些信息，并且指标之间彼此有包含和交叉，所得的统计数据反映的信息时不时会出现重叠现象。在用统计方法研究多变量问题

① 李锦棠．城市道路交通安全管理措施研究．陕西师范大学硕士学位论文，2013.

时，变量太多会增加计算量和分析问题的复杂性，所以在进行定量分析的过程中，变量越少，得到的信息量越多。主成分分析正是符合这一要求应运而生，是解决这类题的理想工具。主成分分析法的分析步骤如下：①

（1）原始指标数据的标准化，建立标准化阵 Z 。

（2）对标准化阵 Z 求相关系数矩阵。

（3）解样本相关矩阵 R 的特征方程 $|R-\lambda I_P|=0$，得 P 个特征根确定主成分。

（4）将标准化后的指标变量转换为主成分。$j=1, 2, \cdots, m$，U_1 称为第一主成分，U_2 称为第二主成分，…，U_P 称为第 P 主成分。

（5）对 m 个主成分进行综合评价。对 m 个主成分进行加权求和，即得最终评价值，权数为每个主成分的方差贡献率。

3. 灰色聚类评价法。灰色系统就是信息不完全确知的系统，灰色系统理论由我国学者邓聚龙提出，该理论广泛应用于社会中的各个领域。灰色系统研究就是利用已知的信息参数，淡化、优化和量化灰色系统，灰色聚类分析是研究灰色系统的一种主要方式。灰色聚类是根据关联矩阵或灰数的白化权函数将一些观测指标或观测对象聚集成若干个可定义类别的方法。一个聚类可以看作属于同一类观测对象的集合体。在实际问题中，每个观测对象往往具有多个特征指标，因而难以进行准确的分类。其中，灰色关联聚类主要用于同类因素的归并，以使复杂系统得以简化。通过灰色关联聚类，可以分析出许多因素中是否有若干个因素关系十分密切，以便能够用这些因素的综合平均指标或其中的某一个因素来代表这些因素，同时又使信息不受严重损失，从而使得我们在进行大面积调研之前，通过典型抽样数据的灰色关联聚类，可以减少不必要变量的收集，以节省成本和经费。② 灰色关联聚类实际上是利用灰色关联的基本原理计算各样本之间的关联度，根据关联度的大小来划分各样本的类型。其计算的原理和方法如下：现设有 m 个样本，每个样本有 n 个指标，并得到如下序列：

$$X_1=[x_1(1), x_1(2), \cdots, x_1(n)]$$
$$X_2=[x_2(1), x_2(2), \cdots, x_2(n)]$$
$$\cdots$$
$$X_m=[x_m(1), x_m(2), \cdots, x_m(n)]$$

对所有的 $i \leqslant j$, i, $j=1, 2, \cdots, m$，计算出 X_i 与 X_j 的绝对关联度 ε_{ij}，从而得到三角矩阵 A 。

$$A=\begin{bmatrix} \varepsilon_{11} & \varepsilon_{12} & \Lambda & \varepsilon_{1m} \\ & \varepsilon_{22} & \Lambda & \varepsilon_{2m} \\ & & O & M \\ & & & \varepsilon_{mm} \end{bmatrix}$$

① 李锦棠．城市道路交通安全管理措施研究．陕西师范大学硕士学位论文，2013.

② 李锦棠．城市道路交通安全管理措施研究．陕西师范大学硕士学位论文，2013.

其中，$\varepsilon_{ii}=1$；$i=1, 2, \cdots, m$；若取临界值$r\in[0, 1]$，一般要求$r>0.5$，当$\varepsilon_{ii}\geqslant r$时，则可将$X_i$与$X_j$视为同类特征。$r$可根据实际问题的需要来确定，若$r$越接近1，则分类越细，每一组中的变量相对就越少；若r越小，则分类越粗，这时每一组中的变量相对就越多。在对城市道路交通安全状况进行评价时，针对交通安全信息不完全的特点，采用灰色聚类评价方法，将城市道路交通安全评价确定在某一区域内，对部分确知的信息进行提选和扩展等，从而通过一系列评价过程确定最终的评价结果。

4. 交通冲突技术。交通冲突技术是最近二三十年来兴起的一种异于传统事故统计的交通安全评价方法，是依据特定的测量标准，对冲突发生过程及严重程度进行定量测量与判别，并应用安全预测和评价的技术方法。目前，世界各国广泛应用交通冲突技术对城市道路交叉口或路段等地点进行安全研究。① 这种道路交通安全评价方法解决了事故评价中“小样本、长周期、大区域、低信度”的缺陷，提供了城市道路交通安全评价新思路。

第二节　车辆因素与交通安全

汽车是道路交通系统的重要组成要素，与交通安全有着密不可分的联系。虽然在交通事故原因统计中，直接因车辆问题引起的事故不超过10%，但并不能说明其对交通安全的影响不大。如果大大提高和改善车辆的结构和性能，定期给车辆进行安全检验，保证车辆的技术状况良好，那么就会大大降低因车辆问题引起的交通事故，即使发生事故，也有可能减轻事故的损失。从这个意义上说，汽车的安全性对交通安全有着非常重要的影响。

汽车的安全性分为被动安全性和主动安全性。汽车被动安全性是指发生交通事故后，汽车本身减轻人员受伤和货物受损的性能。这种被动安全性又可分为内部被动安全性和外部被动安全性。汽车的主动安全性是指汽车本身防止或减少道路交通事故发生的能力，它主要取决于汽车的制动性、行驶和操作的稳定性、动力性及驾驶员工作条件等。

一、车辆性能

（一）汽车的动力性

汽车动力性是汽车使用性能中最基本的一种性能。动力性能与运输效率呈线性关系，其好坏影响着运输效率的高低，同时也对道路交通的畅通与安全有着极大的影响，汽车动力性研究是其他性能研究的基础。

---

① 李锦棠．城市道路交通安全管理措施研究．陕西师范大学硕士学位论文，2013.

1. 汽车的动力性指标。衡量汽车动力性的主要指标有：(1) 最高车速 v_{max} (km/h)；(2) 加速性能，包括汽车的加速度 a (m/s^2)、加速时间 t (s) 和加速距离 s (m)；(3) 最大爬坡度 i_{max} (%)。

汽车加速性能的好与坏是由加速时间来衡量的，主要是从原地起步加速时间和超车加速时间来判定。原地起步加速时间是指汽车以I挡起步，并以最大加速强度迅速换至高挡，使汽车达到想要的速度和距离所用的时间。超车加速时间是指汽车用最高挡或次高挡，由某一初速度全力加速至想要的某一高速所需的时间。在超车的过程中，汽车与被超车辆并行，容易发生交通事故，所以超车加速时间越短，汽车超车任务完成时间越短，超车行程也越短，在道路上行驶时就越安全。最高车速是指汽车在道路上能达到的最高行驶速度。最大爬坡度指的是汽车满载时用I挡所能爬上的最大坡度，用100m水平距离所升高的高度表示。

2. 汽车的驱动力。合外力的共同作用会使汽车有不同的运动状态，这些外力有推动汽车运动的驱动力（牵引力）F_k 和阻碍汽车运动的各种阻力 $\sum F$。只有当 $F_k \geqslant \sum F$ 时汽车才能行驶。

(1) 驱动力的产生。汽车发动机产生扭矩 M_e，经传动系减速增扭传到驱动轮后为 M_t，其大小为：

$$M_t = M_e i_g i_0 \eta \quad \text{（式 2-1）}$$

式 2-1 中 M_e 为汽车发动机扭矩；i_g 为变速器速比；i_0 为主减速器速比；η 为传动系统的机械效率。

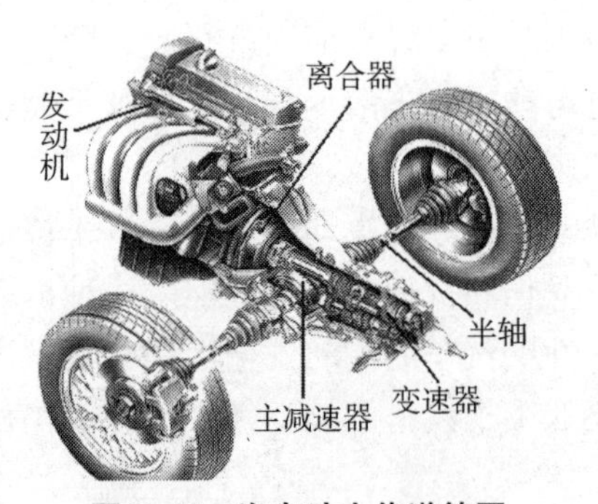

图 2-13　汽车动力传递简图

在扭矩作用下，驱动轮与地面接触面上存在一个向后的圆周力 F_0，其大小为：

$$F_0 = \frac{M_t}{r} \quad \text{（式 2-2）}$$

根据牛顿第三定律，地面给车轮一个反作用力 F_k，指向汽车运动方向。其大小为：

$$F_k = F_0 = \frac{M_t}{r} = \frac{M_e i_g i_0 \eta}{r} \quad \text{（式 2-3）}$$

（2）影响驱动力大小的因素。由式 2-3 可知，在传动比确定以后，影响驱动力大小的因素有以下几个。①发动机特性。发动机输出的有效扭矩 M_e 随发动机转速 n 变化而变化，且与发动机功率 P 和油耗 g_e 成一定关系。根据这种随转速而变化的关系可得到发动机转速特性曲线。发动机节气阀部分开启（或高压油泵处于部分供油位时）所显示的特性，称为部分负荷特性曲线。该曲线显然是无穷多的，当发动机节气阀全开（或高压油泵达到最大供油量位置）时所显示的特性称为发动机外特性，其曲线见图 2-14。②传动系统机械效率 η。传动系统的功率损失来自液力损失和机械损失两部分，一般为消耗功率的 8%-10%。③车轮半径 r。现代汽车都装有弹性轮胎，在负载情况下会产生形变，式 2-3 中的车轮半径 r 是指滚动半径。假设车轮没有切向变形，且作纯滚动，车轮滚过 n 圈，经过路程 s（m），则滚动半径 r（m）为：

$$r = \frac{s}{2\pi n} \qquad \text{（式 2-4）}$$

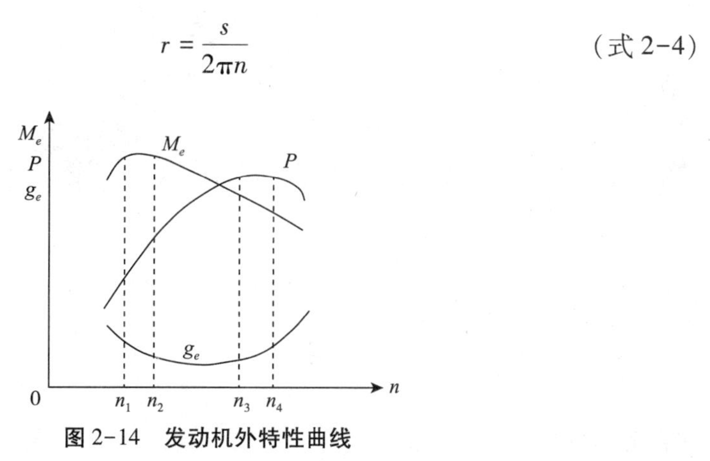

图 2-14　发动机外特性曲线

3. 汽车行驶阻力。汽车在行驶中所遇到的阻力有滚动阻力 F_f、空气阻力 F_w、上坡阻力 F_i 和加速阻力 F_j。

（1）滚动阻力 F_f。车轮滚动时，轮胎与路面之间有摩擦，阻碍汽车向前运动，形成汽车运动的阻力。它主要由三部分形成：轮胎变形、路面变形、轮胎与路面的摩擦。影响滚动阻力的因素与车重有关，车重越大，轮胎与地面的变形程度越大，滚动阻力也随之越大。滚动阻力还与路面条件和轮胎结构、轮胎气压和行驶速度有关。

（2）空气阻力 F_w。空气阻力由两部分组成，一是空气对汽车表面的摩擦阻力，二是压力阻力。后者又可分为两种情况，一种是汽车前部对抗汽车前进的正压，另一种是车身后部和拐角处空气变得稀薄而引起涡流，产生将汽车吸住的负压（见图 2-15）。

图 2-15　汽车与空气相对运动时流线分布状态示意图

（3）上坡阻力 F_i。当汽车上坡行驶时，重力沿坡道斜面的分力起着阻碍汽车行驶的作用，此称为上坡阻力（见图 2-16）。

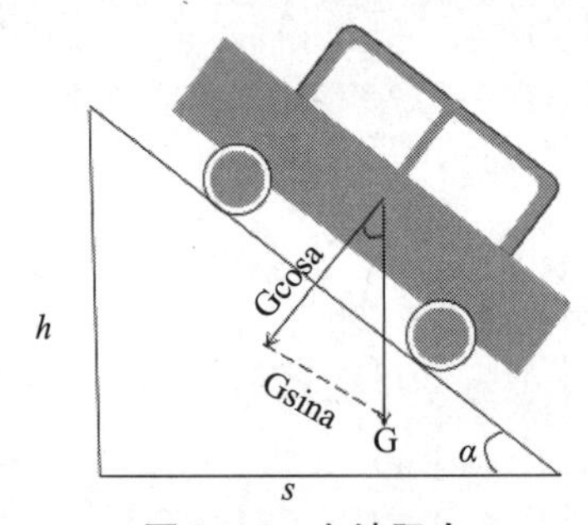

图 2-16　上坡阻力

（4）加速阻力 F_j。汽车加速时，产生的惯性阻力称为加速阻力。

4. 汽车行驶的驱动与附着条件。汽车正常行驶必须满足两个条件，即驱动条件和附着条件。

（1）驱动条件。为了使汽车行驶，驱动力必须大于或等于所有阻力之和。欲使其不减速或不停车，必须满足汽车的驱动条件，即：

$$F_k \geqslant F_f + F_w + F_i + F_j \qquad \text{（式 2-5）}$$

（2）附着条件。驱动力 F_k 的增加，除了采用开大节气阀（油门）或换低速挡外，还必须在驱动轮和地面不发生滑转现象时才能实现。因此，汽车行驶还必须满足附着条件。轮胎与地面的切向作用力有一个极限值，越过这个极限，车轮就会滑转。这种现象说明，汽车行驶除受驱动力约束以外，还受轮胎与路面的附着力限制。

$$F_\varphi = z\varphi \qquad \text{（式 2-6）}$$

式 2-6 中 φ 为附着系数，它与轮胎结构和路面状况及车轮滚动状况有关，z 为驱动轮上的法向反作用力。

因此，汽车行驶的必要条件是：$F_k \leqslant F_\varphi$。

$$F_f + F_w + F_i + F_j \leqslant F_k \leqslant F_\varphi \qquad \text{（式 2-7）}$$

（二）汽车的操纵稳定性

汽车的操纵稳定性指的是驾驶者不受自身生理上（紧张情绪、疲劳）的影响，汽车能依照驾驶者通过转向系统及转向车轮给定的方向行驶，且在遭到外界干扰时，汽车能抵抗干扰而保持稳定行驶的能力。①

影响汽车操纵稳定性的因素有：（1）汽车本身结构参数，如汽车的轴距、轮距、重心位置、轮胎的特性、前后悬架的形式、前轮定位角及转向参数。（2）驾驶员因素，驾驶员思维敏捷、技术娴熟、动作灵活、体力良好就能及时准确地采取措施，从而能保证汽车稳定的运动。反之，如果驾驶员的反应迟钝，判断错误，操作失误等就可能导致汽车处于非稳定状态。（3）地面的不平度、坡度、车轮与地面的附着情况、风力、交通情况等外界条件。

1. 汽车的纵向稳定性。汽车的纵向稳定性是指上（或下）坡时，汽车抵抗绕后（或前）轴翻车的能力。随着运动状态的改变，当汽车前轮的法向反作用力变为零时，前轮的偏转不能确定汽车的运动方向而造成操纵失灵，当后轮的法向反作用力为零时，对于后轴驱动的汽车，将失去行驶能力。上述两种情况都会使汽车的稳定性受到破坏。

2. 汽车的横向稳定性。汽车的横向稳定性是指汽车抵抗侧翻和侧滑的能力。

（1）汽车在横向坡道上直线行驶。汽车在横向坡道上直线行驶时，其受力情况见图 2-17。当坡度 θ 值增大到重力通过右侧车轮中心，而左侧车轮的法向反作用力等于零时，则车辆发生侧翻。显然此时 $Gh\sin\theta = G\frac{L}{2}\cos\theta$ 。

$$\tan\theta = \frac{L}{2h} \qquad \text{（式 2-8）}$$

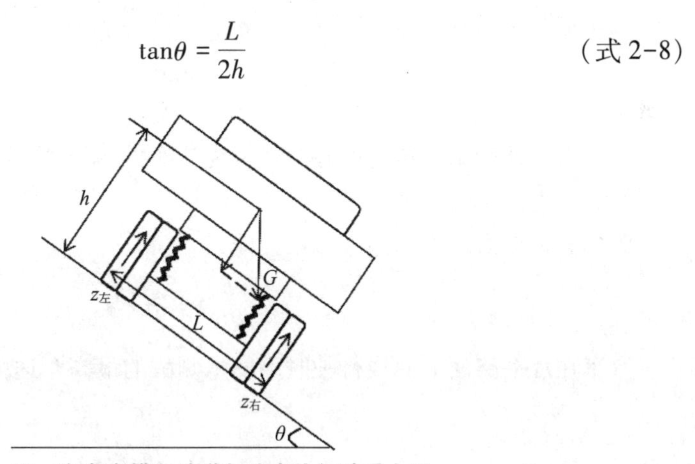

图 2-17　汽车在横向坡道匀速直线行驶受力图

θ 为汽车不发生侧翻的极限角，所以为了防止侧翻，汽车的重心应低，轮距应宽。在横向坡值为 θ' 时，也可能发生侧滑，此时：

$$G\varphi_{侧}\cos\theta' = G\sin\theta' \qquad \text{（式 2-9）}$$

$$\tan\theta' = \varphi_{侧} \qquad \text{（式 2-10）}$$

---

① 余志生．汽车理论．机械工业出版社，2004.

式 2-10 中 $\varphi_{侧}$ 为轮胎同地面间的侧向附着系数，为保证安全，一般认为，与其发生侧翻，不如发生侧滑，即希望：

$$\tan\theta > \tan\theta'$$

$$则 \frac{L}{2h} > \varphi_{侧} \qquad (式 2-11)$$

（2）汽车在水平路面上曲线行驶的侧翻和侧滑也可能发生在水平路面的曲线行驶中。

①侧翻条件：当汽车在水平路面上作曲线行驶时，作用在汽车上的力见图 2-18。

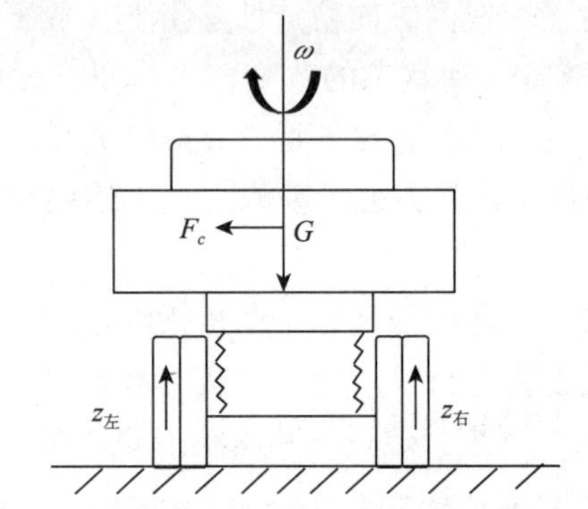

图 2-18　汽车在水平路面作曲线运动受力图

设曲率半径为 R，则作用在汽车重心上的离心力 F_c 为：

$$F_c = \frac{Gv^2}{gR}$$

离心力对外侧车轮接地中心的力矩为汽车的侧翻力矩，而重力对外侧车轮接地中心的力矩为汽车的稳定力矩。

侧翻时，重力矩小于离心力矩，即：

$$\frac{Gv^2h}{gR} \geqslant G\frac{L}{2}$$

汽车在水平路面上曲线行驶时不发生侧翻的最高车速为：

$$v_{\max} = \sqrt{\frac{LgR}{2h}} \qquad (式 2-12)$$

从式 2-12 可以看出：行驶时，在转弯处应降低车速，加大转弯半径可以预防侧向翻车的发生。像两层客车、装运牲口、货物的汽车装载时应注意降低重心高度，并捆绑牢固。这种重心较高的汽车在转弯时，会在离心力的作用下使乘客或牲口向外甩，容易造成重心偏移，发生侧翻。

②侧滑条件：汽车在水平路面上做曲线运动时，发生侧滑的临界条件是：

$$F_c = G\varphi_{侧}$$

$$\text{即}\ \frac{Gv^2}{gR} = G\varphi_{侧}$$

故不发生侧滑的临界车速为：$v_{\varphi\max} = \sqrt{\varphi_{侧}\, gR}$ 。

为了使侧滑发生在侧翻之前，则要求：

$$v_{\varphi\max} < \sqrt{\varphi_{侧}\, gR} < \sqrt{\frac{LgR}{2h}}$$

$$\text{即}\ \varphi < \frac{L}{2h}$$

$\varphi < \frac{L}{2h}$ 为汽车的横向稳定系数，它取决于轮距 B 和重心高度 h ，B 越大，h 越小，汽车稳定性越好。为了利用重力平衡于路面的侧向分力来抗衡汽车曲线运动的离心力，在公路弯道处常修筑一定的横向坡度，从而提高汽车在曲线运动时的稳定性和平衡车速。

3. 侧滑对稳定性的影响。侧滑，特别是后轴侧滑，对行驶安全有很大影响，据统计，由侧滑引起的交通事故数量已经相当多了。为了消除侧滑，驾驶员必须在前轮不抱死的情况下，朝后轴侧滑的方向转动回转半径较大的方向盘，从而减小离心力。若前轮转到与后轮方向平行，则离心力 $F_c = 0$，一旦产生侧滑的原因消失，侧滑就会自动停止。如果方向盘继续转过一些角度，会产生一个反方向的离心力，侧滑停止的速度会更快，甚至形成与原方向相反的侧滑运动。

4. 轮胎的侧偏特性对汽车转向的影响。把驾驶员对汽车的操纵和外力对汽车的作用称为输入，而将汽车所作出的反应叫响应。输入可分为角输入（如转向盘以一定的角度维持不变）和力输入（地面侧向力的干扰等）。汽车的响应可分为稳态响应和瞬态响应。稳态响应指方向盘角度不变，汽车作圆周运动，它是评定汽车操纵性能的重要指标。

（1）轮胎的侧偏特性。轮胎的侧偏特性在车辆动力学特性中具有至关重要的作用。它是决定车辆操纵稳定性，影响车辆制动安全性、行驶平顺性、前轮摆振和车辆侧向振动等的重要特性。

轮胎在滚动条件下的侧向力学特性，车辆操纵稳定性主要是由侧偏特性（有纯侧偏、纵滑侧偏、侧倾侧偏、时变载荷下侧偏等）来决定的，此特性严重影响车辆制动安全性、行驶平顺性、侧向振动及车辆前轮（包括飞机起落架）摆振。可以说，轮胎侧偏特性的表达精度是影响这些车辆动力学特性分析精度的关键因素。当车辆在车速不太低的条件下正常驾驶和在良好路面上行驶，其横摆频率一般低于2Hz，此时轮胎的状态近似表现为稳态（准稳态），且轮胎的侧向输入在路径频率低于0.7rad/m 时引起的侧向力和回正力矩的非稳态值与稳态值差别很小，可忽略不计。所以说轮胎稳态侧偏特性的研究在轮胎力学特性研究中占有重要的位置，是侧偏特性研究的基础。在非理性状态下车辆行驶时轮胎状态总表现为非稳态。尤其是车辆在快速操纵（如急剧转向、突然横风响应和避障操纵）、前轮摆振以及急剧的曲线运动（如紧急的超车与躲避运动等）时，此时轮胎就表现为典型的非稳态侧偏特性，其侧向运动输入常常是随时间而急剧变化的，因而与非时变侧向输入时的稳态侧偏特性明显不同。研究轮胎非稳态侧偏特性，在车辆运动模拟（特别是起步、制动等低速下运动）、车辆方向操纵运动仿真和车辆动态响应等方面更具有理论价值和实际应用价值，对轮胎力学和车辆操纵动力学的发展有着极其重要的推动作用。[①]

（2）侧向偏离对车辆转向运动的影响。汽车转向是通过转向轮的偏转来实现的。若刚性车轮转向，则车轮的速度矢量应处在车轮平面的中线上。

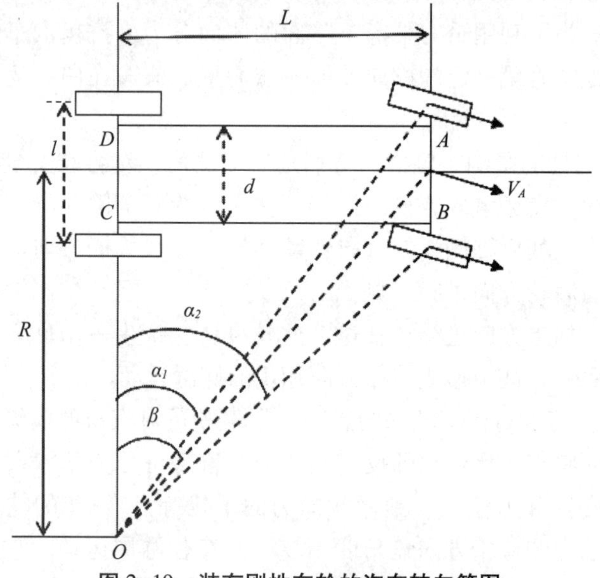

图 2-19　装有刚性车轮的汽车转向简图

欲使汽车转向时保持纯滚动，汽车各轮必须绕同一瞬时转向中心回转，见图 2-19，可得出关系式：

$$\cot\alpha_1 = \frac{OD}{AD} = \frac{R+\dfrac{d}{2}}{L} \qquad \cot\alpha_2 = \frac{OC}{BC} = \frac{R-\dfrac{d}{2}}{L}$$

$$\cot\alpha_1 - \cot\alpha_2 = \frac{d}{L} \tag{式 2-13}$$

式 2-13 中 α_1、α_2 为左右车轮的偏转角度；R 为瞬心 O 到汽车纵轴线的垂直距离；d 为左右转向轮转向节主销的中心距；L 为轴距；l 为轮距。式 2-13 为保证车轮转向时只有滚动而无滑动的转角关系式。汽车在结构上靠选择恰当的梯形机构近似

① 刘青．轮胎非稳态侧偏特性的分析、建模与仿真．吉林工业大学博士学位论文，1996.

保证上述关系的实现。汽车转向时，从瞬时转向中心 O 到汽车纵轴线的垂直距离定义为转向半径 R 。由图 2-19 中的几何关系可得出：$R = \frac{L}{\tan\alpha}$ 。

当 α 较小时，可近似认为 $\tan\alpha \approx \alpha$ ，故

$$R = \frac{L}{\alpha} \quad （式 2-14）$$

实际上，弹性车轮的侧向偏离会带来汽车转向特性与刚性车轮转向特性的区别，在汽车转向行驶时，弹性车轮会因离心力发生侧向偏离，汽车的运动轨迹就会发生变化，驶向偏离转向轮的方向。为了弄清车轮弹性侧向偏离和汽车转向运动之间的关系。现设想：作用于汽车的侧向力只有一个离心力，此力分配于前、后轴上，使前后车轮产生相应的侧偏角 α_A 和 α_B ，且在同一轴上左右车轮的这两个侧偏角相等。这时，汽车的转向运动关系见图 2-20。

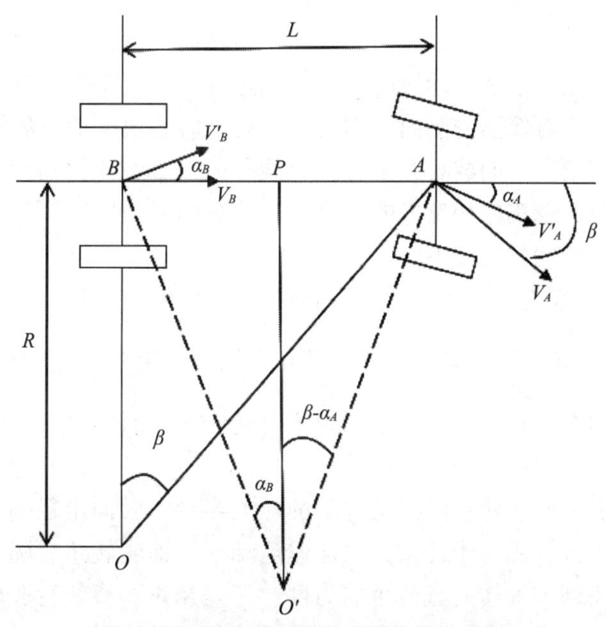

图 2-20　装有弹性车轮的汽车转向简图

汽车转向行驶时，由于离心力作用，使弹性车轮产生侧向偏离，汽车前轴中点的速度矢量 V'_A 与汽车纵轴线成 $\beta - \alpha_A$ 角（β 为转向轮转角），而后轴中点的矢量 V'_B 与汽车纵轴线成 α_B 角。因此，与刚性车轮转向相比，汽车瞬时转向中心的位置相应地也由 O 点移至 O' 点。为分析转向半径的变化，从 O' 点引出汽车纵轴线的垂直线 O' 与纵轴线相交于 P 点，即 $O'P \perp AB$ 。$O'P$ 即为有侧向偏离时的汽车转向半径，以 R_α 表示。由图 2-20 得出关系式：

$$\tan\alpha_B = \frac{BP}{O'P} \qquad \tan(\beta - \alpha_A) = \frac{AP}{O'P}$$

$$R_{\alpha} = O'P = \frac{L}{\tan(\beta - \alpha_A) + \tan\alpha_B} \quad （式 2-15）$$

因为汽车在高速行驶时，其前轮转角不大，同时，侧偏角的数值在 6°-8°范围内，故可认为：$R_{\alpha} = \frac{L}{\beta + \alpha_B - \alpha_A}$。由式 2-15 可见，有侧向偏离时的转向半径 R_{α} 与无侧向偏离时的转向半径 R（$R = \frac{L}{\beta}$）不同，而且由于 α_A 与 α_B 之间的关系不同，R_{α} 与 R 之间的关系要重新定义。

①中性转向。若前、后车轮的侧偏角相等，即 $\alpha_A = \alpha_B$，则 $R_{\alpha} = \frac{L}{\beta} = R$，即汽车的转向半径与具有刚性车轮的转向半径相等，称为中性转向。中性转向汽车的行驶特点：一是转向时所需的车轮偏转角 $\beta = \frac{L}{R}$，汽车沿给定半径圆周行驶时，转向轮转角与行驶速度无关。二是中性转向的汽车，当转向盘保持一个固定的转角加速行驶时，汽车的转向半径不变，即转向半径与车速无关。三是中性转向的汽车沿给定方向直线行驶时，当有偶然的侧向力作用于重心上时，由于前、后轮的侧偏角 α 相等，汽车将沿着与给定方向成 α 角的方向直线行驶。如欲维持沿原定方向行驶，只要将转向盘转向侧向偏离的相反方向，使汽车的纵轴线与原定行驶方向成 α 角，然后再将转向盘转回中间位置即可。

②不足转向。若前轮的侧偏角大于后轮的侧偏角，即 $\alpha_A > \alpha_B$，则 $R_{\alpha} = \frac{L}{\beta + \alpha_B - \alpha_A} > \frac{L}{\beta} = R$，$R_{\alpha} > R$，即汽车具有不足转向特性时，其转向半径大于同样条件下刚性车轮汽车的转向半径，故称为不足转向。具有不足转向特性汽车的行驶特点：一是当转向盘保持一个固定的转角，汽车以不同的固定车速行驶时，其转向半径大于汽车具有刚性车轮在同样条件下的转向半径，转向半径随速度的增大而增大。二是当汽车沿绕一固定半径做圆周加速运动时，前轮转角应随车速的提高而增大，即驾驶员要不断加大转向盘转角的力度。三是当汽车直线行驶时，如果重心上多了一个偶然的侧向力 R_y，由于 $\alpha_A > \alpha_B$，将使汽车朝侧向力的方向偏转，绕瞬时转向中心 O' 做曲线运动，R_y 与离心力 F_c 的分力 F_{cy} 方向相反，不断抵消 R_y 的作用。当 R_y 被抵消后，汽车又会保持直线运动。如图 2-21 所示。

③过度转向。若前轮的侧偏角小于后轮的侧偏角，即 $\alpha_A < \alpha_B$，则 $R_{\alpha} < R$，称为过度转向。具有过度转向特性汽车的行驶特点：一是当转向盘转角固定不变，汽车以不同的固定车速行驶时，其转向半径小于具有刚性车轮的汽车在同样条件下的转向半径。并且车速增高时，转向半径减小。二是当转向盘转角固定汽车加速行驶时，随车速的提高，其转向半径越来越小，最后导致汽车侧滑。

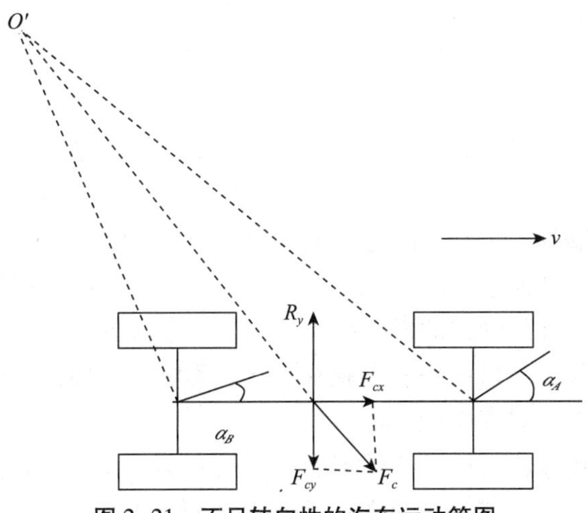

图 2-21 不足转向性的汽车运动简图

5. 转向轮的振动及其稳定效应。

(1) 转向轮的振动。高速行驶的汽车，转向轮往往会产生振动。转向轮的振动有两种形式：前轮的上下跳动和前轮围绕主销的摆动，其中影响操纵稳定性的是后者。

振动的原因有以下几点：①弹性跳动：车轮在垂直方向可能会上下跳动，因为左右悬架和车轮具有弹性。②回转仪效应：当旋转车轮的轴线在垂直平面上产生上下偏转时，必然相应地发生车轮在水平方向的偏转，这种现象称为回转仪效应。在汽车设计中常采用独立悬架避免回转仪效应。③转向轮质量的不平衡：当车轮旋转时，不平衡质量所产生的惯性力会引起车轮的跳动。当左右车轮的不平衡质量相差180°时，转向轮的受迫振动是最强烈的。为了避免车轮质量不平衡带来的振动，须对车轮进行动平衡。一般高速小轿车对此要求严格，翻新轮胎不平衡度要比原装轮胎大得多，故转向轮不宜装用。

(2) 转向轮的稳定效应。转向轮的稳定效应，是指转向轮能保持直线行驶位置或发生偏转又能回到直线行驶位置的能力。具有一定稳定效应的车轮能有效地减轻驾驶员的操作强度，提高汽车行驶的稳定性。转向轮的稳定效应，主要由汽车构造中已述及的主销内倾、主销后倾、前轮外倾以及轮胎的侧向偏离所造成的回正力矩所形成。现代汽车由于前轮重量和轮胎弹性的增加，弹性偏离引起的回正力矩也随之增大。当偏离角为4°-5°时，稳定力矩可达200-250kN/m。试验表明：偏离角为1°时所引起的回正力矩等同于主销后倾角5°-6°所引起的回正力矩，故目前有逐渐减少主销后倾角的趋势。

6. 操纵稳定性对道路交通安全的影响。汽车设计时，若不考虑汽车的稳态转向特性，对于过度转向或中性转向的汽车，在转向时，若驾驶员未能及时调整转向盘转角并降低车速，高速则会导致汽车失控而造成交通事故。汽车的瞬态响应运动状态应随时间及时变化，否则就会发生方向盘转动，而汽车无反应的现象，驾驶员会感到汽车转向不灵敏，不能“得心应手”地进行操作，当遇到紧急情况时，因转向不灵而无法应对，易造成交通事故。

汽车转向系统长期使用后其零件会磨损，磨损使得零件的间隙变大，导致前轮定位失准，悬架和转向机构不协调，如果汽车做直线运动就会出现摆头现象。摆头不仅加剧零部件的磨损，更严重的是使人感觉汽车操纵性差，汽车的安全隐患极大。为了减轻驾驶员的操作强度，汽车应具有转向轻便性。转向力要在规定的范围内，若转向力过大，会增加驾驶员的操作强度，在急转弯或紧急避让时易造成转向困难或不能完成转向动作，对汽车安全行驶有很大的影响。若转向力过小，会使转向发飘，驾驶员路感降低，对安全运行也不利。

总之，汽车的操纵稳定性差，就不能让驾驶者准确地发出转向指令，而且在汽车受外界干扰后难以迅速恢复原来的行驶状态。操纵稳定性差可能引起汽车摆头、转向沉重、转向甩尾、高速发飘、斜行、不能自动回正等现象，使汽车行驶的安全性变差，极易出现交通事故，严重影响交通安全。操纵稳定性好的汽车应该在驾驶员的“掌握”之中，行驶起来得心应手，完全遵从驾驶员的操纵意愿，且操纵起来并不费力费神，即使偶有外界干扰，如横向风、不平路面等，亦能维持原来方向安全行驶。

二、汽车的制动性

制动性是在车辆安全检验和交通事故中重要的检查与分析内容，它也是汽车的主要性能之一。汽车的物理制动过程是将动能转化为其他形式能量（如热能、声能等）。目前，使用最广泛、最基本的制动形式是车轮制动器，本节主要对车轮制动器制动过程进行分析。

（一）制动性能的评价指标

汽车的制动性能主要由下列四方面评定。

1. 制动效能。制动效能包括制动距离、制动减速度、制动力、制动时间。

（1）制动距离：汽车从急踩制动踏板时刻到汽车完全停止时刻所经过的距离。

（2）制动减速度：汽车从某一初速度开始制动到完全停止这段时间速度的减少强度，称为制动减速度。减速度越大，制动效果越明显。用制动减速度评定制动性能的优点是：它受初速度和路面不平度的影响都小，减速度计的结构简单，使用方便，性价比较高。但用制动减速度评定汽车的制动性也有不足的地方：制动系统反应时间那一段的情况没办法反映出来，减速度计受制动时车辆前倾的影响，使测量精度不高，试验结果的重复性差，路面的附着系数对其影响较大，如果路面附着系数较低，车辆达到附着极限减速度就不会再升高，车轮的动力及其分配情况也不能反映出来。

（3）制动力：在制动过程中各车轮所受的制动力，即制动器所产生的阻力。它不但表明汽车的减速度，还反映出各车轮的制动力及其分配情况。它是对汽车性能最本质的检验方法。在检测站，所用的制动试验台，大部分都是测定制动力的。

（4）制动时间：从驾驶员踩制动踏板到汽车完全停止所历经的时间称为制动时间。它能作为一个指标间接反映制动性能，一般很少作为单独的评价指标。但作为一个辅助的检验指标，还是有必要的，如各车轮的制动协调。

2. 制动效能的恒定性。制动效能的恒定性是指制动过程中，制动器的抗热衰退能力、水湿恢复能力等。

3. 制动时汽车的方向稳定性。制动时汽车的方向稳定性是指汽车在制动过程中不发生跑偏、侧滑以及失去转向能力等。

4. 操纵轻便，反应灵敏性。操纵轻便，反应灵敏性是指操纵省力，在制动过程中制动力平稳增加，放松踏板时，制动迅速解除，在行驶中不出现自行制动现象等。

（二）汽车的制动距离

1. 制动过程分析。图 2-22 是在制动过程中，制动加速度 a 和制动时间 t 的关系曲线。

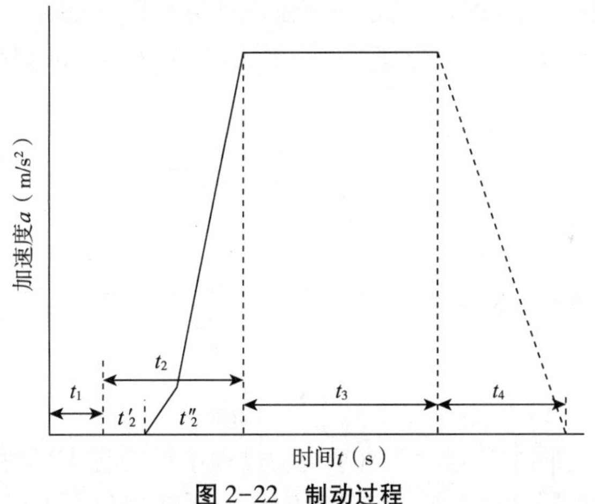

图 2-22 制动过程

驾驶员反应时间 t_1，是从看到制动信号起到踩到制动踏板所需时间，通常为 0.3-1s。制动器反应时间 t'_2，是制动器克服系统内其他压力或制动蹄回位弹力，消除蹄片到制动鼓间隙直至产生地面制动力所需的时间。制动力增长时间 t''_2，制动器制动力 F 增大至最大值 F_{max}，所需时间 $t'_2 + t''_2 = t_2$，称为制动器起作用时间，其值对一般液压制动为 0.2-0.25s，气压制动为 0.3-0.9s。在持续制动时间 t_3 中，汽车做匀加速运动，其加速度 a 保持不变。制动解除时间 t_4，是放松制动踏板至制动力消失的时间，停止后汽车的加速度降为零。t_4 虽对制动距离没有影响，但对动力性和操纵稳定性有影响，所以规定 t_4 不得超过 0.3s。

从以上分析可知，制动过程分为四个阶段。在研究汽车制动性能时，一般所说的制动距离是指 $t_2 + t_3$ 这段时间里汽车所驶过的距离。

2. 制动过程各阶段行驶距离与加速度。

（1）驾驶员反应阶段。该阶段车辆不形成加速度，它所行驶的距离 s_1（m）是：

$$s_1 = v_0 t_1 \quad \text{（式 2-16）}$$

式中 t_1 为驾驶员反应时间（s）；v_0 为汽车初速度（km/h）。

影响驾驶员反应时间的因素很多，如驾驶员的年龄、疲劳程度、技术水平、健康状况、心理特点、性格素质、道路和气候条件等。

（2）制动器起作用阶段。这个阶段的时间分为制动器反应时间 t'_2 和 t''_2，在 t'_2 时间里，汽车的加速度为零，它所行驶的距离仍是时间与初速度的乘积（气压制动 $t'_2 \approx 0.2-0.5s$，液压制动 $t'_2 \approx 0.03-0.05s$），在 t''_2 中，制动已经开始，此时有加速度（但不是匀加速）。t_2 一方面取决于驾驶员踏下制动踏板的速度，另一方面更是受制动器结构形式的影响。所以，在 t_2 时间内汽车行驶的距离 s_2（m）可按式 2-17 估算：

$$s_2 = v_0\left(t'_2 + \frac{t''_2}{2}\right) \quad \text{（式 2-17）}$$

（3）持续制动阶段。在这个阶段里。制动达到极限强度，制动加速度可近似取为常数。设制动力为 F，制动距离为 s，汽车总重为 G，φ 为附着系数，则制动式为：

$$A = Fs = G\varphi s$$

则汽车的动能为：$$E = \frac{mv^2}{2} = \frac{Gv^2}{2g}$$

汽车因制动而停止，故 $A = E$，即 $$G\varphi s = \frac{Gv^2}{2g}$$

所以 $$s_3 = \frac{v^2}{2g\varphi}$$

3. 制动时汽车方向的稳定性。汽车制动过程中维持直线行驶的能力或按预定弯道行驶的能力，称为制动时汽车方向的稳定性。制动过程中表现为制动跑偏和制动侧滑，则称为不稳定现象。

（1）制动跑偏。制动跑偏的原因有三个：①汽车左右车轮特别是转向轴左右轮制动器制动力不相等。②前轮定位失准、车架偏斜、货物超载或受路面的影响。③制动时悬架导向杆系与转向系拉杆在运动学上的互相干扰。

其中前两个原因是汽车制造、调整的误差或驾驶员操作不当造成的。汽车跑偏位置依当时情况确定是向左还是向右，所以是非系统性的。第三个原因是在设计时造成的，制动时总向一个方向跑偏，因此是系统性的。第二个原因中的三个因素，不但会造成制动跑偏，同时也会造成汽车行驶跑偏。

（2）制动侧滑。高速行驶的汽车发生侧滑对汽车的稳定性极其不利，发生侧滑后引起汽车的剧烈回转运动。经过大量的试验，人们认识到制动时若后轴比前轴先抱死滑拖，就有可能发生后轴侧滑，要防止后轴侧滑，就只能让前后轴同时抱死或前轴先抱死，可以想见后轴侧滑是最危险的。

4. 影响汽车制动性的因素。

（1）制动时的轴荷分配。汽车制动时因重心前移会导致前轴负荷增加，后轴负荷减少的现象。前已述及，目前一般汽车前后轮制动器制动力 F 之比为一常数。因此，对于给定载重量和重心位置不偏移的汽车，也只能在某一种路面上使前后轮同时抱死滑拖，即同时使制动器制动力 $F = F_{max}$。而在其他路面上，不是前轮先抱死拖滑，就是后轮先抱死拖滑。

（2）车轮制动器。车轮制动器的材料、结构形式和制造精度及调整等，对制动性均有影响。

（3）制动初速度。制动初速度越大，制动距离就越长，其所需要制动的时间也越长。制动初速度大会带来另一个现象，即通过制动器转化产生的热能会很高，温度也随之升高，对摩擦片材料的热衰退影响越严重，摩擦系数急剧下降，轮胎与路面之间的温度也越高，因而使制动距离加长。

（4）道路附着系数。附着系数 φ 值限制了最大制动力，制动距离随着 φ 值变化而成反比变化。

（5）驾驶技术。驾驶员的技术熟练程度、遇突发情况反应的快慢程度，对汽车的制动距离影响也很大。实践表明，许多事故是由于驾驶员的反应太慢而造成的。经验证明，在滑溜路面，为了防止车轮抱死而导致制动效果变坏，在制动时迅速交替地踏下和放松制动踏板，可提高制动效果。

5. 车轮的防抱。最佳的制动性能应该是同时使所有车轮达到并维持滑动率 S 在10%-20%，即让纵向附着力、侧向附着力都达到最大值的半抱半滚运动状态。这样，汽车的制动减速度增大，制动距离缩短，使汽车在制动时有良好的防后轴侧滑能力，并且保持较好的转向能力。

为满足汽车在制动过程中各项制动要求，当前，国外已研发了多种自动防抱装置。防抱装置一般包括传感器、控制器与制动压力调节器三个部分。制动过程中，控制器的功能是分析传感器测出的车轮运动参数，若判断出车轮即将出现抱死，立即给制动压力调节器发出减低分泵油压信号，以减少制动器制动力。松开制动器后，车轮转速增加，控制器又下令再制动，分泵压力重复上升，重新制动。为适应 F 到 F_{max} 的过程，这种压力升降循环要有足够高的频率来支撑。

防抱死系统一般常用运动参数有：车轮角减（或加）速度与车轮半径的乘积、车轮角速度减少量、汽车减速度等。

6. 制动性对道路交通安全的影响。汽车的制动性是汽车主动安全性能之一。重大交通事故通常与制动距离太长、紧急制动时发生侧滑及前轮失去转向能力等情况有关。制动跑偏、侧滑及前轮失去转向能力是造成交通事故的重要原因。例如我国某市市郊一山区公路，根据两周（雨季）发生的七起交通事故分析，发现其中六起是由于制动时后轴发生侧滑或前轮失去转向能力造成的。西方一些国家的统计表明，发生人身伤亡的交通事故中，在潮湿路面上约有1/3与侧滑有关；在冰雪路面上有70%-80%与侧滑有关。根据对侧滑事故的分析，发现有50%是由制动引起的。因此汽车制动性是汽车安全行驶的重要保障。

三、汽车安全技术

汽车安全技术由被动安全技术和主动安全技术组成。汽车主动安全技术是汽车上避免发生交通事故的各种技术措施的统称。主动安全技术主要包括稳定性控制系统、辅助安全系统。汽车被动安全技术是指发生事故后，汽车本身减轻人员受伤和货物受损的性能，即在汽车发生意外时，尽量对驾驶员、乘员及货物进行保护措施，减少其所受的伤害和损坏。被动安全技术主要包括车身耐撞性、乘员约束系统、行人保护系统。

中国以及欧洲和美国的交通事故数据及相关文献显示，近年来交通事故呈现出以下特征：一是弱势道路使用者的死亡人数占比呈稳定或上升趋势；二是非标准人群的伤亡率普遍较高，在中国呈上升趋势；三是交通事故中的车身碰撞相容性问题日益凸显；四是自行车事故占比稳中有降，但致死率高且逐年上升；五是驾驶员感知缺陷所造成的事故不容忽视。针对汽车安全技术的各子系统提出了发展方向，见图2-23。

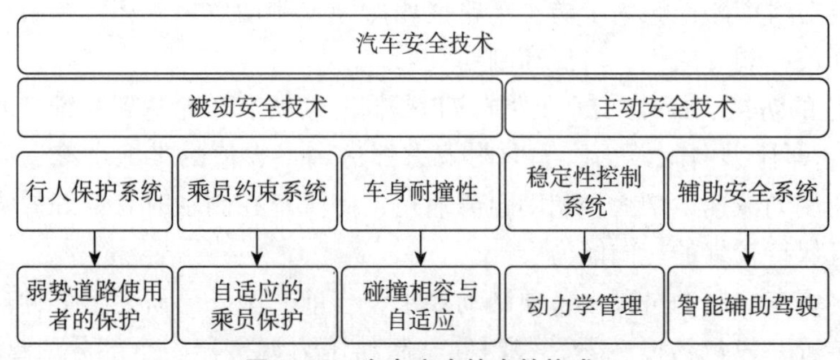

图2-23 汽车安全技术的构成

（一）汽车被动安全技术

1. 弱势道路使用者的事故及其保护。根据2016年世界卫生组织的报告可知，行人、骑自行车或摩托车人为弱势道路使用者，2013年全球因道路交通事故死亡的125万人中有近一半为行人、骑自行车或摩托车人（见图2-24）。其中，美国这一比例为31%，且据美国高速公路安全管理局统计，2006年至2015年美国机动车乘员死亡率有所下降，但弱势道路使用者死亡人数有8%的上升。① 而欧洲这一比例为39%，从2013年统计出的欧洲道路事故可以看出，弱势道路使用者事故发生率较高

① European Commission. Annual accident report. ［2015-06-01］. Brussels：Directorate General for Transport.

的是在城市区域。①

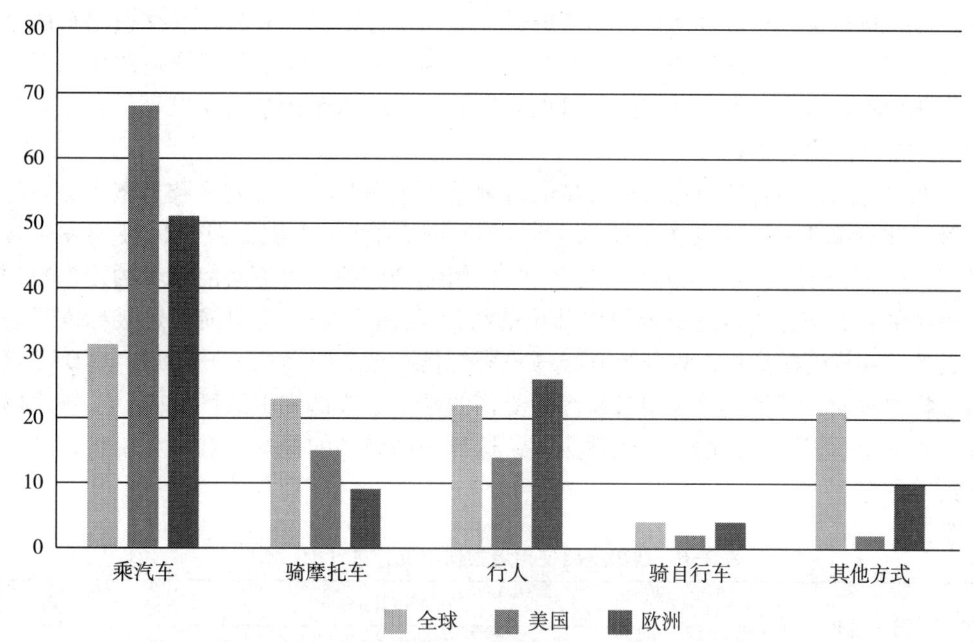

图 2-24　2013 年全球道路交通事故死亡人员的交通方式

图 2-25 给出了 2000 年至 2014 年中国弱势道路使用者的死亡人数与交通事故总死亡人数的占比（此处将弱势道路使用者计为行人及骑摩托车、自行车、电动自行车或助力自行车者）。从图中可以看到，弱势道路使用者的死亡人数占比维持在 60%左右，且呈现上涨趋势。其中，骑电动自行车者随着时间的推移死亡人数占比显著上升，从 2000 年的 0%上升至 2014 年的 11%，而同期骑自行车者的死亡人数占

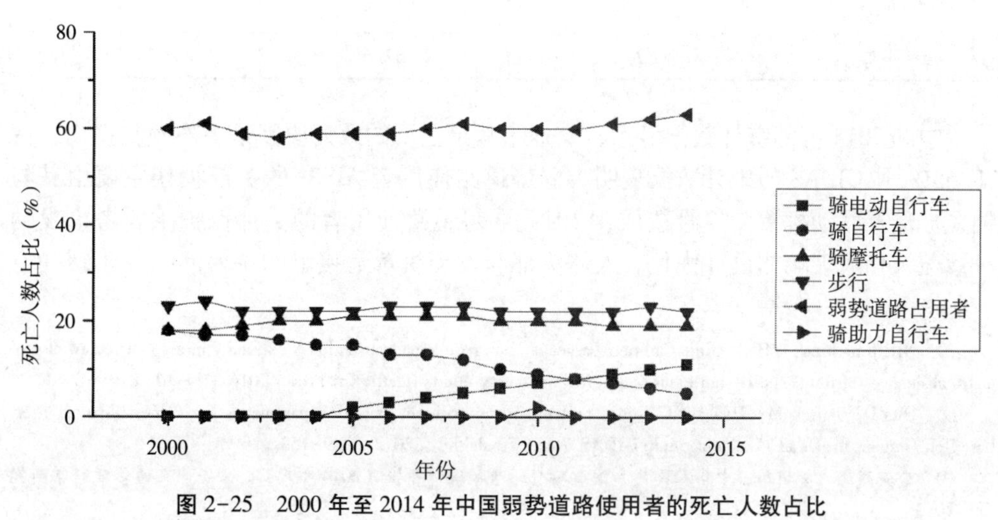

图 2-25　2000 年至 2014 年中国弱势道路使用者的死亡人数占比

① European Commission. Annual accident report. [2015-06-01]. Brussels: Directorate General for Transport.

比则从2000年的16%降至2014年的5%。从以上两组数据可以看出，随着科技的发展，传统自行车逐渐被电动自行车所取代，电动自行车也将成为今后交通出行的主要方式之一。所以，近年来电动自行车死亡率逐年增长，导致了弱势道路使用者的总体死亡人数占比稳中有升。此外可以看到，行人和骑摩托车长期以来都是死亡人数占比最高的出行方式。

弱势道路使用者的损伤特征典型的过程是人车碰撞，即行人下肢与汽车保险杠接触，此后髋部、上肢及头部依次与发动机罩盖前缘、上表面及挡风玻璃发生接触。① 表2-6给出了基于1999年至2008年德国8204位弱势道路使用者的损伤数据所得出的各类弱势道路使用者损伤部位的统计结果。② 表中简明损伤定级标准是表征人体受伤程度的指标，划分为0级（没有受伤）至7级（死亡）不等。GIDAS事故数据均表明，弱势道路使用者最容易受伤的部位是头部和下肢区域。一些国家的骑行者安全意识较强，通常会佩戴头盔，这样头部受伤的概率就会大大降低，如德国、美国等。

表2-6 弱势道路使用者损伤部位分布（GIDAS）

损伤部位	占比/%		
	行人	骑自行车者	骑摩托车者
头部	50.4	35.6	16.8
颈部	4.5	5.2	7.3
胸腔	19.2	24.4	21.7
上肢	38.2	46.1	44.3
腹部	6.9	6.1	6.4
骨盆	14.9	13.5	13.8
下肢	67.4	62.6	71.9

中国2014年的统计数据显示，交通事故最主要的致死原因是头部颅脑损伤，占78.65%。③ GIDAS的统计数据表明，弱势道路使用者AIS3+的头部损伤主要由其与挡风玻璃及发动机罩盖接触造成，④ 因此弱势道路使用者的头部保护主要考虑发动机罩盖及挡风玻璃的设计优化。人体头部与发动机罩盖接触的主要问题在于缓冲空

① NIE Bing bing, ZHOU Qing. Can new passenger cars reduce pedestrian lower extremity injury? A review of geometrical changes of front-end design before and after regulatory efforts. Traffic Inj Prev, 2016 (7): 1-8.

② Otte D, Jansch M, Haasper C. Injury protection and accident causation parameters for vulnerable road users based on German In-Depth Accident Study GIDAS. Accid Anal Prev, 2012: 149-153.

③ 公安部交通管理局．中华人民共和国道路交通事故统计年报（2014年度）．公安部交通管理科学研究所，2015.

④ Otte D, Jansch M, Haasper C. Injury protection and accident causation parameters for vulnerable road users based on German In-Depth Accident Study GIDAS. Accid Anal Prev, 2012: 149-153.

间不足，罩盖下方的发动机及电池等几乎为刚性部件，其与头部接触将造成较为严重的伤害。因此罩盖设计需要保留充足的下方缓冲空间，使头部在加速度峰值不过高的前提下迅速减速，以合理的残余速度与罩盖下方硬点接触甚至不接触，且罩盖结构的刚度分布应尽量均匀。

2. 自适应的乘员保护。实际交通事故中，“非标准”人群与工况十分多见。年轻人和老年人等非标准人群是当前交通事故中最易受到伤害的人群，就交通事故的工况而言，随着越来越多的交通参与者融入，当前的事故已不像原来那样单纯，呈现出多样化和复杂化的特点，新近引入的驾驶员预警和车辆干预等主动安全技术也在一定程度上改变了碰撞时驾驶员以及车辆的状态。例如，相关研究发现，碰撞预警系统的使用将显著改变驾驶员在碰撞时的头部位置，使得乘员约束系统开始作用时，乘员并不处在“标准”的测试工况下。① 而这也将导致以“标准”工况为基础研发的乘员约束系统无法为真实交通事故中的“非标准”工况提供个性化的响应，其防护性能也将受到影响。

因此，针对这一现象有必要对多样化的人群和工况研发自适应的乘员保护系统，从而应对真实交通事故中的各种“非标准”情况。事实上，美国和欧盟国家在这方面已经有超前的想法，如出台专门针对女性和身材较小的驾驶员等人群，以及不同车速和驾驶员坐姿等工况的乘员约束系统碰撞法规，或制定自适应系统的评估方法来促进相关技术的研发与应用。自适应乘员保护技术的研发需要依托多样化的碰撞假人和人体有限元模型。为此，美国密歇根大学等单位提出了一种参数化人体有限元模型的开发方法，能够显著提高多样化人体模型的开发效率。② 其主要思路是基于不同特征人群（年龄、体重、身高）的骨骼及体形尺寸的参数化研究，通过径向基函数网格变化从标准的人体有限元模型衍生出非标准的人体模型，得到各特征参数（年龄、体重、身高）的人群所对应的有限元模型。多样化人体模型的建立使得自适应乘员保护技术的研发成为可能，但目前这一自适应技术的应用还比较有限，其从系统构成上主要分为检测、执行和集成三个层面。在乘员特征检测层面，德尔福开发了被动乘员检测系统，前排乘员坐垫下的力传感器检测无人、儿童和成人三种状态。西门子和博世等则利用红外、超声和摄像来测量乘员的体重和坐姿，为约束系统提供参数输入以进行适应性调整，在约束系统的执行机构层面，出现了美安双级气囊和德尔福连续可调限力器等产品；在系统集成层面，奥迪 A8 等车型将其自适应约束系统与预先感知系统相结合，通过一系列加速度和力传感器采集乘员信息，据此对安全气囊和安全带限力器进行智能化的协同管理，为不同身材的乘员提供优化的乘员保护。

---

① HU Jing wen, Flannagan C A, BAO Shan, et al. Integration of active and passive safety technologies-a method to study and estimate field capability. Stapp Car Crash J, 2015: 269-296.

② SHI Xiangnan, CAO Libo, Reed M P, et al. Effects of obesity on occupantresponses in frontal crashes: a simulation analysis using human body models. Comput Methods Biomech Biomed Eng, 2015: 1280-1292.

3. 碰撞相容与自适应。汽车车身是乘员保护的第一道屏障，其塑性变形吸收了碰撞事故中的绝大部分能量，进而确保乘员舱的完好性并减缓乘员在其内部可能发生的碰撞。通常认为，在相同条件下，车身质量和尺寸更大的车辆其自车的碰撞安全性更好，但这是以牺牲对方车辆的安全性作为代价的。换句话说，在两车碰撞事故中，双方乘员的死亡率与自车质量相关，李一兵等人得出结论：两车碰撞双方的质量差距越大，事故的总伤亡率及小车一方的伤亡率均更高。交通事故中的碰撞双方车辆需要具有一定的相容性，尽量减少两者的质量差距。[①] 除了质量相容外，车身的碰撞相容性还包括结构刚度、几何形状等参数的兼容。几何形状或刚度不兼容的车辆在发生碰撞时同样可能产生较为严重的乘员伤亡。

以电动汽车为例，其动力电池出于碰撞安全的考虑，通常不放置于车体前端，而电机及传动系统的布置也允许电动汽车车身前部的富余空间被开辟为储物箱，这也导致其前部刚度相对于传统汽车（该部位布置发动机）而言更低，需要通过更大的变形来吸收碰撞能量。因此，若不采取有效措施予以规范，这些新型车辆的加入将直接导致道路车辆总体的相容性下降，造成事故伤亡率上升。

（二）汽车主动安全技术

1. 汽车动力学管理系统。数据分析表明，中国自行车事故占比稳中有降，但其致死率高且逐年上升。主要的原因可能是在非理想的通行环境下产生了车辆失稳，因此需要着重关注并提升车辆的操控稳定性技术，使车辆能够在通行环境变化或不理想时仍然能够按照驾驶员意愿保持稳定行驶，避免事故的发生。

目前正在大力发展的电子稳定性控制系统正是在这一背景下应运而生的，被认为是汽车主动安全技术发展的标志之一。这一系统通过比对驾驶员的操作意图和车辆实际的行驶状态，合理分配纵向和侧向轮胎力，从而精确控制车辆的动力学行为，使其尽量按照驾驶员的意愿行驶，减少交通事故发生的概率。根据美国 NHTSA 的统计数据，ESC 能够减少 34%的自行车事故以及 71%的侧翻事故；SUV 能够减少 59%的自行车事故以及 84%的侧翻事故。[②] 因此，世界各国近年来均开始以标准法规的形式对 ESC 的安装提出要求，其新车评价规程也开始引入汽车主动安全控制技术的评分准则。中国新车评价规程也已引入 ESC 的安装要求，但市场装备率仍远远落后于欧美地区，主要作为高档车型的选装配置。这一领域目前的发展趋势是基于车辆的各项控制系统（包括驱动、传动、转向、制动等），进行集成优化，形成一体化的车辆动力学管理系统，进而从整车性能优化的角度对各子系统进行协调控制。原本各个孤立的子系统仅面向车辆的单项性能，但通过一体化集成技术，能够实现车辆操纵稳定性、平顺性以及动力性和制动性的多目标优化。此项技术的实现需要各

---

① 李一兵，孙兵霆，徐成亮．基于交通事故数据的汽车安全技术发展趋势分析．汽车安全与节能学报，2016（3）：241-253.

② NHTSA-200727662，Federal motor vehicle safety standards；electronic stability control systems；controls and displays. Washington DC：National Highway Traffic Safety Administration，2007.

子系统之间进行车辆运动及力学信息的共享，因此需要以车辆信息通信技术作为基础，才能实现车辆动力学的集成管理及其安全性能的最大化。

2. 智能辅助驾驶。驾驶行为是驾驶员根据行驶车辆及道路环境的情况做出相应的行为决策。因驾驶员的感知水平与真实情况存在或多或少的偏差，加之行车环境的复杂性和突发性较强，导致驾驶员的行为决策无法达到最优，所以有可能导致交通事故的发生。例如，驾驶员在疲劳驾驶或酒后驾车时，分神、注意力不集中等都对行车环境的感知能力显著下降，交通事故的发生概率将大大提高，容易造成追尾等事故形态。① 行车环境的缺陷也会导致驾驶员的感知能力下降，产生事故风险。例如，驾驶员会因道路照明条件不佳使其获取信息水平的能力和反应速度有所下降。针对上述情形开始集成多样化的感知技术，通过对驾驶员状态、车辆状态以及行车环境的感知监测，为驾驶行为提供智能辅助，优化其安全驾驶策略，对置身于危险工况的车辆进行主动预警或干预，规避潜在的危险。实质上是通过机器这样的辅助技术，主要采用它的传感识别和决策干预能力，来补充驾驶员未能感知和操作的领域，从而尽量避开、降低危险或提供乘员保护，降低事故的发生率及伤亡率。针对分神及疲劳驾驶情况，主要是对驾驶员面部特征参数进行监测分析，或是通过对车辆操纵参数检测来判断驾驶员处于什么状态。

面对行车环境的变化及突发情况的发生，当前主要采用安全预警及主动避撞技术进行应对。其主要思路是通过雷达、超声波及视觉等传感器探测道路环境信息，识别道路上各种危险情况并将出现的危险情况反馈给驾驶员，让驾驶员提前预防及规避危险情况，在必要的情况下可以采取制动、转向等干预操作，以免发生碰撞事故。自动避撞、车道偏离预警及盲点监测预警等系统均能够有效降低事故的发生率。

第三节 道路因素与交通安全

道路是汽车交通的基础和载体，道路条件对交通安全有着重要影响，与道路交通安全相关的道路特性主要有道路几何线形、路面、道路类型、交叉口等，本节主要论述其与交通安全的关系。

一、道路线形与交通安全

线形是指立体描述道路中心线的形状。其中平面描述的道路中心线形状称为平面线形，立体描述的道路中心线形状称为纵断面线形。线形的好坏，对交通流安全

① YUAN Quan, LI Yibing, ZHANG Yue. The analysis on the human-vehicle-road characteristics of vehicle rear-end impact accidents//IEEE Int'l Conf Vehi Electro and Safe, Yokohama, 2005: 266-271.

畅通具有极其重要的作用。如果道路线形不合理，不仅会造成道路使用者时间和经济上的损失，降低通行能力，而且可能诱发交通事故。道路几何线形要考虑与地形及地区的土地使用相协调，同时要使道路线形连续，并和平面、纵断面两种线形以及横断面的组成相协调，更要从施工、维修管理、经济条件和交通运行等角度来确定。

（一）平面线形与交通安全

1. 直线。直线是最常用的线形，具有现场勘测简单、前进方向明确、距离短捷的优点。对于公路来说，直线部分景观单调，对驾驶员缺乏刺激。长直线段容易使驾驶员行车单调乏味，分散注意力，增加疲劳感，降低反应能力，影响行车安全，因此并非理想的线形，直线长度最好不要过长。

我国规定当设计速度≥60km/h 时，同向曲线间的最小直线长度（以 m 计）以不小于行车速度（以 60km/h 计）的 6 倍为宜；反向曲线间的最小直线长度（以 m 计）以不小于行车速度（以 60km/h 计）的 2 倍为宜。

2. 平曲线半径。道路会因地形、自然条件、村镇等诸多因素设置成许多弯道。图 2-26 中，当汽车驾驶人通过弯道时，会出现离心运动现象，产生离心力，若汽车行驶速度较快且弯道半径小时，就可能发生横向翻车或滑移。因此，为保证行车安全，在不同等级的道路上规定了相应的弯道（平曲线）最小半径。图 2-27 表示直路和弯道，A、B 两头都是直线，A 为平曲线的起点，B 为平曲线的终点，L 为平曲线的长度，R 为平曲线的半径。半径越大，弯道就越平滑，车辆行驶就越顺利，半径越小，弯道就越急促，车辆行驶就越不顺利。

图 2-26 道路的线形

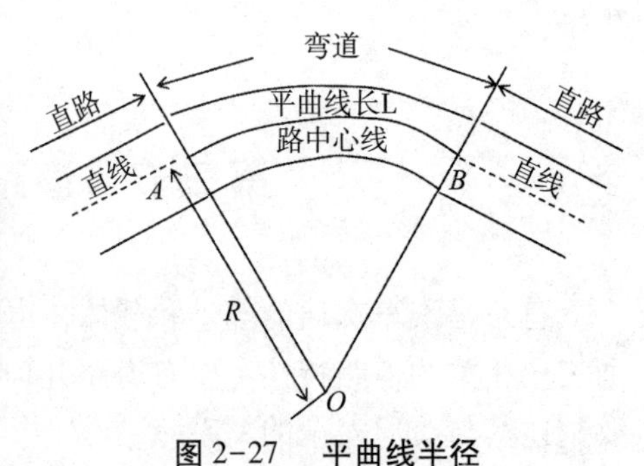

图 2-27 平曲线半径

汽车行驶在半径为 R 的圆曲线上，车的自身质量为 m，车速为 v，受到的离心力为 F_c。则：

$$F_c = \frac{mv^2}{R} \quad \text{（式 2-18）}$$

由式 2-18 所知，半径与车速的平方成正比，半径的大小随车速的增加或减少而变化，按照车速把平曲线的半径规定一个最小的限度，即平曲线最小半径。表 2-

7 列出了各级公路的最小平曲线半径。

表 2-7 不设超高最小平曲线半径（m）

设计速度（km/h）	120	100	80	60	40	30	20
$i_{路拱} \leq 2.0\%$ $f = 0.035-0.040$	5500	4000	2500	1500	600	350	150
$i_{路拱} > 2.0\%$ $f = 0.040-0.050$	7550	5250	3350	1900	850	450	200

3. 缓和曲线。缓和曲线是设置在直线与圆曲线之间或圆曲线与圆曲线之间的一种曲率连续变化的曲线。汽车由直线段驶入曲线段的过程中，其转弯半径在不断变化，与汽车行驶轨迹的连续性不相吻合；两个转弯半径不同的曲线段连接也是如此。这种现象会造成行车的不安全。为了减缓曲率变化，让汽车行驶平顺，需要在其间设置缓和曲线段，使车辆在正常转弯行驶时减少对道路摩擦力的需求，增强道路交通的安全性。此外，曲线段还存在超高加宽问题，由直线段的路拱、定宽路面改变为超高、加宽路面也需要缓和曲线段来实现其间的过渡。

缓和曲线按线形分为三次抛物线、双扭曲线和回旋曲线等。驾驶人按一定速度转动转向盘，按一定车速行驶时则曲率按曲线长度缓和地增大或减小，轮机顺滑的轨迹刚好符合回旋曲线，因此我国用回旋曲线较多。设 R 为平曲线半径，则其倒数称为曲率。回旋曲线就是曲率按曲线长度成相同比例增大的曲线，其关系为：

$$\frac{1}{R} = CL \qquad \text{（式 2-19）}$$

式 2-19 中 C 为常数，L 为曲线长度

按照设计速度，最小缓和曲线长度见表 2-8。考虑到驾驶员的视觉条件，设置回旋曲线时，应取大于表 2-8 的数值。

表 2-8 最小缓和曲线长度

设计速度（km/h）	120	100	80	60	40	30	20
缓和曲线长度（m）	100	85	70	50	35	25	20

4. 弯道超高。汽车在弯道上行进时，会受离心力的作用，向圆弧外侧推移。该离心力的大小与行车速度的平方成正比，与平曲线的半径成反比。所以，车辆在较小半径的弯道上，开得越快，车身被离心力推向弯道外侧的危险就越大。为预防这种危险情况的发生，驾驶员必须小心谨慎，降低车速。同时，道路工程部门在设计与施工中需要把弯道的外侧提高，使路面在横向朝内一侧有个横坡度（横向倾斜程度），来抵挡离心力的作用，即道路超高，见图 2-28。道路超高规定在 2%-6%。

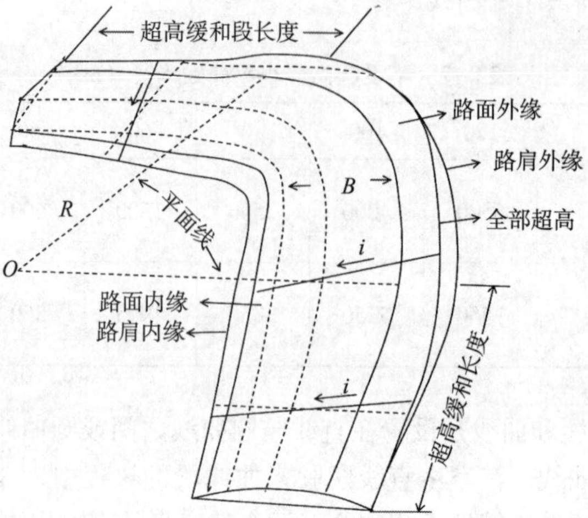

图 2-28　道路超高

圆曲线半径根据设计速度（km/h）计算：

$$R = \frac{v^2}{127(i + f)} \quad \text{（式 2-20）}$$

如果用式 2-20 来考虑横向力平衡，可得出：

$$f_g = \frac{v^2}{R} - gi \quad \text{（式 2-21）}$$

式 2-21 中 f_g 为作用于汽车的横向加速度；v 为设计速度（m/s）。

若这个值大，就会产生显著的横向摆动，给人一种摇晃的感觉，所以尽量将 i 值取大一些来削弱这种横向摆动。但是，汽车如果以低于设计速度行驶时，反而会在重力作用下，沿横断面斜坡向内侧下滑。然而为保证在弯道部分停车时，汽车不发生向内侧滑移，甚至翻车，其超高又不能太大。在曲线部分，除曲率半径非常大和有特殊理由等情况外，都要根据道路的类别和所在地区的寒冷积雪程度，以及设计速度、曲率半径、地形状况等设置适当的超高。

5. 弯道加宽。由于汽车在弯道上安全行驶所需要的路面宽度，较直线段上要宽些，所以弯道上的路面应当加宽，图 2-29 中，R 为平曲线半径，L 为汽车前挡板至后轴的距离，则单车道路面所需要增加的宽度 W 为：

$$W = \frac{L^2}{2R} \quad \text{（式 2-22）}$$

如果是双车道路面，则对式 2-22 中求得的 W 值加倍，再加上与车速有关的经验数值 $0.1v/\sqrt{R}$（v：km/h），即双车道拐弯处路面所需增加的宽度为：

$$W_{双} = \frac{L^2}{2R} + \frac{v}{10\sqrt{R}} \quad \text{（式 2-23）}$$

加宽值 W 是加在弯道的内侧边沿，并按抛物线处理，见图 2-30。这样既符合汽车的行驶轨迹，有利于车辆顺利行驶，又改善了路容。

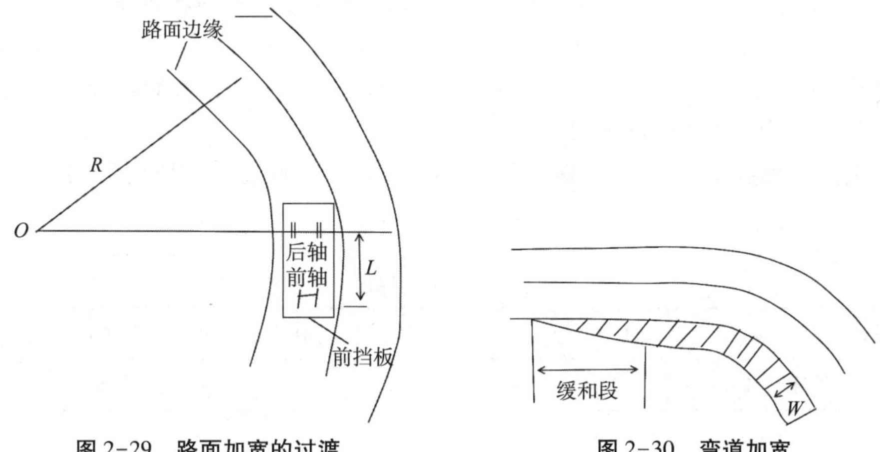

图 2-29　路面加宽的过渡　　　　图 2-30　弯道加宽

由上可见，平曲线的半径 R，是弯道的一个重要指标。平曲线的半径 R 的倒数 $1/R$ 称作平曲线的曲率，表示曲线弯曲的程度。半径 R 越小，曲率 $1/R$ 越大，曲线弯曲的程度越大；反之，半径 R 越大，曲线弯曲的程度越小。

6. 曲线转角。与曲线长度相关的曲线转角也可以作为道路交通安全的影响因素，两者之间的关系可用下式表示：

$$\alpha = 0.01CCR \times L \qquad \text{（式 2-24）}$$

式 2-24 中 α 为曲线转角，CCR 为曲率变化率，L 为曲线长度。

当曲线转角在 0°-45°变化时，汽车事故率与转角的关系近似呈抛物线形，即随着转角的增大事故率在逐渐降低，当转角增大到某一数值时事故率降到最低点（抛物线的极值点），此时随着转角的继续增大事故率又开始上升，变化规律明显。

当路线转角为小偏角时，事故率明显偏高，其原因是小偏角曲线容易导致驾驶员产生急弯错觉，不利于行车安全。当转角值在 15°-25°时，事故率最低，交通安全状况最好。

（二）纵面线形与交通安全

纵面线形主要是指表示道路前进方向上坡、下坡的纵向坡度和在两个坡段的转折处插入的竖曲线两类。

汽车的爬坡能力是限定纵坡大小的一个因素。由于各种汽车构造、性能、功率不同，它们爬坡能力也不一样，纵坡大小对载重汽车的影响比小汽车显著得多。汽车在陡坡上行驶，必然导致车速降低。若陡坡太长，爬坡时会使汽车水箱出现沸腾、汽阻，以致行车缓慢无力，甚至导致发动机熄火；机件磨损增大，驾驶条件恶化，发生交通事故；或由于汽车轮胎与道路表面摩擦力不够而引起车轮空转打滑，甚至有向后滑溜的危险。沿长陡坡下行时，需要很长时间减速、制动，这些动作都会造成制动器发热失效或烧坏，从而导致交通事故。因此，对于较大纵坡的坡度及坡长必须加以必要的限制和改造。

1. 最大纵坡。纵向坡度的标准值要以降低车辆速度的原则和在经济容许的范围内来确定，与其他路段一样，需要努力保证与设计车速一致的行驶状态。具体来说，纵向坡度的一般值，按小客车大致以平均行车速度可以爬坡，普通载货车大致按设计车速的 1/2 能够爬坡的原则来确定。

《公路工程技术标准》（JTG B01-2014）对公路的最大纵坡所作的规定见表 2-9。

表 2-9 最大纵坡

设计速度（km/h）	120	100	80	60	40	30	20
最大坡度（%）	3	4	5	6	7	8	9

2. 纵坡长度。在翻山越岭连续上坡的路段，机动车在较长的坡道上行驶，发动机容易过热，引起故障。在连续下坡时，车速越来越快，存在不安全因素，特别是雨天或有冰雪时，更有滑溜的危险。

《公路工程技术标准》（JTG B01-2014）对公路不同纵坡的最大坡长所作的规定见表 2-10。

表 2-10 不同纵坡最大坡长（m）

设计速度（km/h）		120	100	80	60	40	30	20
纵坡坡度（%）	3	900	1000	1100	1200			
	4	700	800	900	1000	1100	1100	1200
	5		600	700	800	900	900	1000
	6			500	600	700	700	800
	7					500	500	600
	8					300	300	400
	9						200	300
	10							200

《公路路线设计规范》（JTG D20-2017）对各级公路纵坡的最小坡长规定见表 2-11。

表 2-11 最小坡长（m）

设计速度（km/h）	120	100	80	60	40	30	20
最小坡长（m）	300	250	200	150	120	100	60

高速公路、一级公路上，当连续陡坡由几个不同坡度值的坡段组合而成时，应对纵坡长度受限制的路段采用平均坡度法进行验算。

3. 竖曲线。竖曲线主要是为了实现变坡点处坡度变化的过渡曲线。因此，竖曲线半径的大小，将直接影响过渡效果的好坏。

竖曲线对于道路交通安全行车的主要影响体现在：（1）对行车视距产生影响，半径越大，所能提供的行车视距也就越大，一般情况下根据地形采用尽量大的值；（2）小半径竖曲线容易造成平纵曲线组合不合理而使视距不连续，尤其为凸曲线时，会造成驾驶员产生“悬空”的感觉从而失去行驶方向；（3）由于离心力的影响，造成车辆与路面间的摩擦系数减小，从而影响交通安全；（4）使驾驶员超重或失重感过大，从而影响安全行驶。

考虑到竖曲线的上述因素，《公路路线设计规范》也对竖曲线半径作了比较严格的规定，见表2-12。

表2-12　竖曲线最小半径与竖曲线长度

设计速度（km/h）		120	100	80	60	40	30	20
凹形竖曲线半径（m）	极限值	4000	3000	2000	1000	450	250	100
	一般值	6000	4500	3000	1500	700	400	200
凸形竖曲线半径（m）	极限值	11000	6500	3000	1400	450	250	100
	一般值	17000	10000	4500	2000	700	400	200
竖曲线长度（m）	极限值	100	85	70	50	35	25	20
	一般值	250	210	170	120	90	60	50

从表2-12数据可知，大体上事故率随半径的减小而增加，在同一半径下所对应的不同公路等级，凹形竖曲线的事故率要低于凸形竖曲线，说明凸形竖曲线对交通安全的影响比较大，而且事故率明显比较高的点往往是平曲线与竖曲线相结合的路段。在配置竖曲线时，既要保证竖曲线有足够大的半径，还要保证有足够的长度。在坡差很小时，计算得到的竖曲线长度往往很短，在这种曲线上行车时会给驾驶员一种急促的曲折感。按照安全操作的需要，竖曲线的长度要达到一定的值。另外，小半径竖曲线设置的位置也必须考虑对交通安全的影响，除了考虑平纵线形结合外，一般不应把小半径竖曲线的始末点设在桥梁、立交、隧道的起末点，也不应把小半径竖曲线设置在过村镇、平交路口处，否则不利于行车安全。

4. 线型组合。平、纵线形的组合对视觉诱导起着重要作用，在视觉上违背自然诱导的线形组合是导致事故多发的主要原因。行车安全性的大小，与不同线形之间的组合是否协调有密切关系。《公路路线设计规范》中对道路平、纵线形的要求是速度大于或等于的公路，必须注重平、纵的合理组合。设计速度小于或等于的公路，可参照以下要求执行。

(1) 平、纵线形宜相互对应，且平曲线宜比竖曲线长。当平、竖曲线半径均较小时，其相互对应程度应较严格；随着平、竖曲线半径的同时增大，其对应程度可适当放宽，当平、竖曲线半径均较大时，可不严格相互对应。

(2) 长直线不宜与坡陡或半径小且长度短的竖曲线组合。

(3) 长的平曲线内不宜包含多个短的竖曲线；短的平曲线不宜与短的竖曲线组合。

(4) 半径小的圆曲线起、讫点，不宜接近或设在凸形竖曲线的顶部或凹形竖曲线的底部。

(5) 长的竖曲线内不宜设置半径小的平曲线。

(6) 凸形竖曲线的顶部或凹形竖曲线的底部，不宜同反向平曲线的拐点重合。

(7) 复曲线、S形曲线中的左转圆曲线不设超高时，应采用运行速度对其安全性予以验算。

(8) 应避免在长下坡路段、长直线路段或大半径圆曲线路段的末端接小半径圆曲线的组合。

下列不良的线形组合往往是导致交通事故发生的重要原因：(1) 线形的骤变，如长直线的末端设置小半径曲线。(2) 在连续的高填方路段，如果没有良好的视线引导，驾驶员容易使车辆偏离车道中心线，可能冲出路面，酿成车祸。(3) 短直线介于两个不同向的曲线之间，形成所谓的断背曲线，这样容易使驾驶员产生错觉，把线形看成反向曲线，在直线过渡段造成翻车事故。(4) 在直线路段的凹形纵断面路段上，驾驶员位于下坡时看到对面的上坡段，容易产生错觉，把上坡的坡度看得比实际的坡度大。驾驶员以为自己在上坡，很有可能加速冲到对面的上坡路段与对向正在下坡的行车相遇，因而有可能发生事故。(5) 在凸形竖曲线与凹形竖曲线的顶部或底部插入急转弯的平曲线，前者因没有视线引导而造成突然急打转向盘，后者要在汽车下坡速度增加的地方急打转向盘，这些都很容易引发交通事故。(6) 在凸形竖曲线与凹形竖曲线的底部设置断背曲线，前者视线失去诱导的效果，在公路上行驶时，好像突然进入空中状态，给驾驶员一种不安的感觉，车到达顶点后才知道线形开始向相反方向弯曲，故在操纵转向盘时也是非常紧张的。后者会因为道路排水不畅，造成看起来道路是扭曲的，也有使驾驶员视觉产生偏差的缺点。(7) 在一平面曲线内，如果有纵断面反复凹凸的情况，经常会产生这样的问题，即只能看见脚下和前方，看不见中间凹凸的线形，这样的线形也容易发生事故。(8) 转弯半径比较小的平曲线与陡坡组合在一起时，会使事故从数量和恶性程度上剧增。

5. 视距对交通安全的影响。为使行车安全，驾驶人员应能随时看到前方一定距离的路程，一旦发现前方道路有障碍物、对向来车或出现紧急情况，能够及时采取措施，避免碰撞，这一最小的距离被称为行车视距，它是道路使用质量的重要标准之一。在德国的道路交通事故中，由于视距不足引起的交通事故的比例占到44%。

行车视距又分为停车视距、会车视距、错车视距、超车视距四种类型。

停车视距是指当汽车在道路上行驶时，驾驶员在离地 1.2m 高处，看到前方路面上的 0.1m 高的障碍物，从开始刹车至达到障碍物前完全停止所需要的最短距离。

会车视距指在单车道（或无中央分隔带的双车道）公路上，驾驶员驾驶汽车在道路中央行驶，当遇到迎面来车时无法避让或来不及错车，双方采取制动措施，在双方离地 1.2m 高之间，两车开始制动直至汽车碰撞前完全停止所需的距离称为会车视距。

错车视距是指在没有明确划分车道线的双车道道路上，两辆对向行驶的汽车相遇，发现后即采取减速避让措施并安全错车所需的最小距离。

超车视距是指在双车道公路上，后车超越前车时，从开始驶离原车道之处起，至可见逆行车道并能超车后安全驶回原车道所需的最短距离。

视距不足引起的交通事故有三种典型的形式：（1）平面曲线段。由于弯道内侧有边坡、建筑物、树木、道路设施等，阻碍驾驶员视线，使得视距满足不了要求，从而成为视距不足路段。（2）凸形变坡路段在纵断面为凸形路段，上下坡连接处的竖曲线上，驾驶员的视线常受到阻碍。当竖曲线半径较小时，视线严重受阻，视距满足不了要求，带来了安全隐患。（3）凹形变坡路段，在上下坡连接处的竖曲线上，白天视线较好，但在夜间汽车车灯照射范围受到阻碍，驾驶员的视线受到上跨天桥、路边的树等物的遮挡造成视线受阻，视距满足不了要求。国内外道路交通事故统计资料表明，道路平面线形上视距不足反映出来的道路交通事故数量，没有纵断面线形上的视距不足反映得明显。

而竖曲线的视距越短，交通事故越多。在竖曲线上不同视距下的事故率见表 2-13。

表 2-13　竖曲线上不同视距下的事故率

视距（m）	每百万公里交通事故率（%）	
	凸形曲线	凹形曲线
<240	2.4	1.5
240-450	1.9	1.2
451-750	1.5	0.8

6. 线形组合与道路景观的协同性。随着经济的高速发展，全社会对道路提出了更高的要求，从最初的以最小的工程量获得最大的通行能力，发展到必须注重道路设计与环境的关系，即道路景观设计，交通部实施的 GBM（公路标准化和美化）工程标志着我国的道路行政管理部门已开始重视道路景观问题。

良好的景观设计，应同时满足人、车、路、环境及景观的需要，将人、车、路、环境构成一个完整的系统。驾驶人员在感受线形连续、流畅的同时，对逐渐展开的、变化的视野感到轻松愉快，车上的乘客也会因路途的动态风景而赏心悦目。从交通心理学的角度讲，道路景观设计的好坏，会直接或间接地对驾驶员的心理产生影响，从而影响到道路行车安全。

道路景观布设应突出强调道路行车的安全感，安全是道路景观设计的基础和前提。如何消除司乘人员在行车过程中产生的压抑、恐惧、压迫等不良感受，是线形设计、景点布设、绿化布设的重要内容。如高填方弯道外侧边坡植树，可以减轻行车时的恐惧心理，简洁明快，并具有足够强度和刚度的桥梁下部构造。

二、路面与交通安全

路面是道路的行车部分，是在路基上用不同材料铺成的一层或数层的层状结构物。路面的设计首先要求其具有足够强度的路面结构，以承受车轮的直接荷载并传递到路基，保证路面使用的稳定性和耐久性。路面按力学特性分为柔性和刚性两类。

柔性路面是指主要以沥青和碎石为主材料修建的路面，目前我们看到的都是柔性路面。它是一种与荷载保持紧密接触且将荷载分布于土基上，并借助粒料嵌锁、磨阻和结合料的黏结等作用而获得稳定的路面。它具有一定的抗剪和抗弯能力，在重复荷载作用下容许有一定的变形。柔性路面以路面的回弹弯沉值作为强度指标，利用弯沉仪测量路面表面在标准试验车后轮的垂直静载作用下轮隙回弹弯沉值，以此用来评定路面强度。刚性路面是指主要以水泥混凝土为主材料修建的路面，刚性与抗弯能力的特点使它能直接承受与分布车辆荷载到路基的路面结构。承载能力取决于路面本身的强度。如铺设适当的基层可为刚性路面提供良好的支撑条件。

（一）路面强度

路面强度主要指路面整体对变形、磨损和压碎的抵抗力。路面强度越高，耐久性越好，越能承受行车密度较大和行车复杂的车辆，即保证行车安全的同时提供良好的行车舒适度。因此，路面应具有足够的强度，在行车和自然因素的作用下，原则上不允许变形、过多的磨损和压碎现象。

（二）路面稳定性

路面强度受到温度、湿度的作用而发生变化。例如碎石路面在干燥季节易松软、扬尘，随着温度的升高沥青路面会变软从而产生轮辙和推移等弊端。低温时易变脆、开裂，不仅造成行车不舒适，而且极易影响行车安全。再如路基中若含水分过多，春季时，路面强度会降低，在车辆作用下发生路面翻浆现象，严重影响道路交通。为了保证路面使用的全气候性，应使路面强度随气候原因变化的因素降到最低，使其保持良好的稳定性。

（三）路面平整度

平整度顾名思义是指路表面的平整程度，它是衡量路面质量的重要指标之一，主要反映车辆对路面质量的要求。当路面平整度较差时，行车阻力加大，车辆很容易颠簸震动，直接影响行车平稳性、乘客舒适性，会降低行车速度，容易导致事故的发生。路面不平整主要表现为两方面：一是形成波浪或搓板，二是有坑槽或凸起。

车辆在形成波浪或搓板的路面上行驶时，会出现上下起伏、摆动，造成驾驶员心理紧张，身体劳累。这时易出现操纵失误，使车辆偏离正常轨迹，造成交通事故。车辆在通过有坑槽、凸起路段时，极易造成轮胎和钢板的突然损坏，导致车辆失控而诱发事故。

（四）路面抗滑性

路面抗滑性反映的是路面安全方面的使用性能。影响路面抗滑性能的因素有路面表面特征（细构造和粗构造）、路面潮湿度和行车速度。当道路表面的抗滑能力小于要求的最小限度时（纵向摩阻系数，水泥混凝土路面为0.5-0.7，沥青混凝土路面为0.4-0.6，沥青表面处及低级路面为0.2-0.4，干燥路面数值取高限，潮湿时取低限），车辆行驶中稍一制动就可能产生侧滑而失去控制。特别是道路表面潮湿或覆盖冰雪时，发生侧滑的危险性增大，在弯道、坡路和环形交叉处，尤其容易发生滑溜事故。路面的表面结构对抗滑能力也有一定的影响，如果路面骨料在车辆行驶下已磨得非常光滑，道路抗滑能力降低，即使在干燥路面上，也会出现滑溜现象。另外，渣油路面不仅淋湿后会很滑，而且气温高时会导致路面变软，也会很滑，在这种情况下，可采用压力预涂沥青石屑、路面打槽、设置合适的排水系统、限制车速、设置警告标志等方法保障交通安全。

路面摩擦系数又称路面抗滑系数。汽车在水平面上行驶或制动时，路面对轮胎滑移的阻力与轮载的比值称为路面摩擦系数，即：

$$f=\frac{F}{P} \qquad (式2-25)$$

式2-25中f为路面摩擦系数，F为路面对轮胎滑移的阻力，P为车轮的荷载。

按摩擦阻力的作用方向，摩擦系数分为纵向、横向摩擦系数。摩擦系数的大小取决于路面类型、道路表面的粗糙程度、路面干湿状态、轮胎性能及其磨损情况等，并与轮载的大小成反比，与接触面积无关。

路面摩擦系数是衡量路面抗滑性的重要指标。为保证汽车安全行驶，路面必须要有较大的摩擦系数。我国采用一定车速下的纵向摩擦系数或制动距离作为路面抗滑能力的指标。

路面摩擦系数的设置要科学并综合考虑实际车辆行驶情况，不能一味地加大数值，加大路面的摩擦系数虽可减少事故与损害程度，却不能根除事故。反之，若摩擦系数过大，车辆的耗油大、行驶阻力大、车速降低且舒适性差。因此，路面防滑也要综合地从安全、迅速、经济上考虑。

三、道路类型与交通安全

不同类型的道路，由于车道数、车道宽度、分车带、路肩以及路基高坡与边坡情况等不同，对交通安全的影响也不同。

（一）车道数

一般情况下，三车道比两车道的交通事故率高，四车道与三车道的交通事故率相近，随着车道数的增加交通事故率反而减少。相对交通事故率除了车道数增加而减少外，还与公路上增加一些交通设施有关，如中央分隔带、路侧带、护栏、防护壁、停车带以及上坡慢行道等。

（二）车道宽度

从车道的宽度分析，车道越宽交通事故越少。有关资料显示，在两车道路从55m 扩大到 67m 时，交通量较少的地点交通事故减少 21.5%，交通量较大的地点交通事故减少 46.6%。路肩加宽或有中央分隔带的道路事故也明显下降。

（三）分车带

分车带是道路行车上纵向分离不同类型、不同车速或不同行驶方向车辆的设施，以保证行车速度和行车安全。分车带由分隔带及路缘带组成，常用水泥混凝土路缘石围砌，也可用水泥混凝土隔离墩或铁栅栏，还可以在路面上画出白色或黄色标线，以分隔行驶车辆。机动车与机动车和机动车与非机动车的分离可以用分车带来解决，一方面提高道路通行能力，另一方面对保证交通安全具有十分重要的作用。但如果设计不科学，也会导致交通事故的发生。如有的公路单向有两条机动车道，中央设置了分车带，在分车带上设置了路灯杆。但由于分车带没有设置路缘带，经常发生大型车挤上了中央分车带，小型车又撞在电线杆上，致使车毁人亡、路灯杆折断的重大交通事故。分车带按其在横断面上的不同位置与功能，分为中央分车带及两侧分车带。

1. 中央分车带。中央分车带指高速公路，一级公路及城市二、四块板断面道路中间设置的分隔上下行驶交通的设施，包括两条左侧路缘石带和中央分隔带。中央分隔带的作用：分隔上下行车流，杜绝车辆随意调头，减少夜间对向行车眩光，显示车道的位置，诱导视线，为其他设施提供场地。我国《公路工程技术标准》（JTG B01-2014）规定，高速公路、一级公路整体式断面必须设置中间带，不同设计速度对应中间带宽度见表 2-14。

表 2-14　中间带宽度

设计速度（km/h）		120	100	80	60
中央分隔带宽度（m）	一般值	3.00	2.00	2.00	2.00
	最小值	2.00	2.00	1.00	1.00
左侧路缘带宽度（m）	一般值	0.75	0.75	0.50	0.50
	最小值	0.75	0.50	0.50	0.50
中间带宽度（m）	一般值	4.50	3.50	3.00	3.00
	最小值	3.50	3.00	2.00	2.00

分离式断面中央分车带宽度宜大于4.5m，此时中央分车带宽度可随地形变化而灵活运用，不必等宽，且两侧行车道亦不必等高，而应与地形、景观相配合，中央分隔带应制作成向中央倾斜的凹形，行车道左侧设置左侧路缘带。当行车道与中央分隔带均用水泥混凝土修筑时，分隔带应用彩色路面以示区别。城市道路采用狭窄分隔带时，常在其上嵌以路钮与猫眼。中央分车带的宽度一般情况下应保持等宽度。当宽度发生变化时，应设置过渡段。中央分车带过渡段以设在回旋线范围内为宜，其长度应与回旋线长度相等，中央分车带宽度较宽时，过渡段以设在半径较大的圆曲线范围内为宜。

2. 两侧分车带。两侧分车带是布置在横断面两侧的分车带，其作用与中央分车带相同，只是布置的位置不同。两侧分车带常用于城市道路的横断面设计中，它可以分隔快车道与慢车道、机动车道与非机动车道、车行道与人行道等。

（四）路肩

路肩既可起到保护路面的作用，又可作为行驶车辆的侧向余宽，也可停放发生故障的车辆。在我国混合交通条件下，路肩还可供行人、自行车、助力车等通行使用。一般说来，路肩宽时较安全。我国《公路工程技术标准》规定，二、三级公路路肩宽度不小于0.75m，四级公路路肩宽度不小于0.5m，见表2-15。

表2-15 各级公路路肩宽度

设计速度（km/h）		高速公路			一级公路（干线功能）	
		120	100	80	100	80
右侧硬路肩宽度（m）	一般值	3.00（2.50）	3.00（2.50）	3.00（2.50）	3.00（2.50）	3.00（2.50）
	最小值	1.50	1.50	1.50	1.50	1.50
土路肩宽度（m）	一般值	0.75	0.75	0.75	0.75	0.75
	最小值	0.75	0.75	0.75	0.75	0.75
设计速度（km/h）		一级公路（集散功能）和二级公路		三级公路、四级公路		
		80	60	40	30	20
右侧硬路肩宽度（m）	一般值	1.50	0.75	–	–	–
	最小值	0.75	0.25			
土路肩宽度（m）	一般值	0.75	0.75	0.75	0.50	0.25（双车道） 0.50（单车道）
	最小值	0.50	0.50			

注："一般值"为正常情况下的采用值；"最小值"为条件受限制时，经技术论证后可采用的值。

（五）路基高度与边坡

路基高度是指路堤的填筑高度和路堑的开挖深度，是路基设计标高和地面标高之差。在公路上，由于路基较高，容易发生翻车事故，翻车事故所造成的死亡率高于道路交通事故的平均死亡率，因为事故一旦发生均较为严重。尤其在高速公路上，设计标准通常倾向于“高设计标准”——高路基，而道路上行驶车速非常快，因此一旦车辆失控，冲出路侧护栏，翻至高路基底部，就会造成车毁人亡的严重事故。

路基边坡是为了保证路基稳定，在路基两侧制成的具有一定坡度的坡面。路基边坡过陡是导致事故急剧增加的另一个因素。车辆在坡度大的陡坡上发生意外时，事故类型接近于坠车。如果减小坡度，使路基边坡变缓，发生事故的车辆可以沿缓坡行驶一段距离，减小冲撞程度，从而减轻事故的严重性。如果采用矮路基或缓边坡，失去控制的车辆一般不会因驶出路外而翻车，事故的严重性会大大降低。

四、交叉路口与交通安全

交叉路口是道路网络中道路与道路、道路与铁路或道路与其他交通设施的交叉点，交叉路口和路段是道路的两个重要组成部分。一般来说，交叉路口可分为无控制交叉路口、标志控制交叉路口、信号控制交叉路口、环岛交叉路口和立体交叉路口，前三种称为平面交叉路口（以下简称平交路口）。据 1976 年日本的交通事故统计，交通事故中的人身事故与平交路口有关的占 58%，其中城市占 60%，乡村占 40%。美国的交通事故有一半以上发生在平交路口，德国农村的交通事故 36% 发生在平交路口，城市的交通事故 60%-80% 发生在平交路口及其附近。这是因为各种交通流在此发生相互干扰和冲突，所以交叉路口（尤其是平交路口）往往是交通事故的高发点。

（一）平面交叉路口

1. 平交路口的交通冲突。平交路口可以说是一个分岭点，也可以说是一个可能产生冲突的点。车辆通过平交路口，有可能与同一交通流、横断交通流和对向交通流中的车辆以及在人行横道上的行人发生冲突。一般来说，平交路口的基本冲突可以分为交叉、合流与分流三种形式。图 2-31 是十字交叉路口双向交通流的基本冲突形式。

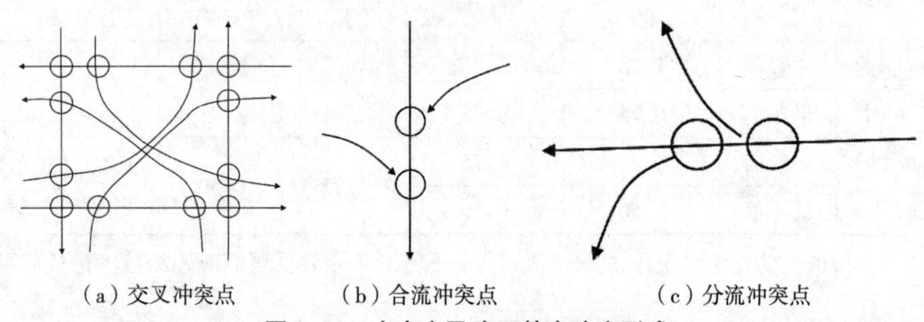

（a）交叉冲突点　（b）合流冲突点　（c）分流冲突点

图 2-31　十字交叉路口基本冲突形式

交叉：包括横断与交织，交通流从两个不同的方向进入交叉路口，然后按两个不同的方向离开交叉路口，这时一个方向的交通流与另一方向的交通流产生一个交叉点。

合流：各个方向的交通流汇合成一个方向的交通流。

分流：交通流由一个方向分成各个方向不同的交通流。

在平交路口，交通流的交叉点、合流点和分流点的数目随着交叉路口支数的增加而急剧增加（见表2-16）。

表2-16　交通流的交叉点、合流点和分流点的数目

交叉道路条数	交叉点	合流点	分流点	合计
三路交叉	3	3	3	9
四路交叉	16	8	8	32
五路交叉	49	15	15	79
六路交叉	124	24	24	172

表2-16只考虑了机动车交通流的交叉、合流与分流，未考虑自行车与自行车、自行车与机动车以及自行车与行人、机动车与行人的交叉、合流与分流。如考虑后者，则冲突点还要增多。

2. 环形交叉口。环形交叉路口是平面交叉路口的一种类型，它适用于多条道路交会的交叉口。环形交叉的主要优点是驶入交叉口的各种车辆，环绕中心岛的方向单向行驶，无论什么车型都可连续不断地通行，避免了周期性的等待和交叉阻滞。为了避免交叉路口的冲突，可让交叉行驶的车辆以较小的交织角向同一方向交织行驶。另外，可使环道上行驶的车流方向一致，有利于渠化交通，从而使交通组织简便，尤其对多条道路相交的交叉口或畸形交叉口，效果更好。

在环形交叉路口最好不要设置左转车道，由于受环道上交织能力的限制，其通行能力较弱。特别是具有大量非机动车和行人混合的通行的交叉口，采用环形交叉口是不利于行人与非机动车通行的。因为环形交叉口不仅增加了大量非机动车和行人通过交叉口时的行程，更重要的是，大量车流和人流已将环道的外侧和进出口包围，任何车辆进出都会被影响，车辆无法连续通过，造成交通阻塞，甚至发生交通事故。

（二）立体交叉口

立体交叉是两条道路在不同平面上的交叉。通过空间分离的方法，两条道路交通可互不干涉，各自在自己的道路上保持一定的速度通过交叉口。

1. 立体交叉的分类。立体交叉按交通方式和交叉道路的相互关系，分为分离式立体交叉和互通式立体交叉两大类。分离式立体交叉为一条道路直接跨越（或穿越）另一条道路所形成的立体交叉，相交道路互不连接，消除了相交道路间车辆的冲突点和交织点。互通式立体交叉则将相交道路用匝道连接，车辆可以通过匝道互相通行。根据车辆互通的完善程度，又可分为半互通式立体交叉和完全互通式立体交叉两种。这些立体交叉按照左转匝道的不同布置和左转车辆的不同交通组织，可归纳为菱形立体交叉、简易立体交叉、部分苜蓿叶式立体交叉、苜蓿叶式立体交叉、环形立体交叉、三岔路口喇叭形立体交叉和定向式立体交叉等多种形式。

2. 立体交叉与交通安全。立体交叉虽然能有效减少甚至消除交通流的冲突点，有利于车辆的交通安全，但在实际生活中，互通式立体交叉道路引发的交通死亡事故占比也是比较重的，主要原因有：（1）驾驶员对立体交叉路线不熟时，如果还是保持直线行驶的速度，那么就很容易引发事故，或抱有侥幸心理，遇到立体交叉路口想抄近路走，违反交通法规而发生交通事故。（2）互通式立体交叉的右转弯匝道也经常会发生交通事故，特别是当机动车与非机动车混行时，两种车型在苜蓿叶式立体交叉的匝道行驶发生事故率较大，机动车与非机动车混行的环形立体交叉的道路，也易发生交通事故。（3）机动车一般通过无行人的立交桥时速度都很快，当驶过立交桥后，机动车还保持这一速度，很容易和横穿道路的行人、自行车发生交通事故。防止上述交通事故的方法是在行人、自行车可能横穿的地方采取高隔离的措施。

道路交通事故与立体交叉出入口匝道密切相关，表 2-17 对比列出了道路交通事故与立体交叉出入口匝道的关系。从表中可以看出，无论是城市道路还是公路，事故率都随着立体交叉进出口匝道间距的减少而增加，而且驶出匝道的交通事故明显多于驶入匝道的。高速公路立体交叉的交通事故明显要比城市道路立体交叉少，主要原因是城市道路交通增加了非机动车和行人这两类交通参与者，加之车流量大，受到不同交通参与者的干扰和影响，交通运行情况比较复杂。当出入口匝道间距从 0. 2km 增加到 8km 时，对于公路立体交叉而言，出口一侧的交通事故率（次/百万车公里）会降低 20%，入口一侧降低 100%；对于城市道路立体交叉而言，出口一侧的交通事故率（次/百万车公里）会降低 90%，入口一侧降低 60%。

表 2-17　交通事故与立体交叉出入口匝道的关系

道路种类	出入口匝道间距 d (km)	出口		入口	
		事故数（次）	事故率（次/百万车公里）	事故数（次）	事故率（次/百万车公里）
城市道路	$d<0.2$	722	131	426	122
	$0.2\leq d<0.5$	1209	127	1156	125
	$0.5\leq d<1.0$	786	110	655	105
	$1.0\leq d<2.0$	280	75	278	84

续表

道路种类	出入口匝道间距 d (km)	出口		入口	
		事故数（次）	事故率（次/百万车公里）	事故数（次）	事故率（次/百万车公里）
城市道路	$2.0 \leqslant d < 4.0$	166	63	151	59
	$4.0 \leqslant d < 8.0$	19	69	200	75
	$d \geqslant 8.0$	-	-	-	-
公路	$d < 0.2$	160	76	117	80
	$0.2 \leqslant d < 0.5$	459	75	482	82
	$0.5 \leqslant d < 1.0$	559	69	560	72
	$1.0 \leqslant d < 2.0$	479	69	435	64
	$2.0 \leqslant d < 4.0$	222	68	169	51
	$4.0 \leqslant d < 8.0$	46	62	52	40
	$d \geqslant 8.0$	-	-	-	-

（三）平面交叉口间距

平面交叉位置的设置应结合公路网规划、地形和地质条件、经济与环境因素等多方面综合考虑。平面交叉形式应根据相交公路的功能、等级、交通量、交通管理方式和用地条件等确定。平面交叉范围内相交公路线形的技术指标应能满足视距、平面交叉连接部衔接等的要求。

一级公路作为干线公路时，应优先保证干线公路的畅通，适当限制平面交叉数量，一级公路作为集散公路时，应合理设置平面交叉，减少对主线交通的干扰，且应设置齐全、完善的交通安全设施。二级公路的平面交叉，应作渠化设计。三级公路的平面交叉，当转弯交通量较大时应作渠化设计。另外，交叉口间距的大小也是影响交通安全的因素。间距过小，会影响交叉口间车辆变换车道进行平顺的交织，会影响过境直行车辆快速行驶的效能。若间距过长，分流车辆在相当长的路段内得不到分流，导致路段交通量增加，而在交叉口处，转弯交通量较大，会降低主线道路的通行能力和行车安全性。因此，平交口的间距应按实际情况（交通流量、流向、道路使用率）来分析确定。平面交叉的最小间距主要是从车辆运行的交织段长度、附加左转弯车道及减速车道长度、交通运行和管理、平面交叉间距与事故率的关系等方面结合调研资料经综合分析后确定。应强化平面交叉最小间距的保证措施，如加设辅道、合并部分交叉口、增设立交桥以及在上游合并支路等，以保证平面交叉口的交通安全。

根据平面交叉对行车安全通行能力和交通延误等的影响确定一、二级公路平面交叉的最小间距，应符合表 2-18 的规定。

表 2-18　平面交叉的最小间距

公路等级	一级公路			二级公路	
公路功能	干线公路		集散公路	干线公路	集散公路
	一般值	最小值			
间距（m）	2000	1000	500	500	300

第四节　环境因素与交通安全

在人、车、路、环境构成的道路交通系统中，交通环境是交通活动的基础条件和关键要素，对交通安全有明显的影响。分析交通环境与交通安全的关系，掌握影响交通安全的主要交通环境因素，通过完善交通设施、加强交通管理、改善道路景观等，能够有效减少交通事故的发生。影响交通安全的交通环境因素主要有交通安全设施、自然环境和道路景观。

一、交通安全设施与交通安全

道路交通安全设施主要考虑交通量和交通混行与行车速度的影响，交通量的大小会直接影响驾驶员的心理，而道路交通设施属于道路的基础设施，交通设施主要包括交通标志标线、交通信号灯、道路照明设施、防眩设施、安全护栏和道路绿化。优良的交通设施能够提醒和引导驾驶员合理操作、及时避险，可以有效分离交通冲突，规范交通秩序，引导车辆运行轨迹，防止车辆冲出车道，夜间防眩、照明，从而使驾驶员得以安全行驶。

（一）道路的安全设施

1. 交通量与交通事故率之间的关系。车流量较小时，车辆的行驶情况主要由道路条件和车辆本身的性能决定。此时，驾驶员可根据道路条件和自己的意愿决定行车速度以及是否超车等。驾驶员往往觉得车流量小就会选择超速行驶、肆意超车，往往这种肆意超车的行为和事故发生息息相关。当交通量随着时间的推移不断增大时，车辆之间的干扰不断增加，互成障碍，此时如果超车不当，也很容易诱发交通事故。交通量与交通事故率之间的关系见图 2-32。

2. 车速与道路安全之间的关系。一般情况下，车速越高，发生交通事故的危险性就越大，但达到一定的值后危险性与车速并不呈线性关系。[①] 澳大利亚新南威尔

① 马壮林. 高速公路交通事故时空分析模型及其预防方法. 北京交通大学硕士学位论文，2010.

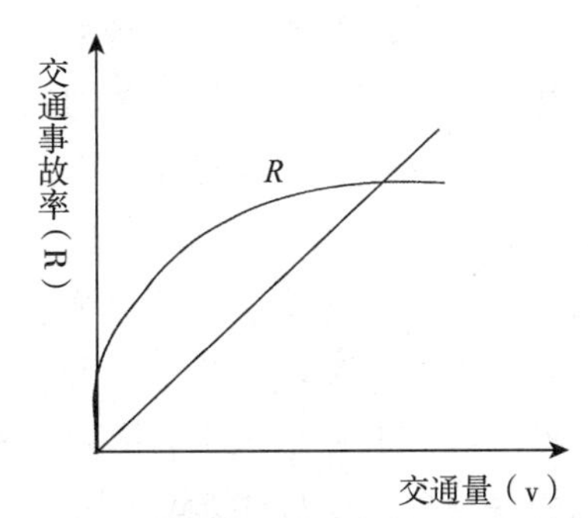

图 2-32　交通量与交通事故率之间的关系

士州道路交通局的研究说明了行车速度与事故危险性的关系,[①] 见表 2-19。

表 2-19　车速与交通事故危险性关系

行车速度（km/h）	相对事故危险性
60	1.00（基数）
65	2.00
70	4.16
75	10.60
80	31.81
85	56.55

根据表 2-19 可知，速度每增大 5km/h，发生交通事故的危险性基本上是原来的两倍。因此，微小的速度变化将会对行车安全造成显著的影响。

3. 混合交通模式对道路交通事故的影响。由于人、车混行，加之道路基础设施缺乏，各种机动车、非机动车在一条道路上行驶，相互争夺道路空间，大大降低了道路交通的安全系数，使整个道路交通系统处于不安全状态。尤其是当同一条道路上穿梭着不同动力、不同行车速度的车辆时，彼此之间的超车次数增加，整条道路很难形成稳定的交通流，此时道路的通行能力受到严重约束，而且隐藏着各种引发道路交通事故的不安全因素。

（二）交通设施

1. 交通标志与标线。交通标志包括设置于路旁或行车道上方的道路标志及嵌划于路面上的路面标线。所谓交通标志就是用代表性文字、简约的图形或符号形象化地表示交通指示、交通警告、交通禁令和交通指路等交通管理和控制法规。它是一种设置于路侧或道路上方的交通管理设施。合理设置交通标志可以改善路网交通运

① Roads and traffic authority of NSW. Speed Problem Definition and Counter measure Summary. Australia, 2000.

行效率，提高交通安全性。交通标志的作用就是让驾驶者很快从文字、图形或符号中获取路面信息，以致达到驾驶者想去的目的地。很多国家交通标志通常与交通法规、特定的标准相一致，整个国家交通标志都保持一致。在我国，国家标准《道路交通标志和标线》是强制标准。

（1）交通标志。交通标志必须合理布设，这样驾驶员才能在需要的时候获得正确的信息。标志的设置要适时，不能过早或过晚，必须让驾驶员在需要的时候获得正确的信息，有足够的时间按照标志上的指示进行安全操作。交通标志的种类和作用：交通标志是道路交通的向导，分为主标志和辅助标志两大类。主标志分为指示标志、警告标志、禁令标志、指路标志、旅游区标志、道路作业区安全标志和告示标志七种。而辅助标志是附设在主标志下，起辅助说明作用的标志。警告标志是指警告车辆、行人注意道路交通的标志。禁令标志是指禁止或限制车辆、行人交通行为的标志。指示标志是指示车辆、行人应遵循的标志。指路标志是指传递道路方向、地点、距离信息的标志。旅游区标志是指提供旅游景点方向、距离的标志。道路作业区安全标志是指告知道路作业区通行的标志。告示标志是指告知路外设施、安全行驶信息以及其他信息的标志。

道路上设置合理的交通标志，能够有效地保护路桥，保障交通秩序，提高运输效率和减少交通事故，它是道路沿线设施不可缺少的组成部分。

交通标志的三要素：颜色、形状和图符。①

①颜色。交通标志颜色的基本含义：红色表示禁止、停止、危险，用于禁令标志的边框、底色、斜杠，也用于叉形符号和斜杠符号、警告性线形诱导标志的底色等。黄色或荧光黄色表示警告，用于警告标志的底色。蓝色表示指令、遵循，用于指示标志的底色，表示地名、路线、方向等的行车信息，用于一般道路指路标志的底色。绿色表示地名、路线、方向等的行车信息，用于高速公路和城市快速路指路标志的底色。棕色表示旅游区及景点项目的指示，用于旅游区标志的底色。黑色用于标志的文字、图形符号和部分标志的边框。白色用于标志的底色、文字和图形符号以及部分标志的边框。橙色或荧光橙色用于道路作业区的警告、指路标志。荧光黄绿色表示警告，用于注意行人、注意儿童的警告标志。

人从远处能够看清楚颜色的顺序是红>黄>绿>白，容易看清的牌面是（表面颜色/底色）黑/黄、红/白、绿/白、蓝/白、黑/白等。一般容易看清的配色见表2-20。

表2-20　交通标志配色

类别	配色
指示类	底色蓝、指示色白

① 此处重点介绍交通标志的颜色与形状相关内容，图符较为直观、易懂，故在此不做赘述。

续表

类别	配色
指路类	底色蓝、指示色白
	底色绿、指示色白
警告类	底色黄、指示色黑
禁令类	底色白、指示色黑
	底色红、指示色白
旅游区类	底色棕、指示色白
道路施工安全类	黑黄相间
	红白相间
	底色蓝、指示色白
	底色黄、指示色黑

因此，我国新标准规定指示标志采用蓝色底、白色图符；警告标志采用黑色边、黄色底和黑色图符；禁令标志采用红色边、白色底和黑色图符（除解除禁止超车和解除限速标志外）；指路标志一般道路采用蓝色底、白色图符；高速公路采用绿色底、白色图符；旅游区标志采用棕色底、白色图符；而道路施工安全标志有多种：路栏采用黑黄相间的斜杠符号，锥形交通路标和道口标志采用红白相间的条纹符号，施工区标志采用蓝色底、白色图符，图案部分为黄色底、黑色图案，移动性施工标志采用黑色边、黄色底、黑色图案，而辅助标志则采用黑色边、白色底、黑色图符。

②形状。将颜色和特殊的几何形状配合起来作为道路标志，对于视认性和迅速识别相当重要。道路标志的几何形状有三角形、圆形、叉形、倒三角形以及八角形等。正等边三角形用于警告标志。圆形用于禁令和指示标志。倒等边三角形用于“减速让行”禁令标志。八角形用于“停车让行”禁令标志。叉形用于警告“铁路平交道口叉形”标志。方形用于辅助标志，指路标志，指示标志，文字性普告、禁令，告示标志等。

（2）交通标线。道路交通标线与交通标志具有相同的作用，它是将交通的指示、警告、禁令和指路等用画线、符号、文字等标示或嵌划在路面、缘石和路边的建筑物上，同时也是交通管理必不可少的一种设施。

道路交通标线可按设置方式、形态、功能分类。

①道路交通标线按设置方式可分为三类。纵向标线：沿道路行车方向设置的标线。横向标线：与道路行车方向交叉设置的标线。其他标线：字符标记或其他形式标线。

②道路交通标线按形态可分为四类。线条：施画于路面、缘石或立面上的实线

或虚线。字符：施画于路面上的文字、数字及各种图形、符号。突起路标：安装于路面上用于标示车道分界、边缘、分合流、弯道、危险路段、路宽变化、路面障碍物位置等的反光或不反光体。轮廓标：安装于道路两侧，用以指示道路的方向、车行道边界轮廓的反光柱（或片）。

③道路交通标线按功能可分为三类。即指示标线、禁止标线、警告标线。

指示标线：指示车行道、行车方向、路面边缘、人行道、停车位、停靠站及减速丘等的标线。具体分类见表2-21。

表2-21 指示标线分类

纵向标线	可跨越对向车行道分界线、可跨越同向车行道分界线、潮汐车道线、车行道边缘线、左转弯待转区线、路口导向线
横向标线	人行横道线、车距确认线
其他标线	道路出入口标线，可变导向车道线，停车位标线、停靠站标线、减速丘标线，导向箭头、路面文字标记、路面图形标记

禁止标线：告示道路交通的遵行、禁止、限制等特殊规定的标线。具体分类见表2-22。

表2-22 禁止标线分类

纵向标线	禁止跨越对向车行道分界线、禁止跨越同向车行道分界线、禁止停车线
横向标线	停止线、停车让行线、减速让行线
其他标线	非机动车禁驶区标线、导流线、网状线、专用车道线、禁止掉头（转弯）线

警告标线：促使道路使用者了解道路上的特殊情况，提高警觉准备防范应变措施的标线。具体分类见表2-23。

表2-23 警告标线分类

纵向标线	路面（车行道）宽度渐变段标线、接近障碍物标线、近铁路平交道口标线
横向标线	减速标线
其他标线	立面标记、实体标记

④道路交通标线的颜色。道路交通标线的颜色为白色、黄色、蓝色或橙色，路面图形标记中可出现红色或黑色的图案或文字。道路交通标线的形式、颜色及含义见表2-24。

表 2-24　道路交通标线的形式、颜色及含义

名称	含义
白色虚线	画于路段中时，用以分隔同向行驶的交通流；画于路口时，用以引导车辆行进
白色实线	画于路段中时，用以分隔同向行驶的机动车、机动车和非机动车，或指示车行道的边缘；画于路口时，用作导向车道线或停止线或用以引导车辆行驶轨迹；画为停车位标线时，指示收费停车位
黄色虚线	画于路段中时，用以分隔对向行驶的交通流或作为公交车专用车道线；画于交叉口时，用以告示非机动车禁止驶入的范围或用于连接相邻道路中心线的路口导向线；画于路侧或缘石上时，表示禁止路边长时停放车辆
黄色实线	画于路段中时，用以分隔对向行驶的交通流或作为公交车、校车专用停靠站标线；画于路侧或缘石上时，表示禁止路边停放车辆；画为网格线时，表示禁止停车的区域；画为停车位标线时，表示专属停车位
双白虚线	画于路口，作为减速让行线
双白实线	画于路口，作为停车让行线
白色虚实线	用于指示车辆可临时跨线行驶的车行道边缘，虚线侧允许车辆临时跨越，实线侧禁止车辆跨越
双黄实线	画于路段中，用以分隔对向行驶的交通流
双黄虚线	画于城市道路路段中时，用于指示潮汐车道
黄色虚实线	画于路段中时，用以分隔对向行驶的交通流，实线侧禁止车辆越线，虚线侧准许车辆临时越线
橙色虚实线	用于作业区标线
蓝色虚实线	作为非机动车专用道标线；画为停车位标线时，指示免费停车位

2. 交通信号灯。交通信号控制是道路交叉口交通管理最有效的方法之一。交通信号是在道路空间上无法实现分离原则的地方，主要是在平面交叉口上，用来在时间上给交通流分配通行权的一种交通指挥措施。交通信号灯可以有效分离各流向的交通流，减少交通冲突，提高交通安全性。为了保障交叉口车辆行驶安全性，信号灯设置必须有良好的可见性，信号相位应当尽可能简单。

交通信号灯由红、绿和黄灯组成。红灯表示禁止通行，绿灯表示准许通行，黄灯表示警示，提醒驾驶员注意。红色的光波最长，穿透周围介质的能力最强。光度相同的条件下，红色显示最远，同时红色使人产生火与血的联想，有危险感以及兴奋与强烈刺激的感觉，因而选择红色灯代表禁止通行的意思。从光学角度看，黄色光波仅次于红色，同样也使人感到危险，有警告或停止之意；绿色易辨认，能给人和平、祥和、安全之感，因而被用作允许通行的信号。

交通信号灯分为机动车信号灯、非机动车信号灯、人行横道信号灯、车道信号灯、方向指示信号灯、闪光警告信号灯、道路与铁路平面交叉道口信号灯。

（1）机动车信号灯和非机动车信号灯。

①绿灯亮时，准许车辆通行，但转弯的车辆不得妨碍被放行的直行车辆、行人通行。

②黄灯亮时，已越过停车线的车辆可以继续通行。

③红灯亮时，禁止车辆通行。在未设置非机动车信号灯和人行横道信号灯的路口，非机动车和行人应当按照机动车信号灯的表示通行。红灯亮时，右转弯的车辆在不妨碍被放行的车辆、行人通行的情况下，可以通行。

（2）人行横道信号灯。

①绿灯亮时，准许行人通过人行横道。

②红灯亮时，禁止行人进入人行横道，但是已经进入人行横道的，可以继续通过或者在道路中心线处停留等候。

（3）车道信号灯。

①绿色箭头灯亮时，准许本车道车辆按指示方向通行。

②红色叉形灯或者箭头灯亮时，禁止本车道车辆通行。

（4）方向指示信号灯。方向指示信号灯的箭头方向向左、向上、向右分别表示左转、直行、右转。

（5）闪光警告信号灯。闪光警告信号灯为持续闪烁的黄灯，提示车辆、行人通行时注意观望，确认安全后通过。

（6）道路与铁路平面交叉道口信号灯。道路与铁路平面交叉道口有两个红灯交替闪烁或者一个红灯亮时，表示禁止车辆、行人通行；红灯熄灭时，表示允许车辆、行人通行。

3. 道路照明设施。有30%-40%的交通事故发生在夜间，且夜间交通事故中重伤、死亡等重大事故所占比例较大，事故原因主要是提供给驾驶员安全行车所必需的视觉信息不足。道路照明是防止夜间交通事故最为有效的手段之一。设置道路照明可使车速提高，减少运行时间，并使昼夜交通流的分布发生变化，吸引车辆在夜间行驶，有效减轻白天高峰期的拥挤程度，提高道路的使用效率。合理的道路照明布局，也可以给驾驶员提供前方道路方向、线形等视觉信息，使照明设施具有良好的诱导性。合理的照明设计，还具有美化环境、改善景观的作用。在照明设计中，除应达到要求的照度外，还应具有良好的照明质量。

照明设计的基本要求为：（1）车行道的亮度水平（照度标准）适宜；（2）亮度均匀，路面不出现亮斑；（3）控制眩光，主要避免光源的直接眩光、反射眩光及光幕反射；（4）良好的视觉诱导性；（5）良好的光源光色及显色性；（6）节约电能；（7）便于维护管理；（8）与道路景观协调。

道路照明设置不当时可能造成以下问题：（1）不适当的视觉环境，道路照明不充分而引起的汽车事故，错车前照灯造成的眩光而引起的事故，隧道入口附近（隧道内的）的障碍物引起的事故；（2）缺少信号设备，不清楚或辨认不清：由于信号灯的故障、太阳光反射引起的异常显示、信号不清楚等引起的事故；（3）大气混浊造成的视环境恶化；（4）雾等造成的视环境恶化引起的多重撞车事故等。

为避免以上事故的发生，必须让驾驶员得到障碍物的状况、信号、标志等视觉信息，而且必须使其内容能够被正确地认识和判断。视觉对象识别的基本因素为背景的亮度对比度、视觉对象的大小及环境亮度。对道路的状况及障碍物等所能控制的，仅仅是其亮度。为了保证驾驶员能清楚地识别前方的道路状况以及障碍物，应当给予路面亮度所需照度。

用安装在灯杆上的路灯照明道路时，如水平照度太高，有时反而会提高路面背景亮度，降低对比度，对提高行车安全作用不大。例如干燥的路面有较强的漫反射，路面照度太强会降低由汽车前灯照射的目标的对比度。而在一般路面上，路面反射基本不会到达驾驶员的眼内，从而减少对目标对比度的影响。灯杆路灯照明不仅要照亮道路，更要照亮道路的周边，因为道路周边正是潜在的不安全的来源。事实上，降低路面的亮度而增加道路周围的亮度，驾驶员可能会觉得安全性降低，从而降低车速，结果反而可能更为安全。为了顺利传递视觉信息，除了必要的照度外，还要求在一定范围内形成的视野内的亮度是均匀的。另外，白天从较亮的外面看向隧道内部以及进入隧道入口，都要有个暗适应的过程。为了减少这一过程所需要的时间，就必须在入口处设置比内部照度还要高的缓冲照明。视野内的亮度如极不均匀，对识别对象是非常不利的，特别是对眩光问题。

4. 防眩设施。防眩设施是在夜间行车时，为防止驾驶员受到对面来车前照灯眩目，而在道路上设置的一种保证行车安全并提高行车舒适性的构造物。防眩设施既要有效地遮挡对向车辆前照灯的眩光，又要满足横向通视好，能看到斜前方，并对驾驶员心理影响小的要求。如采用完全遮光，反面缩小了驾驶员的视野，且对驾驶员产生压迫感。同时，无论白天或黑夜，对向车道的交通情况是行车的重要参照系数，其中很重要的一点是驾驶员在夜间能通过对向车辆前照灯的光线判断两车的纵向距离，使其注意调整行驶状态。另外，防眩设施不需要很大的遮光角也可获得良好的遮光效果。所以，防眩设施不一定要把对向车灯的光线全部遮挡，而应采用部分遮光，即允许部分车灯光穿过防眩设施。

道路上设置的防眩设施形式有植树防眩、网格状的或栅栏式的防眩网、扇面式的防眩栅及板条式的防眩板等。

（1）植树防眩。中央分隔带的宽度满足植树需要时，可采用植树作为防眩设施，一般有间距型和密集型两种栽植方式。分隔带宽度须大于3m，一般采用间距型栽植，间距6m（种三棵，树冠宽1.2m）或2m（种一棵，树冠宽0.6m），树高1.5m。灌木丛亦具有遮光防眩作用。北京市试验观测结果表明，树距1.7m时遮光效果良好，无眩光感，树距2.5m时树挡间有瞬间眩光。故完全植树时，间距以小于2m，树干直径大于20cm为宜。植树间距5m时，应在树间植常青树丛两丛，可起防眩作用。若树种为落地松，树冠直径不小于1.5m，则树间不植树丛亦可有一定防眩效果。

（2）防眩栅（网）。防眩栅系以条状板材两端固定于横梁上，排列如百叶窗状，板条面倾斜迎向行车方向。根据有关试验测定，与道路成45°角时遮光效果最好。防眩网系以金属薄板切拉成具有菱形格状的网片，四周固定于边框上。防眩栅（网）设置于分车带中心位置，应装饰为深色，以利于吸收汽车前灯灯光。设于中心带一侧时应考虑保证视距，并考虑两侧车行道的高度、超高的影响等，决定设于某一侧。为防止汽车冲撞，在起止两端的立柱上应贴敷红色或银白色反光标志，中间立柱顶上也须有银白色反光标志。中央分车带很窄时，应防止防眩栅（网）倾倒对行车的影响，故应考虑立柱间隔、采用的形式、柱基构造等，保证稳定安全。必要时应考虑风载的影响。设有防护栏的分车带防眩栅（网）可与护栏结合设计，上部为防眩设施，下部为防护栏，护栏部分须装饰为明显的颜色，以引起驾驶员注意。

（3）防眩板。防眩板是以方形钢作为纵向骨架，把一定厚度、宽度的板条按一定间隔固定在方形钢上而形成的一种防眩结构。其主要优点为对风阻挡小、不易引起积雪、美观经济、对驾驶员心理影响小等。

5. 护栏。护栏是防止车辆驶出路外或闯入对向车道而沿着道路路基边缘或中央隔离带设置的一种安全防护设施，在高等级公路和城市道路上有着广泛的应用，是一种重要的交通安全设施。

护栏的防撞机理是通过护栏和车辆的弹塑性变形、摩擦、车体变位来吸收车辆碰撞能量，从而达到保护车内人员生命安全的目的，因此从某种程度上说，护栏是一种“被动”的交通安全设施，同时护栏还具有诱导驾驶员视线、限制行人横穿等功能。

护栏的形式按设置位置可分为以下几种：（1）路侧护栏。路侧护栏是指设置在公路路肩（或边坡）上的护栏，用于防止失控车辆越出路外，碰撞路边障碍物和其他设施。（2）中央分隔带护栏。中央分隔带护栏是指设置于道路中间带内的护栏，用来防止失控车辆穿越中间带闯入对向车道，保护中间带内的构造物和其他设施。（3）人行道护栏。人行道护栏是设置在危险路段，如城市道路上交通量大、人车需要严格分流、车辆驶出行车道将严重威胁行人安全、防止行人跌落等路段上用以保证行人安全的一种护栏形式。（4）桥梁护栏。凡设置于桥梁上的护栏均称为桥梁护栏，即使采用了与路段相同形式的护栏，仍称为桥梁护栏。桥梁护栏与桥梁栏杆是两种不同的结构物，前者的主要性能是可防止车辆突破、下穿或翻越桥梁，而后者则是一种可防止行人和非机动车掉入桥下的装饰性结构物。

在设置护栏时应注意如下几个要点：（1）使用柔性护栏以减低事故严重性；（2）宽度受限时适当使用刚性护栏；（3）护栏结束处给予特殊设计；（4）在使用过程中定期维护。

6. 道路绿化。道路绿化指路侧带、中间分车带、两侧分车带、立体交叉路口、环形交叉路口、停车场以及道路用地范围内的边角空地等处的绿化。进行道路绿化时，应处理好其与道路照明、交通设施、地上杆线、地下管线等的关系，要综合考虑，协调配合。根据具体位置，可考虑乔木、灌木、草皮、花卉等综合种植。道路绿化应服从交通组织的要求，起到保持驾驶员良好视距和诱导视线的作用。

道路的绿化设施设置不当时，可能存在两个安全隐患，一是潜在的碰撞危险，二是可能会遮挡视距。季节性生长的树叶可能会遮挡道路标志和信号。行人在穿越无信号道路前，树木可能会影响行人的视线，导致行人做出不明智的判断。道路两边行道树距离道路过近时，可能会增加车辆侧撞或二次碰撞发生的概率。

二、自然环境

道路交通系统各因素都处于一定的环境当中，包括社会环境和自然环境。社会环境中的交通基础设施、交通流以及自然环境中的气象等都会以某种方式对交通安全产生影响。在诸多环境因素中，恶劣天气扮演着重要角色。因恶劣天气导致的重大恶性交通事故时有发生。恶劣天气一般指阴雨、雪、冰冻、雾、大风、高温、沙尘、雾霾等。雨雪和冰冻天气时，会降低轮胎与路面的附着系数，使车辆不能及时停止，制动距离延长。雾天、沙尘和雾霾天气时，能见度降低，驾驶员不能准确掌握行车环境。大风易使车辆受力不均，导致侧翻事故。而在高温情况下，轮胎易爆胎，且使驾驶员烦躁不安，间接引发交通事故。近年来，突发事件逐渐增多，对道路交通安全也产生了重要影响。地震、泥石流、爆炸等突发事件都会对道路产生破坏作用，从而影响交通安全。

（一）雾天环境

速度、交通量和密度是描述交通流的三个要素。对三者关系的探讨与研究，是建立雾天低流速值的基础。本部分主要针对雾的低能见度、交通流变化和良好天气因素进行比较，分析低能见度对交通流特性的影响。

雾的等级按水平能见度大小分为雾、大雾、浓雾、强浓雾四个等级。雾的划分标准见表 2-25。

表 2-25 雾的划分标准

雾等级	雾	大雾	浓雾	强浓雾
能见度	<1000m	<500m	<200m	<50m

1. 雾天高速公路车辆密度特征。

（1）不同能见度水平下平均车辆密度变化。在雾天，能见度大于 200m，小于 500m 时，驾驶员视线距离受到的影响很小，其驾驶行为与正常晴好天气条件基本相同，道路交通事故的发生率较小，车辆的平均速度变化很小，所以车辆密度基本没有变化。当能见度小于 200m 时，驾驶员的视线受到一定的影响，为安全起见，司机会选择比正常天气的开车速度低一些，车辆的平均密度增加。当能见度小于 100m

时，驾驶员受到更大的冲击，大多数司机会选择低速行驶，导致车辆的平均密度大幅增加。

（2）不同能见度对平均车辆密度的影响。

①在能见度不佳的情况下，高速公路上的平均车辆密度一般低于车道密度。

②良好的天气和能见度水平超过 500m 比能见度 200-500m 影响幅度相对较小，而车辆密度大时，最大可见度水平影响车辆密度的可见度水平受到的影响最大。

③能见度水平大于 500m，在一些车道车辆的平均密度大于在 200-500m 能见度的水平。

（3）不同能见度下不同车型的平均车辆密度变化。

①对于不同类型的车辆，平均车辆密度随能见度增加而增加。能见度小于 200m 时，这种趋势是明显的；能见度大于 200m 时，这种趋势非常温和。

②根据汽车的分类，在不同车型的能见度范围内车辆的平均密度明显低于车辆的整体平均密度，汽车和卡车受能见度影响程度相对接近。

2. 雾天不同能见度下的高速公路。

（1）平均交通量的交通特性。在不考虑车道差的情况下分析了不同能见度下不同车道的平均交通量。能见度小于 200m 时，平均交通量比平时低，约为 15%。因此雾天策略的管理与控制更适合能见度小于 200m 时实施。

（2）不同能见度和不同车道的平均交通量。①在能见度不同的情况下，车道的平均交通量一般遵循中间车道大于外车道大于内车道的基本关系。②与同一天气能见度相比，每条车道的能见度对平均交通量影响较小。能见度对车道有很大的影响。③整体而言，当能见度低于每一条车道时，每条车道的交通量少于平均交通量，减少 10%-20%。

（二）雪天环境

雪影响驾驶员的能见度，并不同程度地降低能见度。降雪与能见度之间的关系：

1. 小雪（散雪）：指水平能见度距离大于或等于 1000m，3cm 以下的地区积雪深度，或 0.1-2.4mm 降雪量/24 小时。

2. 雪：指水平能见度距离为 500-1000m，积雪深度 3-5cm，或 2.5-4.9mm 降雪量/24 小时。

3. 大雪：指能见度差，能见度的水平距离小于 500m，积雪面积大于或等于 5cm，或 5.0-9.9mm 降雪量/24 小时。

4. 暴风雪（雪和暴风雪）：指水平能见度小于 100m，积雪深度超过 10mm，或 20.0-29.9mm 降雪量/24 小时，或降雪量超 30.0mm/24 小时。

（三）雨天环境

1. 在降雨天，影响能见度的主要因素是降雨强度。随着不同的降雨强度，能见度也就不同。在公路交通管理中雨的一般分类为：

（1）小雨：降水量小于 10mm/24 小时；

（2）小到中雨：降水量为5-16.9mm/24小时；

（3）中雨：降水量为10-24.9mm/24小时；

（4）中到大雨：降水量为17-37.9mm/24小时；

（5）大雨：降水量为25-49.9mm/24小时；

（6）大到暴雨：降水量为38-74.9mm/24小时；

（7）暴雨：雨量超过50mm/24小时；

（8）大暴雨：雨量超过100mm/24小时；

（9）特大暴雨：雨量超过250mm/24小时。

此外，降雨开始后的一段时间，路面开始积水。汽车轮胎的胎面花纹由于空隙充满了雨水变得光滑，没有从轮胎打磨挤压走的水将聚集，当轮胎旋转，动水压力超过车轮压力时，楔体形成。随着楔体长度的增加，轮胎与路面的接触面积将逐渐降低，附着系数也大幅降低，最终车辆的轮胎完全脱离了道路，不接触地面行驶，形成的水膜造成车辆轮胎打滑表现失控。因此，有必要研究降雨强度与水膜厚度之间的关系。水膜厚度的形成主要受降雨强度、坡长、坡度和路面平整度的影响。它是一个高度非线性和空间分布的过程。

2. 雨天交通特征。

（1）路况发生变化，雨或小雨、土、油等与轮胎橡胶粉混合在一起形成雨水对道路条件、润滑油积累的变化；久雨或暴雨，会造成路肩变软，部分路段塌陷，路基沉陷等。

（2）影响视线，雨造成的挡风玻璃覆盖水珠，模糊视线，只能依靠雨刷改善；大雨或暴雨时，有时雨刷也难以改善视线；雨刮器在雨中左右摆动，影响视线。

（3）司机在雨中行驶，视觉障碍大，眼睛易疲劳，观察困难；在雨中开车时间长，身体疲劳，精力消耗大，在心理上，有一种压抑感，在正确判断交通和选择正确路线上造成很大困难。

（四）夜间环境

在夜间环境下，从速度方面来看，不同速度下的识别距离随着速度的增加而减小，70km/h在夜间条件下比白天的识别距离下降13.8%，90km/h识别距离在晚上比白天下降5.9%。识别距离随着能见度的增加而增加，识别距离在晚上比白天减少8.8%。

在夜间，驾驶员的速度感知程度降低（高速度估计和低速度估计）；夜间行车时90-100km/h的速度范围是驾驶员最不敏感的速度和变化区间，且变化范围低于白天。随着变化，直线斜率的速度，大半径曲线、坡度、弯曲的速度和实际速度的指数关系的感知曲线半径，在弯曲斜率半径的对数关系中，小半径曲线是线性的。与白天相比，感知的速度和实际速度更加稳定，影响晚上的感知速度相对单一。而同一天之间的关系，感知速度、平曲线半径70-90km/h与平曲线半径100-120km/h的速度差异不大。不同速度下感知程度不同，随平曲线感知速度的降低而增加。平曲线半径不同，司机感知速度也不同，因此在晚上司机更喜欢高速行驶。而同一天，速度和变化的纵坡感知是70-90km/h。在不同的夜晚，感知和纵坡较小的波动速度在100-120km/h，感知速度具有跳跃性。

三、道路景观与交通安全

（一）道路景观的构成要素

道路景观是人文和自然相结合的大地风景，属于大地景观的范畴。具体来讲，它主要是指由道路、附属设施、周边自然环境及人的活动等因素所构成的一个总的空间概念，表示道路与其周边环境共同构成的一条带状的大地环境，反映了路域环境特征，是人文与自然环境相结合的建筑艺术。

以路权为界，道路景观可分为自身景观和沿线景观。自身景观包括公路线形（平、纵、横）、公路构造物（挡墙、护栏、路缘石、边沟、边坡、桥涵、隧道、互通等）、服务性设施（休息服务区、加油站、收费站、观景台和标志牌等）以及道路绿化等。沿线景观是指道路所处的外部行驶环境，是构成道路整体景观的主体，同时也是乘客在行驶路程中欣赏的对象。道路自身景观可以通过景观设计等加以修饰，道路沿线景观只能在规划和设计阶段，通过选择与周围景观协调的路线来实现。

按客体构成要素，道路景观可分为自然景观和人文景观。自然景观主要指自然形成的地形、地貌（平原、山区、草原、森林、大海、沼泽等）、植物景观、动物景观、水体景观以及四季气象时令变化带来的景观。这些景观又属于生态系统，故又可称生态景观。人文景观是指公路沿线的风土人情，生活在公路沿线的人们凝聚自己的智慧和双手创造的各种社会、民族、宗教、文化、艺术等特殊工程物（城镇、村寨、庙宇、水坝和大桥等）以及道路自身。

按使用者视角不同，道路景观可分为内部景观和外部景观。行驶在道路上或驻足于道路附属设施（停车场、服务区、观景台）内的驾驶员和乘客所见到的景观称为内部景观。从道路沿线居住地等其他道路以外的视角所看到的包括道路在内的景观称为外部景观。

按照不同的结合方式可以将道路景观分为道路线形要素的景观协调、道路与道路沿线的景观协调、道路与自然环境及社会环境的协调，具体内容见表2-26。

表2-26 道路景观构成要素

类型	具体形式	内容
道路线形要素的景观协调	视觉上的协调	视觉上，平面线形与纵断面线形各自协调、连续
	立体上的协调	平面线形与纵断面线形互相配合，形成立体线形

续表

类型	具体形式	内容
道路与道路沿线的景观协调	行车道旁边的环境	中央分隔带的绿化；路肩、边坡的整洁；标志清楚完整；广告招牌规则协调，商贩集中，不占道路
	构造物环境	对跨线桥、立体交叉、电线杆、护栏、隧道进出口、隔音墙等的设计有一定的艺术特色，体现一定的区域建筑特色
道路与自然环境及社会环境的协调	道路与自然环境、社会环境的协调	路线与沿线的地形、地质、古迹、名胜、绿化、地区风景间的协调；沿线与城市风光、格调的协调

（二）道路景观对交通安全的影响

道路景观与交通安全之间是相辅相成的辩证关系，既相互促进又相互制约。优美舒适、功能科学合理的道路景观设计不仅能起到美化道路交通环境、保护自然环境的目的，也能对良好的交通安全环境起到积极的营造和辅助作用。同时，由于功能要求的差异，道路景观和交通安全二者之间又存在相互制约的关系，不合理的道路景观设施或施工养护行为会对交通安全造成不利的影响。

1. 道路景观对交通安全的促进作用。

（1）延缓驾驶员疲劳和紧张。优美的道路景观，能够平缓心情，使驾乘人员心情舒畅，增添旅行乐趣。富有变化的景观对驾驶员视觉有刺激作用，有助于减少烦躁，消除旅途疲劳，避免打盹或瞌睡现象的发生。从生理机能上讲，优美而富有变化的公路景观能够使人体各个系统器官，特别是中枢神经系统、血液循环系统和内分泌系统的功能活动全部处于稳定的平衡状态之中，有利于安全稳定的驾驶。和谐的道路景观有助于缓解紧张，增加驾驶安全感。

（2）视线引导，防眩。在车辆行驶过程中，驾驶员的视野是随着道路前方情况而变化的，植物在立面上所形成的竖线条可作为视觉参考，引导驾驶员的视线。尤其是在黑暗、有雾或下雪时，可以使驾驶员识别道路线形和侧向界线，提高交通安全性。这主要体现在驾驶员视线方向，道路景观在空间范围内形成的类似引导线的视觉效果，这种效果比道路路面和路线本身给予驾驶员的引导要强烈和有效得多。因此，合理的中央分隔带绿化和路侧具有视线诱导性植物能够显著地提高驾驶员行驶的安全性。如在平面弯道外侧种植成行的乔木，能够使曲线的变化非常明显，更好地帮助驾驶员对路线走向形成正确的预期。

（3）使线形走向更加明确。安全的重要方面是道路的线性走向要与驾驶员的心理预期一致。道路景观是提示公路线形的重要因素，特别是利用树木高度和位里来表示道路位置和线性的变化是很合理的方式。能够有效地避免驾驶员因变化反应不及而发生事故。在景观设计中如果能考虑驾驶员 10s 行程范围，通过路侧植物和景观要素对道路线形进行提示或强调，就能够使驾驶员更有效地判断前方的走向，这对于安全具有十分明显的提升作用。

（4）缓解自然环境的明暗变化。在明亮的日光下，环境亮度可高达 800cd/m^2，虽然隧道内设有隧道照明，但与自然环境亮度相比，仍然存在巨大反差，由此形成的黑洞效应或白洞效应往往成为事故多发的促成原因。而通过洞外景观设计则可以有效降低洞外的环境亮度，具体的景观设计方法包括洞外尽量采用绿化植树减少环境光线的发射，如在隧道口道路两侧设遮阳篷、遮光篷或种植高大的遮光树木等。通过这些措施可以在营造优美的道路景观的同时，有效地实现照度的过渡，提升隧道洞口处的安全性。

（5）改善交通环境。以绿色植物材料为主的道路景观绿化设施在道路环境保护中起着不可替代的作用，同时对于改善道路交通环境、促进交通安全也起着显著的作用。如在沙漠地区，大风和沙暴会严重威胁行车的安全，而通过植物固沙不但能改善路容路貌，防护路堤，而且还能提升交通安全水平。

2. 道路景观对交通安全的制约作用。

（1）分散驾驶员的注意力。一些与环境不和谐、对驾驶员视觉冲击力较强的道路景观会使驾驶员驾驶时不够专注，从而增大发生交通意外的风险。如大面积生硬的浆砌护面墙和隧道洞门上加贴的浮雕装饰，这些本用于大堂之内让人驻足品味的浮雕艺术品刺激着驾驶员的眼球，分散了他们的注意力。

（2）遮挡视线，影响视距。公路路侧或高等级公路中央分隔带内的绿化植物或景观设施影响驾驶员的视线，使安全行车需要的视距条件得不到保障是最常见的不利于交通安全的典型问题。如弯道内侧、行道树距、行车道过近，影响到驾驶员的视距和车辆安全行驶所需的横净距，就存在较高的事故危险。特别是当路侧行车道树过于靠近平交路口时，会遮挡相交道路，使驾驶员忽略平交路口尤其是小平交路口的存在。在有绿化的中央分隔带的公路上，如果中央分隔绿化带设置过于靠近平交路口或距离中央分隔带开口过近，遮挡驾驶员的视线，也容易诱发交通事故。因此，在路侧和中央分隔带的视线净区内以及平交口的通视三角形内不宜采用高于驾驶员视高的道路景观。此外，树木遮挡交通指示牌，或是遮挡交通信号灯，阻碍驾驶员有效获取道路信息的现象也经常出现，这会降低道路管理设施的有效性。

（3）增加碰撞风险，加重事故严重程度。车辆在公路上行驶时，需要一个安全的路侧宽度，如果景观绿化的高大树木种植在路侧净区范围内，则会增加车辆碰撞树干的可能性，在树干直径大于 10cm 时，还会加重事故的严重程度。

（4）视觉误导。景观绿化时，不当的路侧和中央分隔带绿化树的栽植容易误导驾驶员，尤其是在平面曲线和凸形竖曲线相结合的路段。如竖曲线后方的绿化树有明显的开口，则容易给驾驶员造成前方直行的错觉。

第三章　道路交通事故预防的对策与建议

道路交通系统是由人、车、路、环境等方面构成的，是一个典型的复杂系统。道路交通事故预防是运用系统工程的思想和方法，分析交通事故信息，揭示交通事故的发生、发展规律，综合运用系统论、控制论、行为科学、管理科学、风险决策科学和工程技术等方面的知识，对交通事故的演化机理、相关因素进行分析，针对形成交通事故的原因，研究交通事故防治对策的分析、评价、优化技术以及对道路交通安全进行系统控制的方法。

第一节　道路交通事故预防原则

一、交通事故可预防原则

交通事故是由于道路交通系统中人、车、路和环境在某一时刻不相协调而产生的。而且，交通事故是可以预防的。

（一）交通事故是由非自然因素造成的

传统的道路安全观念认为机动车辆事故是“意外事件”，而且是道路运输的一个不可避免的后果。“事故”给人一种不能规避、不可抗拒和无法预见的概念，是一个不受控制的偶然事件，这种观念是极其错误的。根据《交通事故处理办法》的规定，道路交通事故是指车辆驾驶人员、行人、乘车人以及其他在道路上进行与交通活动有关的人员，因为自身的过失，而造成的人身伤亡或者财产损失事故。交通事故是由非自然因素造成的，与泥石流、台风、海啸、地震等灾害不同，不是由人类不可抗拒的自然因素所造成的。道路交通事故是可预见和可预防的，道路交通伤害是可以通过科学分析和合理措施加以控制的。只要通过加强交通管理、提高交通安全意识等手段，就可以有效地遏制交通事故的发生。

（二）交通事故的致因是可以识别的

道路交通系统是一个处于复杂环境中高速运行的人机系统。系统中的因素（人、车、路）由于自身特点和相互间的作用，会产生失误或故障，从而导致人的不安全行为和物（车、路、环境）的不安全状态。人的不安全行为和物的不安全状态相互组合，引发人机匹配失衡，从而导致交通事故的产生。产生交通事故的原因是多层次的，总的来说，人的不安全行为和物的不安全状态是造成事故的直接原因；而人、车、路、环境又是受管理因素支配的，因此管理不当和领导失误是导致事故的本质因素。尽管交通事故的致因具有随机性和潜伏性，但这些致因会在事故的成长阶段显现出来，运用系统安全分析的方法，可以识别出系统内部存在的危险因素；通过对大量交通事故案例的分析，也可以发现交通事故的诱因。

（三）交通事故的致因是可以消除的

既然交通事故是由非自然因素造成的，而且其致因可以被识别，那么就可以消除交通事故的致因，从而预防交通事故的发生。通过下述措施，可有效地阻断系统中人和物的不安全运动的轨迹，使得交通事故发生的可能性降到最低限度：排除系统内部各种物质中存在的危险因素，消除物的不安全状态；加强对人的安全教育和技能培训，从生理、心理和操作上控制住人的不安全行为的产生；建立、健全法律法规和规章制度，规范决策程序，强化安全管理，从组织、制度和程序上，最大限度地避免管理失误的发生。

二、防患于未然原则

防患于未然是预防和减少交通事故的根本策略，交通事故与事故损失的关系是偶然性的，交通事故的发生是其内在因素作用的结果。然而，事故何时发生、发生后是否会造成损失、损失的种类和程度如何，却是由偶然因素决定的。即使是反复出现的同类事故，每次事故的损失情况通常也是不同的。不可能根据交通事故所造成损失程度来决定是否采取措施，预防特定的交通事故的发生。

防患于未然的关键在于对危险源和事故隐患的识别、消除与控制。对于已经发生的交通事故，救治伤者、保护财产，固然是十分重要的，但如果仅仅到此为止，对于改善系统安全状况，预防交通事故的再次发生，是没有任何意义的。对于交通安全管理而言，更为重要的是追本溯源、防患于未然。对于任何事故，无论是否造成了严重伤害或重大损失，均应全面分析原因，识别隐患，以便在以后的交通安全管理工作中，能采取有针对性的措施，把事故的隐患消除或控制，将其消灭在潜伏状态。

三、根除交通事故可能原因的原则

（一）引发交通事故的可能原因

任何交通事故的发生都是有原因的，事故与原因之间存在必然性的因果关系。交通事故与其原因之间的关系如下：间接原因—直接原因—损失—交通事故。交通事故防治对策的有效性，在很大程度上取决于交通事故调查和分析的准确性，而交通事故的调查和分析的一项重要内容是找出事故的直接原因和间接原因。

1. 直接原因。直接引发交通事故的原因或事件，是指人的不安全行为和物的不安全状态。这些人的、物的、环境的原因构成了交通活动中的危险因素。它是在时间上最接近事故的原因，但往往不是交通事故发生的根本原因。导致交通事故发生的直接原因主要有交通参与者的失误、车辆故障、道路状况不佳等。

2. 间接原因。间接原因是使直接原因得以产生和存在的原因和条件，多是在教育培训、规章制度、法律法规、管理组织、交通环境等方面的缺陷或失误。间接原因通常有：(1) 交通参与者的交通安全意识和交通安全技能较差；(2) 交通安全教育和培训不够；(3) 车辆的检查和保养不够；(4) 车辆运行安全管理制度的健全或落实不够；(5) 道路及其设施养护不够；(6) 交通环境综合治理不够等。

直接因素往往是间接因素的结果，这反映出交通事故发生的根源在于管理人员和交通参与者的素质低下，管理人员管理失误或疏忽，管理制度不健全、不落实等。

(二) 根除交通事故可能原因的必要性

事故的因果性决定了交通事故发生的必然性，只要这些危险要素还存在，交通事故就随时都有可能发生，道路交通系统就不可能处于安全状态。交通事故的因果关系通常是随机的、多层的、多线性的，只有消除了可能引发交通事故的原因，才能从根本上防止交通事故的发生。

(三) 根除交通事故可能原因的策略

1. 制定针对交通事故直接原因的治理对策。此项对策以消除人的不安全行为和物的不安全状态为目标，可以约束人的行为，改善系统内的物质条件，进而降低交通事故发生的可能性。然而，交通事故防治对策不能仅仅针对直接原因，因为这样并不能根除产生直接原因的条件，也不能保证交通事故防治对策效果的持久性。

2. 消除引发交通事故的根本原因。有效的交通事故防治对策是建立在根除引发交通事故的根本原因的基础之上的。间接原因是引发交通事故的深层次原因，它的存在是直接原因得以产生并发挥作用的基础和条件。直接原因不过是间接原因的结果，而间接原因则是导致交通事故发生的根本原因。只有从提高人员的素质技能和管理水平入手，改善制度上、技术上以及物质条件上的缺陷，才能从根本上预防和减少交通事故的发生。

由于交通事故的复杂性，交通事故的因果关系也具有相应的复杂结构，查清事故原因并不是一件容易的事情，必须借助科学的方法和先进的手段。对于暂时不能彻底消除的因素，必须对其采取控制、防护、屏蔽等措施，限制其在系统内的发展，将引发交通事故的可能性降到最低限度。

四、综合治理的原则

(一) 交通事故致因的多方面性

引发交通事故的因素是多方面的。这些因素可能来自交通参与者本身，也可能来自车辆、道路、规章制度、法律法规、交通环境等方面，交通事故是多种因素共同作用的结果。

（二）交通事故预防的3E对策

在道路交通系统中，交通事故的致因众多，因果关系复杂。预防和减少交通事故，必须在查清交通事故致因的基础上，对道路交通系统中存在的不安全因素进行全面的、综合的治理。在引发交通事故的各种因素之中，技术原因、教育原因和管理原因是三个最重要的原因。因此，交通事故防治的基本对策是工程技术对策（Engineering）、教育培训对策（Educational）和法制与管理对策（Enforcement）。只有全面实施交通事故的预防对策，才能取得理想的效果；只片面地强调某一对策的作用，交通事故预防的效果就会受到影响。

1. 工程技术对策。工程技术对策是指为了确保道路交通系统的安全，预防和减少交通事故的发生，在道路交通运输工具及其附属设备、道路及其附属设施的设计、维护和使用过程中所采取的对策。制定工程技术对策，分析和识别系统内存在的潜在危险因素，掌握其变化规律。在此基础之上，通过实验和研究，有针对性地提出控制、消除潜在危险因素的工程技术对策与措施。

2. 教育培训对策。人们对交通安全的态度、安全技能以及知识技术水平是确保交通安全，预防交通事故发生的关键因素。为了提高人的素质，避免失误的发生，就必须进行教育和培训，以提高人在交通活动中的可靠性。教育培训的核心是增强人的安全意识和安全技能，包括交通法制教育、安全知识教育、交通安全技能培训和交通安全态度教育。交通安全教育培训要在调动社会、单位和个人三方面积极性的基础之上，多层次、多形式、有重点、有计划地全面展开。

3. 法制与管理对策。为了确保交通安全，国家制定了一系列的法规、标准、规范等，对人们在参与交通活动时应该做什么，不应该做什么，进行强制性的规定。严格遵守交通法规，就可消除人的不安全行为和物的不安全状态，最大限度地减少交通事故的发生，交通法规是人们参与交通活动的行为规范，是实现交通安全的法律保证。交通法规的贯彻、落实要以严密的组织机构、健全的规章制度、严格的监督检查和有效的控制协调为保证。只有加强安全管理，强化安全控制，才能及时发现管理缺陷，采取有针对性的措施，从根本上消除产生交通事故的诱因。

第二节 道路交通事故预防措施

一、消除人的不安全行为

（一）加强交通安全教育

交通安全教育是消除人的不安全行为的最基本的措施。通过安全教育，能使人们自觉遵守交通法规，养成正确的交通行为习惯，提高感觉、识别、判断危险的能力，学会在异常情况下处理意外事件的能力，从而在根本上减少人的不安全行为。

国外把交通安全教育作为国民生活中的重要组成部分，政府倡导安全知识的教育。不仅对驾驶员加强学习有关汽车行驶的必备知识和交通规则的教育，对行人也普及有关交通安全的教育。贵州道路交通机动化社会才刚刚到来，一些小城市和边远农村仍处于以非机动车为主的交通。人们的交通观念不强、交通安全意识淡薄，有些市民对交通规则不太熟悉。交通安全教育显得尤为重要。

交通安全教育一般分为学前教育、学校期间教育、驾驶期间培训教育和后期教育等几个不同的阶段。近年来，贵州大多数地市的某些学校也开展了类似的安全教育。但深度和广度明显不足，并且还没有规范化。根据经验，在开展安全教育活动的过程中，必须结合实际，适时地开展交通安全宣传和实践活动，才能收到事半功倍的效果。通过前期教育可提高人们的整体交通安全意识，自觉遵守交通法规。要重点加强对驾驶员的交通安全教育，提高驾驶员的交通安全素质以减少驾驶员违章行车的现象，从而使人为因素引起的交通事故降到最低程度。由于贵州道路条件较差，人口密度大，大多数人缺乏交通安全及有关方面的知识，仅靠学校教育来改变目前的状况难度很大。在加强学校教育的同时，要充分利用现代广播、电视、报纸、网络等媒体来开展交通安全教育活动，提高人们整体的交通安全意识。

（二）加大交通安全执法力度

加强交通巡逻，发现不良的安全行为及时进行纠正，防止不安全行为继续发展而导致交通事故。加大执法力度，对交通参与者尤其是驾驶员的违章行为给予严厉的处罚，使其从思想上高度重视。

（三）驾驶员驾驶适应性检查

驾驶适应性是指为了能够胜任驾驶工作所必须具备的文化基础知识和生理、心理特征，是多数人可以达到的从业要求。现代交通的不断发展，不但要求驾驶员具备全面的知识和技能，而且还应具备较高的生理和心理素质。目前，部分驾驶员在生理和心理上表现出对驾驶活动的不适应，容易产生不安全行为，成为引发交通事故的危险因素。[①] 因此，对于驾驶员应进行必要的生理和心理诊断、测试，开展有针对性的驾驶适应性训练，以提高驾驶员的综合素质，从根本上保证驾驶活动的安全性。

二、防止车辆的不安全状态

（一）加强汽车的安全性研究

为了减少交通事故的发生和降低交通事故带来的伤害，各国都对汽车的安全性能进行了深入的研究，以便提高汽车行驶的安全性。汽车安全性研究分为主动安全性和被动安全性研究，研究内容见图 3-1。主动安全性是指事故将要发生时操纵制

① Thomas M. Development of fatigue symptoms during simulated driving. Accid. Anal. and Frev. 1997（4）：479-488.

动或转向系统避免事故发生的能力，以及汽车正常行驶时保证其动力性、操稳性、舒适性、信息性等预防事故发生的性能，其研究的目的主要是防止事故的发生。而汽车的被动安全性研究主要是指在发生交通事故时，如何对司机和乘员进行保护，尽量减少其所受伤害。研究表明，汽车的被动安全技术对减少人员伤亡有显著的效果。提高汽车的被动安全性，可采取两个对策：第一，提高汽车结构的安全性，即使得汽车碰撞部位的塑性变形尽量大，吸收较多的碰撞能量，降低汽车减速度的峰值，尽量减缓一次碰撞的强度；使得汽车乘员舱部分有足够的强度和刚度，确保汽车乘员的生存空间，并保证发生事故后乘员能够顺利逃脱，同时保证碰撞时乘员身体不暴露到车外。第二，使用乘员保护系统，即使用安全带、安全气囊等乘员保护装置对乘员加以保护，通过安全带的拉伸变形和气带的排气节流阻尼吸收乘员的功能，使猛烈的二次碰撞得以缓冲，以达到保护乘员的目的。

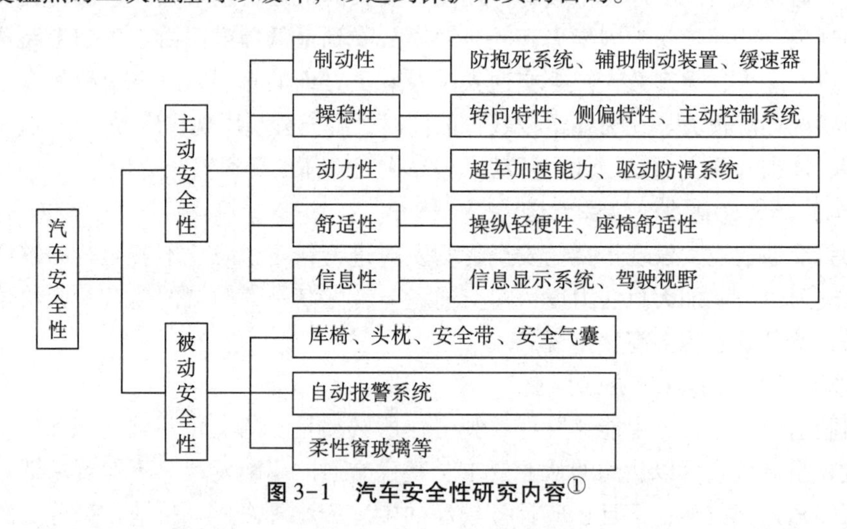

图 3-1 汽车安全性研究内容[①]

（二）加强汽车日常维护与技术检查

许多驾驶员对车辆的日常维护不够重视，机动车常常带“病”行驶，也有一部分车辆超龄使用，这给行车安全带来很大的隐患。由于贵州运行的车辆技术性能比较差，且车型复杂，对营运车辆的安全检查有一定的困难。因此，必须加强对机动车辆的技术检查和管理，可采取以下措施改善车辆的安全状况：对车辆牌证实行计算机联网管理；对超龄车辆实施淘汰报废；加强对汽车维修与配件市场的整顿；改革营运车辆的安全检查制度等。

三、排除道路及其环境的不安全因素

（一）加强道路安全设计

事故多发点（也称事故黑点）大多是由于道路设计不当造成的。在道路设计阶

① 魏郎，刘浩学．汽车安全技术概论．人民交通出版社，1999：94-95.

段就要对道路的安全特性做出客观的评价，及时发现道路规划、设计中的不安全因素并进行改正，寻求建立一种更加安全的设计标准或设计方案，从而使设计出的道路更符合行车安全的要求，这就是所谓的道路安全设计。道路安全设计着眼于对规划或设计中的道路作出事前安全评价。经过安全设计的道路，不应出现某一路段的交通事故率特别高，即消除了事故黑点。

道路安全设计所包含的内容在美国联邦公路局研究开发的"交互式道路安全设计模型（Interactive Highway Safety Design Model，IHSDM）"中得到很好的体现。这一模型系统是一个集成化的应用软件包，嵌在 CAD 环境中，辅助道路规划和道路设计工作者来评估道路的安全性能，以便改进道路设计中不合理的地方。IHSDM 的目标是提供一种实用的安全评估方法，使设计者在设计阶段就能对比出不同道路设计方案的安全性能，提早发现设计方案中潜在的安全隐患，进而制定安全措施，使道路几何设计要素得以改善，趋于更加合理。

道路安全设计的基本思想是从安全的角度出发，使道路设计方案达到最优化的目标，图 3-2 为 IHSDM 基本框架，其包含的内容主要有以下几个方面：

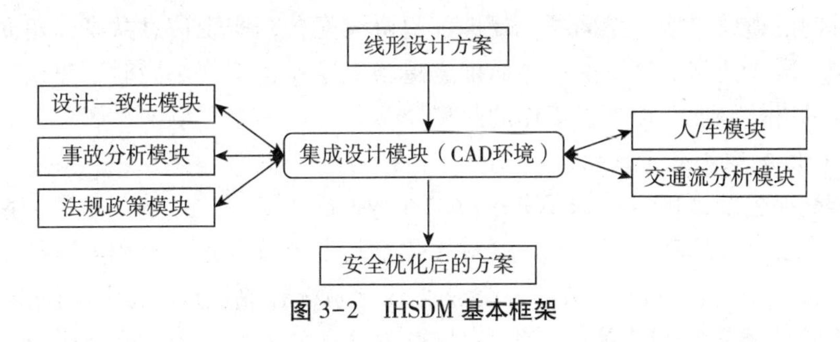

图 3-2　IHSDM 基本框架

1. 设计一致性模块。该模块的功能是对道路线形设计整体协调性进行测量。应用设计一致性模型可以得到道路设计方案中线形设计特性变化较大的路段，设计者可有针对性地对设计方案进行改进，并根据改造后方案所体现出的车辆运行的平顺性，评估方案的安全改善效果。

2. 事故分析模块。事故分析模块包含两个模型，分别对路线区段上的事故数目与严重程度指标进行统计分析、对道路方案的路侧设计进行安全效益与消耗成本的对比分析以及对交叉口的安全性能分析。目的在于勘定路线几何设计中的安全缺陷，并针对特定的安全缺陷提出改进措施。

3. 法规政策模块。该模块主要职能是对道路设计方案进行各种法规政策方面的评估，确认设计方案中是否包含与现行政策法规不符的内容，以便有针对性地进行改造，使设计方案与政策法规相适应。

4. 人/车模块。人/车模块由一个道路使用者驾驶行为模型，以及与之相连结的车辆动态模型共同构成。通过仿真技术，对道路条件进行评估，判断道路设计要素中是否存在可能导致车辆失控的设计缺陷。

5. 交通流分析模块。此模块以道路项目的预测交通量（道路改建工程则用统计交通量）为基准指标，利用交通流微观仿真模型，模拟在道路设计方案所代表的特定交通环境下交通流的运营状况，据此评估设计方案的安全性能，确定不安全的因素。

（二）完善交通安全设施

交通安全设施包括交通标线与标志、交通信号、隔离设施等，是合理、科学地使用现有道路的必不可少的设施。完善的交通安全设施是交通通畅，降低事故发生率的重要保证。

四、加强交通管理与控制

（一）发挥公安交管部门预防道路交通事故政策指导作用

贵州根据交通事故的严峻形势，进一步掌握全省道路交通安全情况，分析道路交通安全形势，统筹研究道路交通安全工作，对全省道路交通安全工作进行部署，指导和监督各区、县级市人民政府及其职能部门的道路交通安全工作；协调解决涉及相关部门的道路交通安全问题，促进部门协调配合，实现信息共享，建立长效机制，预防和减少道路交通事故，全面推进道路交通安全工作。同时，建议建立对各区县政府的考核制度，以促进工作的落实。

（二）发展智能交通系统

智能交通系统（Intelligent Transportation System，ITS）通过人工智能、微电子技术等使汽车及其使用环境智能化、高科技化。其主要特点是：利用先进技术，充分使用道路状况和交通状况信息对道路交通进行系统控制。ITS 的应用使得人、车、路及环境四个子系统之间更加协调，它对减少交通公害（污染、交通阻塞与交通事故）发挥着越来越重要的作用。目前，各国主要集中在以下几个系统的研究。

1. 先进的出行者信息系统 ATIS（Advanced Traveler Information System）。该系统集信息采集、传输、处理和发布方面的最新技术成果，为出行者提供多种方式的实时交通信息和动态路线引导。它由车载信息系统和控制中心双向联系，驾驶员可以从中获得路网实时交通情况、气候等信息，以及控制中心预测的未来交通情况和最优路线建议等。驾驶员可选择自己的最佳路线行驶，避开交通阻塞路段，减少事故的发生。

2. 自动公路系统 AHS（Automated Highway System）。该系统主要由汽车行驶、警报、防止碰撞等分系统组成。系统利用各种传感器采集车辆和交通状况信息，通过配套的信息处理中心，构筑对驾驶员提出警告和驾驶支援控制等辅助驾驶以及自动驾驶系统，使车和路成为一个整体，提高车辆的安全运行性能。

3. 先进的交通管理系统 ATMS（Advanced Traffic Management System）。该系统包括交通信号智能控制系统、交通流引导分配系统、公共车辆优先通过控制系统、交通事故智能管理系统等。交通控制中心从公路网沿途装设的传感器中采集交通、天气、事故、路况等系统的信息，进行处理与分析，将结果在沿途显示装置中显示，如可变信息板等，同时利用电视、广播等手段给驾驶员提供动态交通情况、警告、建议车速等。驾驶员也可以根据车上的电子地图选择自己的最优行车路线。

4. 先进的公共交通系统 APTS（Advanced Public Transportation System）。该系统是解决交通阻塞的有效措施，主要包括卫星自动定位系统 GPS、计算机调度系统、电子售票系统、车辆管理中心双向通信系统、公共汽车专用车道、车载动态信息系统以及为乘客服务的计算机网络和有线电视网络。乘客可以通过自己的计算机或电视机了解公共交通工具的实时行车时刻表，也可通过车内电子地图了解行车路线及实时位置。该系统还有向公共汽车站候车者提供实时公共汽车运行状况的服务功能。

5. 智能车辆系统 IVS（Intelligent Vehicle System）。该系统主要包括司机不良状态监测报警系统、车辆危险状态监测报警系统、视野改善系统、夜间障碍物检测报警系统、交通状况与路面状况信息系统、车间安全距离报警与自动控制系统等。车辆在正常行驶时，该系统能把对司机、车辆和道路环境检测到的危险状况，用音响或振动等方法向司机发出警报，以避免交通事故的发生。此外，还有交通需求管理系统、自动收费管理系统、步行者支援系统等。随着 IVS 的发展，交通系统越来越趋于协调，汽车主动、被动安全系统的交通事故将大幅度减少。

五、完善法律法规

随着我国经济快速发展，居民生活水平的不断提高，汽车逐步走进了千家万户，成为百姓出行的主要交通工具，我国已经由以公交车为主体的公交车时代迈向以私家车为主体的私家车时代。而在道路交通管理上，对预防交通事故方面的研究，我国与发达国家相比还有很大差距，目前万车死亡率仍为发达国家的 3-6 倍，特别是重特大交通事故的发生严重危害了公共交通安全，给人民群众生命财产带来巨大损失。从交通管理部门查处各类严重违法行为的实际情况来看，我国法律对道路交通违法行为的规定和法律责任的追究存在缺陷和不足。

（一）严惩交通肇事逃逸

交通肇事逃逸案件是由交通事故演变的以逃离交通事故现场为特征的，以逃避法律追究为目的的严重犯罪案件，是交通肇事罪中情节特别恶劣的一种。我国现行法律以有无交通肇事逃逸行为作为区分交通肇事罪三种不同处罚档次重要情形：一是违反交通运输管理法规，因而发生重大事故，致人重伤、死亡，或者使公私财产遭受重大损失的，处三年以下有期徒刑或者拘役；二是肇事后逃逸或者有其他特别恶劣情节的，处三年以上七年以下有期徒刑；三是因逃逸致人死亡的，处七年以上有期徒刑。同时，对于逃逸事故的，保险公司不予理赔。最高人民法院有关司法解释明确指出：行为人在交通肇事后为逃避法律追究，将被害人带离事故现场后隐藏或者遗弃，致使被害人无法得到救助而死亡或者严重残疾的，应当分别依照《刑法》第 232 条、第 234 条第 2 款的规定，以故意杀人罪或者故意伤害罪定罪处罚。

新颁布的《道路交通安全法》在《刑法》基础上增添了“终身禁驾”规定，加大了处罚力度，表明了我国对待交通肇事逃逸的态度，交通肇事逃逸属于当事人主观故意的违法行为，它不仅严重侵害了交通事故中另一方当事人的利益，还破坏了社会的公序良俗，在各种交通肇事案件中应该从严从重处罚，绝不能姑息纵容。

（二）酒后驾车行为的法律亟待完善

酒后驾驶、无证驾驶、严重超速驾驶、疲劳驾驶等违法行为，容易引发重特大交通事故，占交通事故伤亡人数的一半以上。这些交通违法行为有一个共同的特点，就是驾驶人都存在违法故意。驾驶人清楚自己的行为属于严重的交通违法行为，但是还要以身试法，导致交通事故发生，造成难以挽回的损失。对于以上的交通违法行为，国家法律也有明确的规定，交管部门一直都在严厉查处，但是长期以来，无法得到有效的治理，当事人对法律不屑一顾，严重的交通违法行为依然不能有效杜绝。

六、建立健全行政手段

道路交通安全是一项关乎所有人切身利益的大事，是全社会需要共同关注的系统工程，单靠立法以及交警部门的单打独斗是难以防范交通事故的，必须大力推进“政府统一领导，有关部门各司其职、齐抓共管、综合治理、标本兼治”的道路交通安全社会化管理新机制。《道路交通安全法》也明确规定了政府及相关部门在道路交通安全管理中所承担的职责，为进一步做好交通安全工作提供了法律保障。要真正做到全面防范，应该构建良性循环的社会预防体系，形成交管部门牵头，多部门齐抓共管的工作格局。

现在国际上对道路交通安全的管理普遍采取交通违法行为记录到个人信誉档案的方法，提高公民的守法意识。例如，美国人非常注重个人诚信情况，美国个人信誉档案管理比较完善，交通违法行为及处罚情况一律记入个人信誉档案，一旦被发现有交通违法行为处罚，记入个人信誉档案后，当事人在社会生活和工作中，都会受到一定的影响。交通不良记录记入个人信誉档案的做法，把公民遵守交通法律的情况公之于众，建立了广泛的社会监督机制，促进了公民守法意识的提高和公共道德的养成，收到了良好的管理效果。

第三节　道路交通事故防控建议

一、在政府中成立一个指导道路交通安全工作的领导机构

政府需要设立一个道路安全问题的领导机构，此机构在政策决定方面享有权威并负有责任，负责管理资源配置、协调政府各部门工作（包括卫生、运输、教育和

警察等部门)。该机构应掌握足够的资金用于道路安全工作信息，而且应向公众说明所采取的行动。领导机构的建立可以是由政府指定的独立机构，或是由不同政府部门的代表组成委员会，也可以是大的运输机构的一个部门。领导机构应自己承担大部分工作或将工作委派给其他部门（包括省和地方政府、研究机构或专业协会）。该机构应和所有与道路安全相关的部门包括大的社区保持联系。提高认识、加强交流和合作在建立和维持国家道路安全工作中是非常重要的。

二、评估道路交通伤害问题、政策和机构的设置，以及预防道路交通伤害的能力

处理道路安全问题的一个重要因素是明确道路安全问题的严重程度和特点，以及道路交通政策、机构设置和国家处理道路交通伤害的能力。不仅要了解车祸死亡、伤残和碰撞发生的数量，还要了解哪条道路的使用者最容易受伤害，哪些地理区域的问题最严重，有哪些危险因素，哪些道路安全政策、规则和具体干预措施是有成效的，由哪些机构处理道路交通问题等。简单的调查就可以计算出很能说明问题的指标，如驾驶平均速度、安全带使用率、安全头盔使用率等。资料的统计、计划和发展要正确、一致和详尽；应杜绝数据的造假。

三、用于解决问题的财力和人力资源的分配

有针对性地投入财力和人力资源可有效减少道路交通伤害和死亡的发生。借鉴来自其他国家所采用不同干预方式的经验，可帮助我国政府对具体干预措施的成本—效益进行估计，优选节省财力和人力的最佳干预方式。对公共卫生其他领域中的干预措施进行类似的成本—效益分析，有助于政府确定交通安全在整个公共卫生事业投资中的地位。

四、采取具体措施预防道路交通碰撞事故的发生，最大限度降低创伤及其后果，并评估这些措施的效果

应采取特定的措施来预防道路交通碰撞事故的发生，最大限度降低创伤及其后果。预防措施必须根据可靠证据和对道路交通伤害的分析，还应符合当地的文化习俗和经过试点。这些措施是国家道路交通预防战略的一部分。

五、改变各有关部门对道路交通伤害的认识，制定行之有效的预防措施

过去认为道路交通伤害是机动化和经济发展所带来的后果，这种认识应该被更全面的观念取代。动员国际非政府组织、私营部门以及有责任感的公民、职员和法人团体等进行宣传、教育等，可以帮助提高所在地区交通参与人的道路安全意识。

六、从公安角度提出对策

（一）加强公安情报信息网络建设

交通事故当事人或其亲属都有固定住所，都属于某一行政区域或单位管辖，他们的一举一动基层组织应该最先知晓。因此，各级党政机关和企事业单位要加强交通事故情报信息工作，及时做好先期矛盾化解工作，力求把矛盾解决在萌芽状态。

（二）加强法制宣传教育，引导当事人依法维护自身利益

要结合“五五”普法工作，加强公民的法律常识的普及教育，特别是加强《道路交通安全法》《道路交通事故处理程序规定》《民法》《民事诉讼法》等基本法律常识的宣传。提高公众对民事权益、基本诉讼制度的知晓率，引导交通事故当事人或其亲属依法、有序地行使诉讼权利维权，自觉遵守社会秩序，维护社会稳定。

（三）加强规范执法建设，提高交通事故处理公信力

公安交通管理部门要大力推行事故处理公开制度，不仅要将事故处理办案流程、法律依据、事实证据、赔偿标准向当事人公开，还要将事故处理过程向当事人公开，增加事故处理的透明度，全面推行“阳光作业”，杜绝“暗箱操作”。要加强事故处理民警业务培训和办案技能培训，提高民警执法办案能力和水平，减少办案过程中的失误，杜绝办案不当引发社会矛盾。

（四）积极建立交通事故社会救助基金制度

根据《道路交通安全法》第75条、第98条的规定和财政部、公安部、保监会等部门联合出台的《道路交通事故社会救助基金管理试行办法》规定，2010年1月起要全面建立交通事故社会救助资金制度，保障专项资金到位。目前，各级党委和政府由于经费等原因，执行力度很低，建议在全省尽快成立该组织，以保障特殊事故和突发事件应急处置工作。

第二篇　实践应用

第四章　驾驶行为适应性与交通安全的关联机制

世界各国交通事故的调查结果显示，酒后驾车引起的交通事故数是未饮酒情况下的16倍，世界卫生组织认为，交通事故的“罪魁”是酒后驾车，酒后驾驶是交通事故发生的重要原因，其检测与预防越来越受到世界各国的重视。酒后驾驶，指的是在酒精影响下驾驶车辆，包括饮酒驾驶和醉酒驾驶两种。血液中酒精含量达到多少会醉酒，与性别、年龄、体重、饮酒习惯、喝酒时间、心境等因素有关。有的人血液中的乙醇浓度达到50mg/100mL就醉了，而有的人甚至达到400mg/100mL也没有醉，乙醇浓度相差8倍之多。可以通过抽样测试，找到大多数人达到醉酒程度时血液中酒精的平均含量。国家质量监督检验检疫局发布了《车辆驾驶人血液、呼气酒精含量阈值与检验》国家标准，该标准规定：车辆驾驶人员血液中的酒精含量大于或者等于20mg/100mL、小于80mg/100mL的驾驶行为为饮酒驾车；血液中的酒精含量大于或者等于80mg/100mL的驾驶行为为醉酒驾车。本章系统研究影响血醇结果准确性因素；酒驾血醇清除率的影响因素；驾驶人血醇清除率的变化规律并构建数学模型，建立血醇浓度和呼气乙醇浓度的关系数学模型；研究并开发出的酒驾行为适应性检测设备及软件。

第一节　血醇测定结果准确性的影响因素分析

一、不同真空抗凝管保存对血醇含量稳定性的影响

现行的真空采血管有九种，其中真空普通红色帽管无抗凝剂而易凝固，橘红色帽促凝管更易凝固，金黄色帽管的惰性分离胶促凝管及浅绿色帽的含肝素锂的惰性分离胶管等不能作为血醇的储存容器，所以在血储容器的选择上倾向于选择真空抗凝管。常见的抗凝管有五种，有EDTA紫色帽管、枸橼酸钠1∶9蓝色帽管（柠檬酸钠1∶9）、肝素绿色帽管、枸橼酸钠1∶4黑色帽管（柠檬酸钠1∶4）、氟化钠（草酸钾）灰色帽管等，究竟哪种才是最佳的血储容器，不同血储容器因管中填充的成分不同在储存血液时对血液稳定性有影响，这样势必会影响酒精含量测试结果的真实性，对疑似酒驾人员的认定有失公正。通过实验数据将多种抗凝管进行对比，筛选出最佳的血储容器，减小血储容器对血醇含量测试的影响，保证更加准确地测定酒驾血醇结果。

（一）不同血储容器乙醇浓度的时间动态比较

图 4-1 显示五种真空抗凝管各测试时间段乙醇动态含量。EDTA-K_2 紫色帽管、

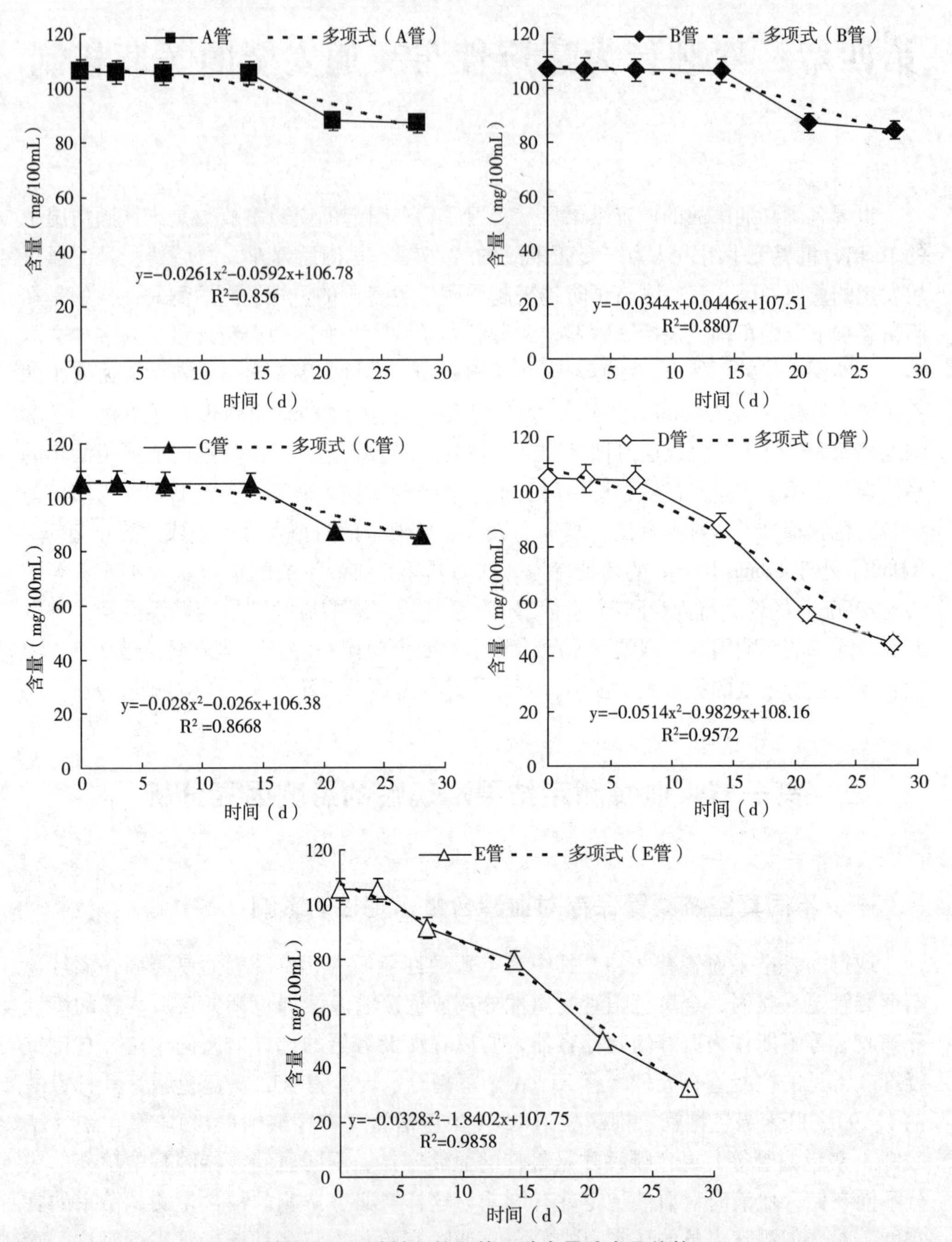

图 4-1 五种储血抗凝管乙醇含量动态及趋势

注：A：EDTA-K_2 紫色帽管；B：枸橼酸钠 1∶9 蓝色帽管（柠檬酸钠 1∶9）；C：肝素绿色帽管；D：枸橼酸钠 1∶4 黑色帽管；E：氟化钠-草酸钾灰色帽管

枸橼酸钠 1∶9 蓝色帽管（柠檬酸钠 1∶9）、肝素绿色帽管在 21 天内检测酒精含量稳定性较好，之后略有下降；血储容器为枸橼酸钠（1∶4）黑色帽管、氟化钠-草酸钾灰色帽管乙醇含量分别在 3 天和 7 天后检测过程中呈不断显著下降的趋势。

（二）五种采血管间血液酒精含量的比较

五种采血管的血液酒精含量有统计学意义（$F=198.118$，$p<0.01$）。五种采血管中，A、B、C 三组间无显著性差异（$p>0.05$），D、E 采血管与 A、B、C 三组采血管之间有显著性差异（$p<0.05$）（见表 4-1、表 4-2）。

表 4-1　五种采血管中血液酒精含量（mg/100mL）

采血管	数量	均值	标准误差	95%置信区间	
				下限	上限
A	10	106.004	0.280	105.441	106.568
B	10	106.768	0.280	106.204	107.331
C	10	106.126	0.280	105.563	106.690
D	10	102.133	0.280	101.569	102.696
E	10	97.457	0.280	96.893	98.020

表 4-2　五种采血管间血液酒精含量统计比较

（I）采血管	（J）采血管	均值差值（I~J）	标准误差	显著性	差分的 95%置信区间	
					下限	上限
A	B	-0.764	0.396	0.060	-1.561	0.033
	C	-0.122	0.396	0.759	-0.919	0.675
	D	3.871*	0.396	0.000	3.074	4.668
	E	8.548*	0.396	0.000	7.751	9.345
B	A	0.764	0.396	0.060	-0.033	1.561
	C	0.641	0.396	0.112	-0.155	1.438
	D	4.635*	0.396	0.000	3.838	5.432
	E	9.311*	0.396	0.000	8.514	10.108
C	A	0.122	0.396	0.759	-0.675	0.919
	B	-.0641	0.396	0.112	-1.438	0.155
	D	3.993*	0.396	0.000	3.196	4.790
	E	8.670*	0.396	0.000	7.873	9.467

续表

(I) 采血管	(J) 采血管	均值差值(I~J)	标准误差	显著性	差分的 95%置信区间	
					下限	上限
D	A	-3.871*	0.396	0.000	-4.668	-3.074
	B	-4.635*	0.396	0.000	-5.432	-3.838
	C	-3.993*	0.396	0.000	-4.790	-3.196
	E	4.676*	0.396	0.000	3.879	5.473
E	A	-8.548*	0.396	0.000	-9.345	-7.751
	B	-9.311*	0.396	0.000	-10.108	-8.514
	C	-8.670*	0.396	0.000	-9.467	-7.873
	D	-4.676*	0.396	0.000	-5.473	-3.879

注：A：枸橼酸钠 1∶9 蓝色帽管（柠檬酸钠 1∶9）；B：EDTA-K_2 紫色帽管；C：肝素绿色帽管；D：枸橼酸钠 1∶4 黑色帽管；E：氟化钠-草酸钾灰色帽管

（三）不同血储抗凝管聚类分析

通过对五种不同真空抗凝管的酒精清除率动态进行聚类分析，可将五种真空抗凝管分为2类（见图4-2）。一类，A：枸橼酸钠1∶9蓝色帽管、B：EDTA-k2紫色帽管、C：肝素绿色帽管；二类，D：枸橼酸钠1∶4黑色帽管、E：氟化钠-草酸钾灰色帽管；A、B、C三种真空抗凝管酒精稳定性最好而聚为一类，D、E二种真空抗凝管酒精稳定性较差而聚为一类。图4-2聚类结果与图4-1的结果和趋势一致。

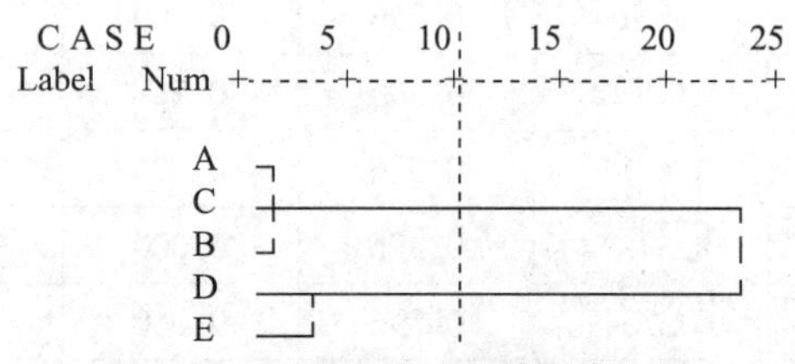

图 4-2　不同血储抗凝管聚类分析

（四）结论

血液酒精含量（BAC）的检测结果是各国判定酒后驾驶行为的重要依据。血储容器及条件在实际中并没有严格规定，基层交警部门在使用血储容器时五花八门，有普通管、促凝管、抗凝管等。由于采集血储容器的差异会影响血液酒精含量的准确性，从而影响司法公正评判。交警部门按规定抽取涉嫌酒驾人员血样后，应尽可能在4℃-8℃冰箱冷藏保存于EDTA紫色帽管、枸橼酸钠1∶9蓝色帽管（柠檬酸钠1∶9）或肝素绿色帽管之一21天内送检，可确保血液酒精测试结果的准确性。

二、酒驾血液样品保存时效的实验研究

选择健康成年男性 30 人，在饮酒 30min 后至实验室抽取静脉血 2mL 各 10 管（贾常明，2009）。血样分别储存于 EDTA-K_2 管、枸橼酸钠（1：9）管、肝素钠管三种真空抗凝采血管中，立即测量各管中血液的乙醇含量，选取其中乙醇浓度≥20mg/100mL 且含量数值接近的 30 份血样为研究样本（三种真空抗凝采血管各 10 份，分别依次标记为 1-10 号），在冰柜（-20℃）中保存并进行初筛，分别在 0 天、3 天、7 天、14 天、21 天、28 天、35 天、42 天、49 天测定血液中乙醇含量。根据初筛结果，选择血液中乙醇含量结果稳定性较好的采血管，在-20℃下冷冻存储，分别在 0 天、3 天、7 天、14 天、21 天、30 天、60 天、90 天、120 天、150 天和 180 天测定血液中乙醇含量。

（一）-20℃保存条件下三种采血管中血液乙醇含量在各测试时间段的比较

1. 三种采血管血液乙醇含量的比较。R、S、Z 三种采血管的血液乙醇含量差异有统计学意义（F=221.051，p<0.01）。三种管的血液乙醇含量见表 4-3。

表 4-3 三种采血管间血液乙醇含量比较（$\bar{x}$±s；mg/100mL）

时间（天）	数量	枸橼酸钠（1：9）管（S）	肝素钠管（R）	EDTA-K_2 管（Z）
0 天	10	120.08±0.22Aa	119.65±0.29Aa	119.67±0.38Aa
3 天	10	119.57±0.41Aa	119.27±0.25Aa	119.17±0.51Aa
7 天	10	119.55±0.45Aa	118.90±0.28Aa	119.07±0.54Aa
14 天	10	119.36±0.42Aa	118.33±0.30Aab	118.91±0.56Aa
21 天	10	118.86±0.39Aa	118.08±0.27Ab	118.91±0.44Aa
28 天	10	119.04±0.39Aa	118.26±0.25Ab	118.57±0.46Aa
35 天	10	119.06±0.31Aa	118.24±0.19Ab	118.41±0.44Aa
42 天	10	89.87±0.45Bb	77.37±0.45Cc	118.23±0.53Aa
49 天	10	90.97±0.44Bb	76.99±0.34Cc	118.78±0.36Aa

注：同一列中大写字母不同表示在同一种采血管不同时间下在 0.05 水平上差异显著；同一行中小写字母不同表示在同一时间不同种采血管中在 0.05 水平上差异显著（Duncan 氏新复极差测验法）。

2. 三种采血管血液乙醇含量随时间变化的趋势。表 4-3 显示：枸橼酸钠（1：9）管（S）、肝素钠管（R）在 42 天后血液乙醇含量检测结果有明显变化，而 EDTA-K_2 管（Z）在 49 天后仍然保持结果稳定。可见，这三种真空抗凝采血管中 EDTA-K_2 管血液乙醇含量结果稳定性更好，血液保存时效相对更长，更适宜做酒驾血液中乙醇含量检测的存储容器。

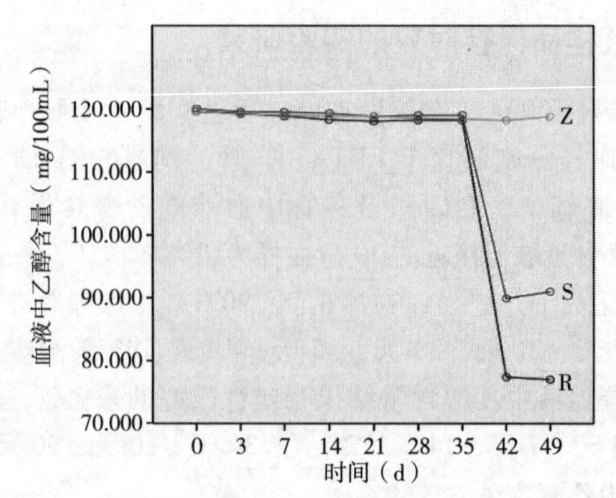

图 4-3 三种采血管中血液乙醇含量随时间变化的趋势图

（二）-20℃保存条件下 EDTA-K_2 管中血液乙醇含量在各测试时间段的比较

1. EDTA-K_2 管中不同时间段血液乙醇含量的比较。就血液乙醇含量结果稳定性较好的 EDTA-K_2 管进行不同时间段血液乙醇含量比较（见表 4-4）。结果显示：血液乙醇含量随时间的变化有统计学意义（$F=275.044$，$p<0.01$）。通过单因素方差分析可知：在 90 天内血液乙醇含量变化不大，稳定性较好，而 90 天以后血液乙醇含量变化较大。

表 4-4 不同时间段血液乙醇含量的比较（$\bar{x}\pm s$；mg/100mL）

时间（天）	数量	血液乙醇含量
0	10	73. 54±0. 28A
3	10	73. 33±0. 22A
7	10	73. 02±0. 21AB
14	10	72. 81±0. 26AB
21	10	72. 48±0. 25BC
30	10	72. 23±0. 16BC
60	10	71. 94±0. 17C
90	10	71. 70±0. 19C
120	10	64. 85±0. 28D
150	10	62. 78±0. 42E
180	10	61. 86±0. 38F

注：同一列中大写字母不同表示在同一温度不同时间下在 0. 05 水平上差异显著（Duncan 氏新复极差测验法）。

2. EDTA-K_2 管中血液乙醇含量随时间变化的趋势。EDTA-K_2 管中血液样本在不同时间测试的乙醇含量变化趋势见图 4-4；在 90 天之内血液乙醇含量随时间变化不大，在 90 天之后血液乙醇含量随时间发生了较大的变化。

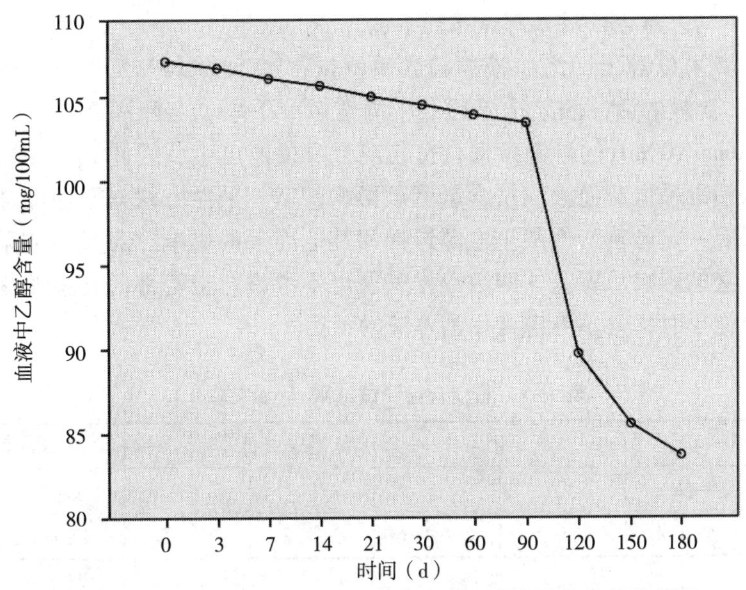

图 4-4　不同时间段 EDTA-K_2 管中血液乙醇含量变化的趋势图

（三）结论

保存时间对于血液乙醇含量检测结果有重要影响，趋向于确定酒驾血液乙醇含量检测中血液样品保存时效为 90 天。交警部门在采取涉嫌酒驾人员血液后，血样应使用 EDTA-K_2 真空抗凝采血管采取并于-20℃保存条件下在 90 日内检验，方可保证血液中乙醇含量测试结果的准确性。

三、酒驾血液酒精测试采血方法研究

实际上，血液酒精测试对血样的获取应该严格规范，但因种种原因，目前对采血皮肤消毒情况还没作具体的硬性规定，即便相关行业标准有规定，也较笼统，往往强调抽取血样应由专业人员按要求进行，不应采用醇类药品对皮肤进行消毒。不过对血源的研究是比较明朗的，认识是一致的。可活体血源获取时明显涉及皮肤消毒问题，究竟使用醇类消毒液用于皮肤消毒对血液乙醇含量测试有何影响呢？选择健康成年男女 40 人，实验采血前 48 小时没饮过酒而且对乙醇无过敏症状，按男女随机分成四组，编号分别为Ⅰ、Ⅱ、Ⅲ、Ⅳ。Ⅰ组人员左肘静脉皮肤用 0.5%碘伏消毒，右肘静脉皮肤用 75%酒精消毒后马上采血于 EDTA-K_2 真空采血管（2mL）中；Ⅱ组人员左肘静脉皮肤用 0.1%新洁尔灭消毒，右肘静脉皮肤用 75%酒精消毒后马上采血于 EDTA-K_2 真空采血管（2mL）中；Ⅲ组人员左肘静脉皮肤用碘酊消毒，右肘静脉皮肤用75%酒精消毒后马上采血于EDTA-K_2真空采血管（2mL）中；Ⅳ组人员左肘静脉皮肤用75%酒精消毒并挥干30s后，右肘静脉皮肤用75%酒精消毒后马上采血于EDTA-K_2乙醇中；然后用气相色谱按血液乙醇含量测试方法对取得的血样立即检测其乙醇含量。

（一）不同采血方法对血醇结果的影响

从表4-5可以看出四组血液酒精含量测试都在5mg/100mL以下，按酒驾标准20mg/100mL比较的话，四组结果远低于酒驾标准下限。实际酒驾嫌疑血样检测中一般少于10mg/100mL的可考虑来自食物或自身代谢产生，因此无论用何种消毒液对活体皮肤消毒采血对血液酒精含量测试影响甚微。采血方法对于血液样本乙醇浓度检测结果有一定影响，但限于血源选择和其他因素的影响。对于活体采血皮肤消毒选用消毒液的影响从实验的四组数据来看可不考虑。交警部门在按照规定抽取涉嫌酒驾人员血样时，可不考虑常用消毒液的干扰。

表4-5　酒精含量测试结果（mg/100mL）

Ⅰ		Ⅱ		Ⅲ		Ⅳ	
左	右	左	右	左	右	左	右
4.3±0.2	4±0.8	4±0.5	4.2±0.6	3±1.2	3±1.8	4±0.5	4±0.7

（二）结论

影响血液酒精测试的因素较多，采血方法是其中不容忽视的因素之一。采血方法中让人们疑义的主要涉及皮肤消毒液问题，现行采血方法对于皮肤消毒没有严格规范，规定过于笼统，只是强调抽取血样不应采用醇类药品对皮肤进行消毒。但实际中用醇类药品对皮肤消毒后采血究竟对血液乙醇含量测试有无影响呢？根据以往研究结合基层调研情况，本研究针对此问题利用活体采血皮肤消毒情况进行探讨，实验中我们选用四种常见的皮肤消毒液即；0.5%碘伏、0.1%新洁尔灭、碘酊和75%酒精，按设计要求对肘部皮肤消毒后静脉采血，并立即检测血液乙醇含量，结果显示，四种消毒液消毒皮肤后采取血样检测结果都在5mg/100mL以下，因此本实验研究认为采血时皮肤消毒对血液乙醇含量测试没有影响。

四、保存温度对血液乙醇含量检测的影响

酒后驾车是导致交通事故的重要危险因素之一。《道路交通安全法》规定：检测血液乙醇含量是认定车辆驾驶人员是否饮酒驾车的重要依据。因此，做好检测条件的控制，保证检测结果的准确性，对受检人员饮酒程度进行公正认定及做好标本保存复查工作尤其重要。

保存温度是影响血液乙醇含量准确测试的因素之一，实践中血样保存温度不规范统一，使用随意性大，以往研究也没有系统探讨温度条件的影响。由于不同温度

条件保存血液时对血液稳定性有影响，这样势必会影响血液乙醇含量测试结果，对疑似酒驾人员的认定有失公正。因此，血样保存温度的选择统一规范迫在眉睫。可究竟哪种是最佳的温度保存条件呢？目前没有资料记载，相关行业标准也未规定，在这种情况下，本研究依据以往研究资料并结合我国的环境温度条件，确立探讨四个温度保存条件，即-20℃、4℃-8℃、25℃常温、35℃-42℃高温。目的是筛选出最佳的血样温度保存条件，以便更加准确定量酒驾血液乙醇含量，为交通和司法部门客观认定酒驾行为提供技术依据具有重要的研究意义。

（一）不同温度保存条件下14天内采血管中血液乙醇含量的比较

1. 四种温度保存条件下14天内采血管中血液乙醇含量的比较。四个温度保存条件下采血管中的血液乙醇含量有统计学意义（$F=392.811, p<0.01$）。Y与Z无显著性差异（$p>0.05$），W、X与Y、Z间有显著性差异（$p<0.05$）（见表4-6、表4-7）。

表4-6　四种温度保存条件下采血管中血液乙醇含量（mg/100mL）

温度	数量	平均数	标准错误	95%置信区间	
				下限	上限
W	10	106.147	0.283	105.573	106.721
X	10	105.725	0.283	105.151	106.299
Y	10	118.14	0.283	117.566	118.715
Z	10	118.783	0.283	118.209	119.357

表4-7　四种温度保存条件间血液乙醇含量的比较

（I）温度	（J）温度	平均差异（I-J）	标准错误	显著性	95%置信区间	
					下限	上限
W	X	0.42193	0.400353	0.299	-0.39003	1.23388
	Y	-11.99360*	0.400353	0.000	-12.80555	-11.18165
	Z	-12.63602*	0.400353	0.000	-13.44798	-11.82407
X	W	-0.42193	0.400353	0.299	-1.23388	0.39003
	Y	-12.41553*	0.400353	0.000	-13.22748	-11.60357
	Z	-13.05795*	0.400353	0.000	-13.8699	-12.246
Y	W	11.99360*	0.400353	0.000	11.18165	12.80555
	X	12.41553*	0.400353	0.000	11.60357	13.22748
	Z	-0.64242	0.400353	0.117	-1.45438	0.16953

续表

(I) 温度	(J) 温度	平均差异 (I-J)	标准错误	显著性	95%置信区间	
					下限	上限
Z	W	12.63602*	0.400353	0.000	11.82407	13.44798
	X	13.05795*	0.400353	0.000	12.246	13.8699
	Y	0.64242	0.400353	0.117	-0.16953	1.45438

2. 四种温度保存条件下 14 天内血液乙醇含量的时间动态趋势见图 4-5。在-20℃（Z）和 4℃-8℃（Y）温度下存储的血液乙醇含量在 0-14 天内基本稳定，变化不大；在 35℃-42℃（W）和 25℃（X）温度下存储的血液乙醇含量在 0-3 天内基本稳定，3 天后显著下降。这四个温度保存条件以-20℃和 4℃-8℃两个温度保存血样较好。

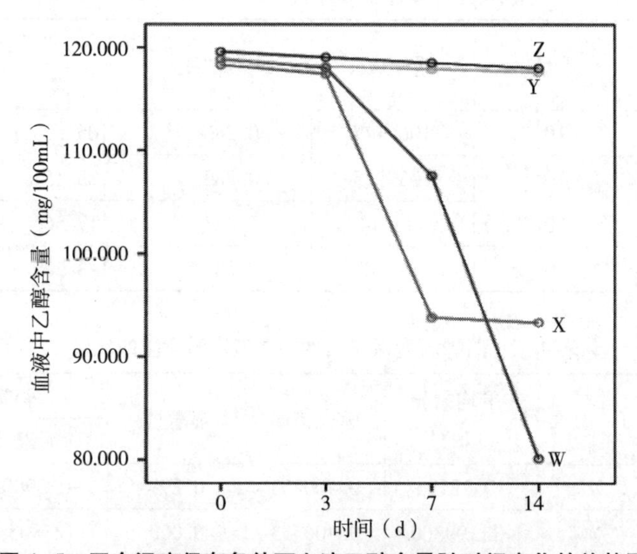

图 4-5　四个温度保存条件下血液乙醇含量随时间变化的趋势图

（二）不同温度保存条件下 28 天内采血管中血液乙醇含量的比较

1. 三种温度保存条件下 28 天内采血管中血液乙醇含量的比较。X、Y、Z 三个温度保存条件下采血管中的血液乙醇含量有统计学意义（$F=221.051$, $p<0.01$）。X、Y、Z 三个温度保存条件间有显著性差异（$p<0.05$）（见表 4-8、表 4-9）。

表 4-8　三个温度保存条件下采血管中血液乙醇含量（mg/100mL）

温度	n	平均值	标准错误	95%置信区间	
				下限	上限
X	10	97.477	0.298	96.865	98.089

续表

温度	n	平均值	标准错误	95%置信区间	
				下限	上限
Y	10	111.454	0.298	110.842	112.066
Z	10	118.385	0.298	117.773	118.997

表 4-9　三种温度保存条件间血液乙醇含量的比较

(I) 温度	(J) 温度	平均差异 (I-J)	标准错误	显著性	95%差异的置信区间	
					下限	上限
X	Y	-13.977*	0.422	0.000	-14.843	-13.112
	Z	-20.908*	0.422	0.000	-21.774	-20.043
Y	X	13.977*	0.422	0.000	13.112	14.843
	Z	-6.931*	0.422	0.000	-7.796	-6.065
Z	X	20.908*	0.422	0.000	20.043	21.774
	Y	6.931*	0.422	0.000	6.065	7.796

2. 三种温度保存条件下 28 天内血液乙醇含量的时间动态趋势见图 4-6。25℃ (X)温度下存储的血液乙醇含量在 0-3 天内基本稳定，3 天后直线下降；4℃-8℃ (Y)温度下存储的血液乙醇含量在 0-14 天内基本稳定，14 天后显著下降；-20℃ (Z)温度下存储的血液乙醇含量在 0-28 天数据比较稳定，基本保持不变。可见，-20℃为血样最佳保持温度。

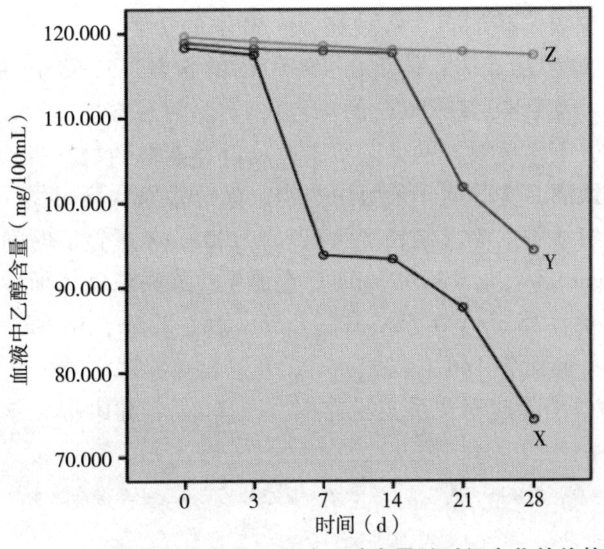

图 4-6　三种温度保存条件下血液乙醇含量随时间变化的趋势图

（三）结论

保存温度对于血醇含量检测结果有影响，14 天内保存可在 4℃-8℃冰箱冷藏，较长时间则在-20℃冰柜保存对血醇含量影响较小。为确保血醇含量测试结果的准确性，交管部门在按照规定抽取涉嫌酒驾人员血样后低温保存，-20℃温度为血样的最佳保存温度。

第二节　酒驾血醇消除速率动态研究及数学模型构建

道路交通事故是一个重要的全球公共安全问题，造成交通事故的因素很多，酒后驾车是造成交通事故的重要因素之一。世界卫生组织的事故调查显示，全球每年有 135 多万人死于交通事故，其中 50%-60%的交通事故与酒驾有关。《道路交通安全法》对酒后驾车有不同的处罚标准，血醇含量的高低直接影响驾驶人是否酒驾或醉驾入刑的判断。[①] 我国是拥有 56 个民族的国家，饮酒习俗和文化悠久，酒后驾车肇事的现象也相对普遍，而青年人是酒驾肇事的主要人群。青年人群饮酒后血醇在体内的消除规律，可以为公安交通执法部门规范、公正执法和司法鉴定机关准确鉴定提供科学参考，也为一些具有争议性的交通肇事逃逸案件的判定提供重要的科学依据。

一、酒驾血醇消除速率与人体年龄、体重、性别的相关性

（一）样本来源

1. 年龄、体重与血醇消除速率关系实验样本。选择 46 名健康男性志愿者（来自贵州地区，以少数民族居多，年龄在 20-30 岁的 7 名，31-40 岁的 8 名，41-50 岁的 6 名，大于 50 岁的 2 名；体重在 45-50kg 的 5 名，51-55kg 的 4 名，56-60kg 的 6 名，65-70kg 的 4 名，71-80kg 的 4 名），实验前经常规体检及生化检验结果证明肝肾功能正常，无患病史，常见毒品尿检及镇静催眠药物筛查均呈阴性。志愿者受试前 3 天禁止饮酒，实验期间未服用药物。模拟普通饮酒习惯，让受试志愿者在晚饭时间正常就餐饮用白酒（酒精度为 52%）100g，就餐饮酒时间控制在 0.5h（乙醇自饮酒后 2-5min 后入血，30-90min 后在血中达最高浓度，随后开始消除）。[②] 分别在用餐完毕及餐后 15min、0.5h、1h、1.5h、2h、2.5h、3h、3.5h、4h、5h、6h、7h、8h，采集其静脉血各 1mL。

2. 性别与血醇消除速率关系实验样本。选择 24 名健康青壮年志愿者（来自贵

---

① 张祥浩，王学中，李金胜．汽车驾驶员饮酒对反应时的影响．中华劳动卫生职业病杂志，1996（3）：19-21.

② 张振宇，单晓梅，梅利华．驾驶员酒后呼出气和血中乙醇浓度、时间一反应关系的研究．劳动医学，1999（4）：232-233.

州地区，以少数民族居多，其中男性 12 名、女性 12 名），实验前经常规体检及生化检验，结果显示肝肾功能正常，无患病史，常见毒品尿检及镇静催眠药物筛查均呈阴性。志愿者受试前 3 天禁止饮酒，实验期间未服用药物。模拟普通饮酒习惯，让受试志愿者在晚饭时间正常就餐饮用白酒（酒精度为 52%）100mL，就餐饮酒时间控制在 0.5h。分别在用餐完毕及餐后 15min、0.5h、1h、1.5h、2h、2.5h、3h、3.5h、4h、5h、6h、7h、8h，采集其静脉血各 1mL。

（二）血醇消除速率与年龄的关系

通过对以上实验样本进行顶空气相色谱检测，得到的血醇含量的数据，分析计算每一名志愿者的血醇消除速率，将所得数据进行统计分析，结果显示如下：

1. 不同年龄段的平均血醇消除速率。由表 4-10 可见，通过对四个年龄段的志愿者的平均血醇消除速率分析，发现各年龄阶段平均血醇消除速率相差不大，人体中的血醇消除速率与年龄无显著关系。

表 4-10　不同年龄段的平均血醇消除速率

年龄段	人数	平均消除速率	标准差	均值的 95%置信区间	
				下限	上限
20-30	7	14.3600	4.19788	10.4776	18.2424
31-40	8	12.6613	5.11125	8.3881	16.9344
41-50	6	14.7717	2.95396	11.6717	17.8717
>50	2	10.8650	0.65761	4.9566	16.7734

2. 血醇消除速率与年龄的方差分析。通过对血醇消除速率、年龄的数据进行方差分析，建立表格分析血醇消除速率与年龄的相关性，结果见表 4-11。

表 4-11　血醇消除速率与年龄的方差分析

		年龄
血醇消除速率	Pearson 相关性	-0.045
	显著性（双侧）	0.837
	N	23

由表 4-11 可见，通过方差分析年龄和血醇消除速率的 Pearson 相关系数为 $\gamma = |-0.045| < 0.3$，$p = 0.837 > 0.05$，检验水平（$\alpha = 0.05$）。统计结果表明，血醇消除速率与年龄不成线性相关，无显著关系。

（三）血醇消除速率与体重的关系

1. 不同体重段的血醇消除速率。由表 4-12 可见，65-70kg 和 71-80kg 两个体重段的志愿者的血醇平均消除速率高于其他三个体重段，说明血醇消除速率与体重有一定关系。

表 4-12　不同体重段的血醇消除速率

体重段（kg）	人数	平均消除速率	标准差	均值的 95%置信区间	
				下限	上限
45-50	5	12.1320	2.76981	8.6928	15.5712
51-55	4	12.1650	1.45074	9.8566	14.4734
56-60	6	11.7383	3.86906	7.6780	15.7987
65-70	4	15.6725	3.13951	10.6768	20.6682
71-80	4	17.4325	6.04981	7.8059	27.0591

2. 血醇消除速率与体重的方差分析。经过对血醇消除速率和体重的数据进行方差分析，建立表格分析血醇消除速率与体重的相关性，结果见表 4-13。

表 4-13　血醇消除速率与体重的方差分析

		体重
血醇消除速率	Pearson 相关性	0.492
	显著性（双侧）	0.017
	N	23

体重和血醇消除速率的 Pearson 相关系数为 $\gamma = |0.492| > 0.3$，$p = 0.017$，检验水平（$\alpha = 0.05$）。统计结果表明，血醇消除速率与体重有显著关系，为中度相关。

（四）血醇消除速率与性别的关系

1. 不同性别血醇消除的模式。图 4-7 是实验得到的男性和女性血醇消除的四种

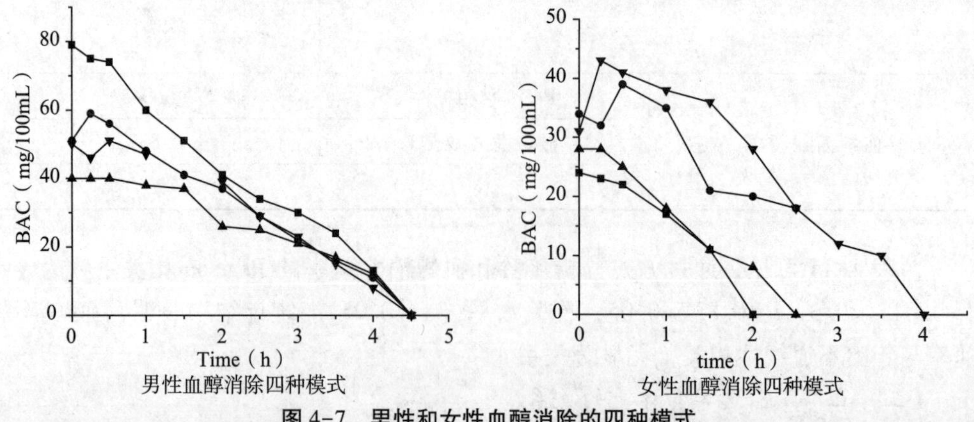

图 4-7　男性和女性血醇消除的四种模式

模式。由图可见，男性和女性血醇消除都有四个模式，一是在就餐完血醇达到最高浓度，随后开始持续消除；二是在餐后半小时达到最高浓度，随后开始持续消除；三是就餐完血醇先降低后达到最高浓度，随后持续消除；四是就餐完一段时间血醇持续处于最高浓度，随后持续消除。

2. 不同性别血醇消除的速率。由表 4-14 可见，男性平均血醇消除速率为 16.4136，女性平均血醇消除速率为 10.9683，男性血醇消除速率明显大于女性，说明血醇消除速率与性别有一定的关系。

表 4-14 性别与血醇消除速率的关系

性别	人数	平均消除速率	标准差	均值的 95%置信区间	
				下限	上限
男	12	16.4136	3.83685	13.8360	18.9913
女	12	10.9683	2.12251	9.6198	12.3169
总计	24	13.5726	4.08402	11.8065	15.3387

3. 不同性别与血醇消除速率的关系。通过方差分析性别和血醇的 Pearson 相关系数为 $\gamma=|0.681|>0.5$，$p=0<0.05$，检验水平（$\alpha=0.05$）。统计结果表明，血醇消除速率与性别有显著关系，为中度相关。

（五）结论

不同年龄段的人群血醇消除速率相差不大，两者没有显著关系，长期饮酒者对乙醇的耐受能力要高于不常饮酒的人。不同体重段的血醇消除速率有较大区别，血醇消除速率与体重有较为显著的关系。不同性别的血醇消除模式均有四种，而不同性别的血醇消除速率有较大区别，男性明显大于女性；血醇消除速率与性别有显著关系，为中度相关。

二、民族差异性对血醇消除速率的影响研究

（一）样本来源

选择 34 名健康男性志愿者（布依族、侗族、苗族各 8 个，汉族 10 个，均来自贵州地区），实验前进行常规体检及生化检验，结果显示肝肾功能正常，无患病史，常见毒品尿检及镇静催眠药物筛查均呈阴性。志愿者受试前三天禁止饮酒，实验期间未服用药物。模拟普通饮酒习惯，让受试志愿者在晚饭时间正常就餐饮用白酒（酒精度为 52%）200mL 就餐饮酒时间控制在 0.5h。分别在用餐完毕及餐后 15min、0.5h、1h、1.5h、2h、2.5h、3h、3.5h、4h、5h、6h、7h、8h，采集其静脉血各 1mL。

（二）酒精吸收与民族的差异

对 34 个实验样本进行顶空气相色谱检测，得到每个人不同时间的血醇含量数

据，根据得到的饮酒后的血醇含量和平均血醇消除速率，将所得数据进行统计分析，结果显示如下：

1. 四个民族饮酒后血醇含量。从四个民族饮酒 200mL 后血液内血醇含量的统计分析结果可以看出，在饮酒量相同的情况下，四个民族血液内血醇含量存在显著差异。其中，苗族志愿者饮酒后血醇含量最低，说明吸收最慢；布依族与侗族志愿者饮酒后血醇含量相近，吸收速率中等；汉族志愿者饮酒后血醇含量最高，说明吸收最快（见表 4-15）。

表 4-15 四个民族饮酒后血醇含量

民族	人数	平均浓度	标准差	均值的 95%置信区间	
				下限	上限
布依	8	61. 906	8. 585	43. 010	80. 803
侗	8	60. 375	8. 585	41. 479	79. 271
汉	10	92. 844	8. 585	73. 947	111. 740
苗	8	52. 375	9. 914	30. 555	74. 195

2. 饮酒后血醇含量与民族的方差分析。通过对四个民族饮酒后血醇含量与民族的数据进行方差分析，建立表格分析血醇浓度与民族的相关性（见表 4-16）。

表 4-16 饮酒后血醇浓度与民族的方差分析

		民族
血醇浓度	Pearson 相关性	0. 335
	显著性（双侧）	0. 023
	N	34

通过方差分析饮酒后血醇含量与民族的 Pearson 相关系数为 $\gamma = |0.335| > 0.3$，$p = 0.036 < 0.05$，检验水平（$\alpha = 0.05$）。统计结果表明，饮酒后血醇含量与民族有显著关系，为中度相关（见表 4-17）。

表 4-17 四个民族饮酒后血醇浓度比较

民族		血醇浓度差值	标准偏差	显著性	95%差异的置信区间	
					下限	上限
布依	侗	1. 531	12. 142	0. 902	-25. 192	28. 255
	汉	-30. 937	12. 142	0. 027	-57. 661	-4. 214
	苗	9. 531	13. 115	0. 483	-19. 334	38. 396

续表

民族		血醇浓度差值	标准偏差	显著性	95%差异的置信区间	
					下限	上限
侗	布依	-1.531	12.142	0.902	-28.255	25.192
	汉	-32.469	12.142	0.022	-59.192	-5.745
	苗	8.000	13.115	0.554	-20.865	36.865
汉	布依	30.937	12.142	0.027	4.214	57.661
	侗	32.469	12.142	0.022	5.745	59.192
	苗	40.469	13.115	0.010	11.604	69.334
苗	布依	-9.531	13.115	0.483	-38.396	19.334
	侗	-8.000	13.115	0.554	-36.865	20.865
	汉	-40.469	13.115	0.010	-69.334	-11.604

对各民族饮酒后血醇含量的显著性差异进行检验，汉族与布依族的检验 $p=0.027<0.05$，检验水平（$\alpha=0.05$）；汉族与侗族的检验 $p=0.022<0.05$，检验水平（$\alpha=0.05$）；汉族与苗族的检验 $p=0.010<0.05$，检验水平（$\alpha=0.05$），说明汉族和其余三个少数民族在酒精吸收方面存在显著性差异。而布依族与侗族的检验 $p=0.902>0.05$，检验水平（$\alpha=0.05$）；布依族与苗族的检验 $p=0.483>0.05$，检验水平（$\alpha=0.05$）；侗族和苗族的检验 $p=0.554>0.05$，检验水平（$\alpha=0.05$），三个少数民族之间无显著关系（见表 4-17）。

（三）血醇消除速率与民族的差异

1. 四个民族饮酒后的平均血醇消除速率。从四个民族饮酒 200mL 后平均血醇消除速率的统计分析结果可以看出在饮酒量相同的情况下，四个民族人体内平均血醇消除速率有很大的差别。其中，以苗族志愿者饮酒后平均血醇消除速率最大，其次是侗族，汉族志愿者平均血醇消除速率最小（见表 4-18）。

表 4-18 四个民族饮酒后的平均血醇消除速率

民族	人数	平均消除速率	标准差	均值的 95%置信区间	
				下限	上限
布依	8	14.429	2.225	9.621	19.236
侗	8	15.714	1.990	11.414	20.014
汉	10	13.810	2.570	8.258	19.361
苗	8	18.057	1.990	13.757	22.357

2. 饮酒后血醇含量与民族的方差分析。通过对血醇消除速率、民族的数据进行

方差分析，建立表格分析血醇消除速率与民族的相关性，结果见表 4-19。

表 4-19　血醇消除速率与民族的方差分析

		民族
BAC 消除速率	Pearson 相关性	0.469
	显著性（双侧）	0.047
	N	34

通过方差分析饮酒后血醇含量与民族的 Pearson 相关系数为 $\gamma=|0.469|>0.3$，$p=0.047<0.05$，检验水平（$\alpha=0.05$）。统计结果表明，平均血醇消除速率与民族有显著关系，为中度相关（见表 4-20）。

表 4-20　四个民族平均血醇消除速率比较

民族		差值	标准偏差	显著性	95%差异的置信区间	
					下限	上限
布依	侗	1.2857	2.98559	0.674	-5.1643	7.7357
	汉	-0.6190	3.39924	0.858	-7.9627	6.7246
	苗	3.6286	2.98559	0.146	-2.8214	10.0785
侗	布依	-1.2857	2.98559	0.674	-7.7357	5.1643
	汉	-1.9048	3.25029	0.568	-8.9266	5.1171
	苗	2.3429	2.81484	0.420	-3.7382	8.4239
汉	布依	0.6190	3.39924	0.858	-6.7246	7.9627
	侗	1.9048	3.25029	0.568	-5.1171	8.9266
	苗	4.2476	3.25029	0.048	-2.7742	11.2695
苗	布依	-3.6286	2.98559	0.146	-10.0785	2.8214
	侗	-2.3429	2.81484	0.420	-8.4239	3.7382
	汉	-4.2476	3.25029	0.048	-11.2695	2.7742

对各民族间平均血醇消除速率的显著性差异进行检验，汉族与布依族的检验 $p=0.858>0.05$，检验水平（$\alpha=0.05$）；汉族与侗族的检验 $p=0.568>0.05$，检验水平（$\alpha=0.05$）；汉族与苗族的检验 $p=0.048<0.05$，检验水平（$\alpha=0.05$），说明汉族与布依族和侗族相关性不明显，而汉族与苗族相关性显著，为中度相关。而布依族与侗族的检验 $p=0.674>0.05$，检验水平（$\alpha=0.05$）；布依族与苗族的检验 $p=0.146>0.05$，检验水平（$\alpha=0.05$）；侗族和苗族的检验 $p=0.420>0.05$，检验水平（$\alpha=0.05$），说明布依族、侗族、苗族之间相关性不明显，无显著关系（见表 4-20）。

（四）结论

通过对四个民族饮酒后血醇浓度与民族的数据进行分析发现，汉族与其他三个少数民族在酒精吸收方面存在显著性差异，汉族的酒精吸收速率相较于其他三个少数民族为最快；而布依族、侗族和苗族三个少数民族在酒精吸收方面无显著关系；从吸收速率来看，三个少数民族相差不大，其中以苗族吸收最慢。通过对四个民族平均血醇消除速率与民族的数据进行分析发现，汉族与苗族在平均血醇消除速率方面存在显著性差异，而与布依族和侗族相关性不明显；布依族、侗族和苗族之间的相关性不明显，无显著关系。从平均血醇消除速率来看，汉族消除速率最低，苗族最高。

三、酒后血液中酒精浓度（BAC）和呼气中酒精浓度（BrAC）的关系及数学模型建立

（一）样本来源

贵州地区 53 名涉嫌酒驾的健康驾驶员（无患病史，常见毒品尿检及镇静催眠药物筛查均呈阴性），呼气检测后，立刻现场抽取静脉血 3mL，用酒精呼气测定仪测定 BrAC 和用 HS-GC 测定 BAC 的数据，试图通过对 BrAC 与 BAC 的关系研究，建立更为准确的数学模型，以实现通过 BrAC 数据对 BAC 的预测。

（二）模型建立

将以上所得两组实验结果进行分析，以 BrAC 为自变量 X 轴，BAC 为因变量 Y 轴，作散点图，见图 4-8。

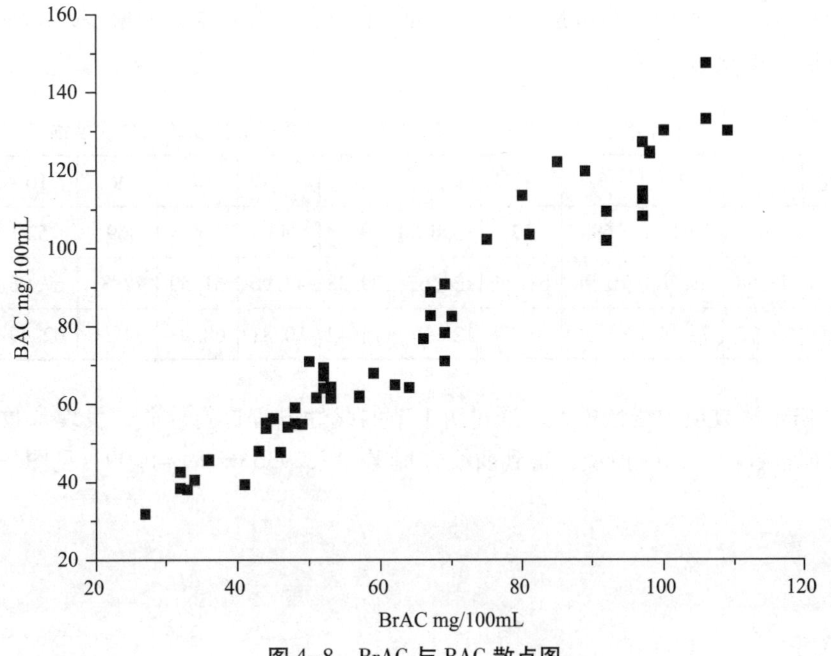

图 4-8　BrAC 与 BAC 散点图

1. 线性模型。由图 4-9 可见，BrAC 与 BAC 大致呈线性趋势，尝试建立线性模型，拟合曲线得到曲线方程为 $Y=1.2982X-5.01746$，$R^2=0.95$。

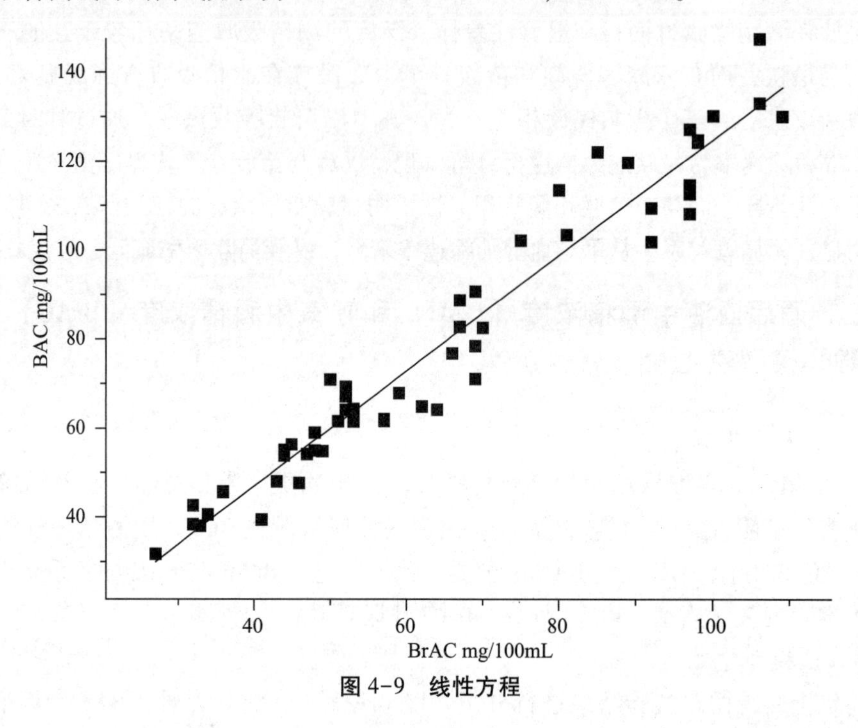

图 4-9 线性方程

随机抽取 11 个样本，用所得线性模型进行预测，并与样本真实值进行对比，结果见表 4-21。样本用该模型预测得到的预测值与血醇均有很大的偏差，对该模型需要进行进一步改动。

表 4-21 11 个样本的 HS-GC 法检测的血醇浓度和修正常数项的线性模型预测值

样本点	1	2	3	4	5	6	7	8	9	10	11
BrAC	36	64	69	53	98	92	43	57	69	52	59
BAC	45.58	64.1	70.98	61.44	124.67	109.38	47.96	61.59	78.31	67.08	67.84
预测值	41.72	78.07	84.56	63.79	122.21	114.42	50.81	68.98	84.56	62.49	71.58

2. 修正常数项的线性模型。通过对上节的线性方程进行检验，发现常数项不显著，去掉常数项，修改模型，得到曲线方程 $Y=1.22936X$，$R^2=0.99$，见图4-13。

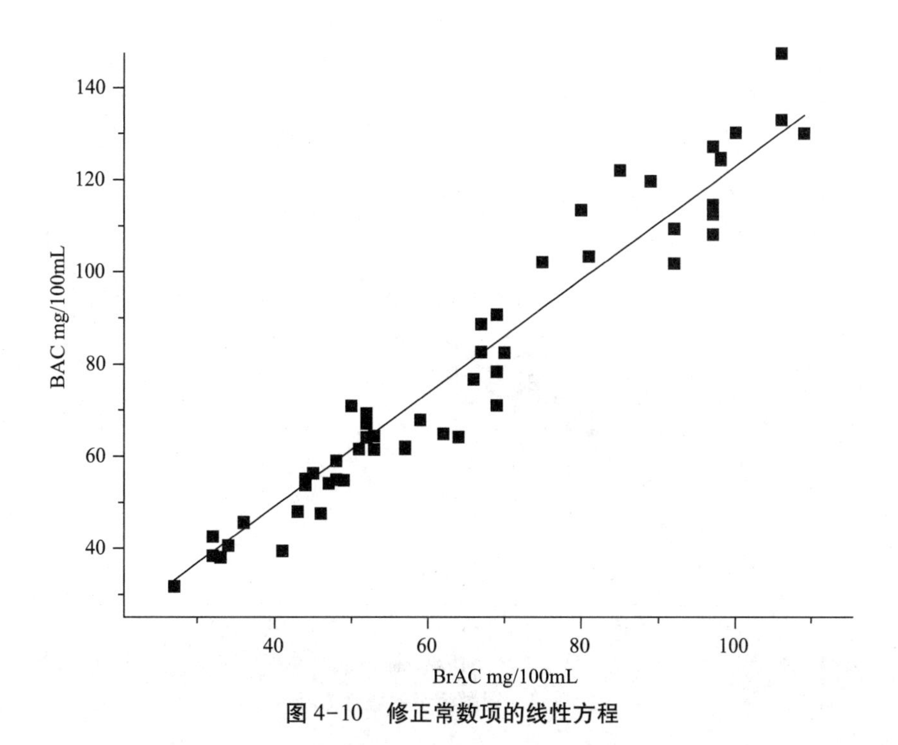

图 4-10　修正常数项的线性方程

由图 4-10 可见，通过修改模型，方程拟合相关性较好，取上节的样本，用所得的修正常数项的线性模型进行预测，并与样本真实值进行对比，结果见表 4-22。

表 4-22　11 个样本的 HS-GC 法检测的血醇浓度和修正常数项的线性模型预测值

样本点	1	2	3	4	5	6	7	8	9	10	11
BrAC	36	64	69	53	98	92	43	57	69	52	59
BAC	45.58	64.1	70.98	61.44	124.67	109.38	47.96	61.59	78.31	67.08	67.84
预测值	44.27	78.68	84.83	65.16	120.48	113.10	52.86	70.07	84.83	63.93	72.53

由表 4-22 可见，大部分样本用该拟合模型得到的预测值与真实值相差不大，但 2#、3#、8#三个样本预测值与真实值相差较大，对 11 个样本计算残差平方和SSE=621.70。可见，对部分样品点，该模型的预测结果与样本真实值还存在较大偏差。

3. 对数模型。对血醇取对数，做线性模型。得到线性方程：$\text{Ln } Y=0.01658X+3.21846$，$R^2=0.93$，见图 4-11。

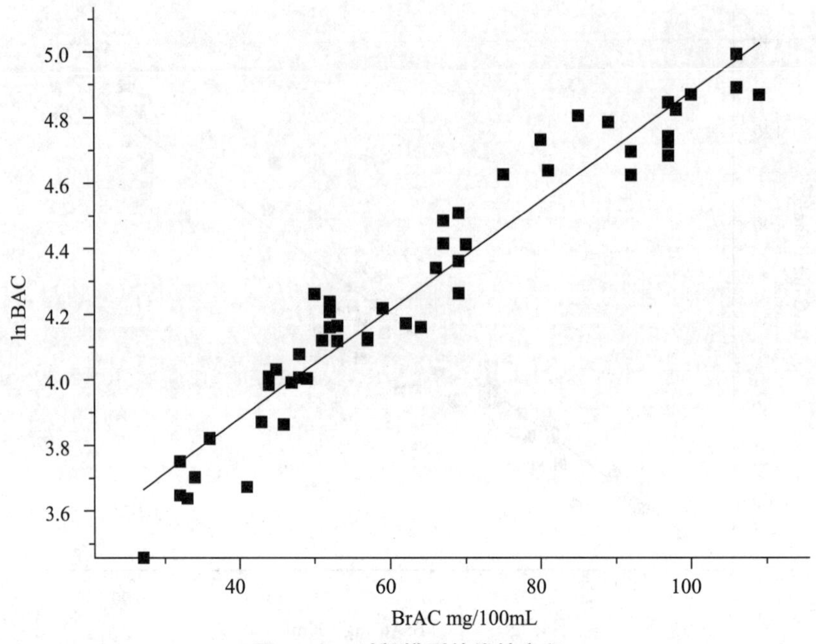

图 4-11　对数模型的线性方程

取上节的样本，用对数变换的模型进行预测，得到预测结果并与样本真实值进行对比，见表 4-23。

表 4-23　11 个样本的 HS-GC 法检测的血醇浓度和对数模型预测值

样本点	1	2	3	4	5	6	7	8	9	10	11
BrAC	36	64	69	53	98	92	43	57	69	52	59
BAC	45.58	64.1	70.98	61.44	124.67	109.38	47.96	61.59	78.31	67.08	67.84
预测值	45.39	72.21	78.45	60.17	126.89	114.87	50.98	64.30	78.45	59.18	66.47

由表 4-23 可见，11 个样本用该拟合模型得到的预测值与真实值相差不大，计算残差平方和 SSE=239.06。结果明显优于修正常数项的线性模型。

（三）结论

对数变换的模型 $\text{Ln } Y=0.01658X+3.21846$，$R^2=0.93$，用 BrAC 数据对 BAC 进行较为准确的预测，模型线性拟合相关性较好，预测结果与 BAC 实测值相差较小。由于存在个体差异，不可能对血醇结果实现完全相同的预测，但 BrAC 的检测属于无创性检测，对被检测者的心理和生理上无伤害，在交通安全执法管理和司法鉴定实际工作中应予以推广。

四、驾驶人血醇消除速率的数学模型构建

（一）实验样本

选择 19 名健康男性志愿者（来自贵州地区，以少数民族居多，实验前经常规体检及生化检验结果证明肝肾功能正常，无患病史，常见毒品尿检及镇静催眠药物筛查均呈阴性）。志愿者受试前 3 天禁止饮酒，实验期间未服用药物。将志愿者分为两组，模拟普通饮酒习惯，让志愿者在晚饭时间正常就餐饮用白酒，就餐饮酒时间控制在 0.5h，其中一组饮酒量 50mL，10 人；二组饮酒量 100mL，9 人。自饮酒 2-5min后入血，30-90min 后在血中达最高浓度，随后开始消除。分别在用餐完毕及餐后 15min、0.5h、1h、1.5h、2h、2.5h、3h、3.5h、4h、5h、6h、7h、8h，采集其静脉血各 1mL。

（二）模型预测

通过对以上实验样本用顶空气相色谱法检测，得到不同时间血醇含量的数据，一组和二组志愿者的血醇随时间变化呈逐渐减小的趋势，饮酒量为 50mL 的在 1.5 小时后血醇含量未检出，饮酒量为 100mL 在 4 小时后血醇含量未检出（见表 4-24）。

表 4-24 饮酒量 50mL、100mL 血醇观测值

时间（h）	一组 50mL		二组 100mL	
	血醇浓度（mg/100mL）	变异系数（%）	血醇浓度（mg/100mL）	变异系数（%）
0.00	24.20±1.79	7.39±1.17	62.17±15.48	24.91±3.12
0.25	21.60±2.30	10.66±1.32	61.00±12.35	20.24±2.89
0.50	19.40±1.67	8.62±1.08	57.67±14.17	24.56±1.78
1.00	15.60±1.14	7.30±1.02	51.67±11.48	22.23±2.21
1.50	9.40±1.52	16.13±2.15	48.33±8.14	16.84±1.99
2.00	-		42.83±6.24	14.57±1.47
2.50	-		31.83±5.42	17.02±1.89
3.00	-		25.83±6.27	24.29±2.86
3.50	-		19.00±5.48	28.83±2.44
4.00	-		10.83±2.79	25.73±2.64
4.50	-		-	

注：“-”表示血醇含量未检出。

1. 模型筛选和建立。用 SPSS 统计分析软件对数据进行分析，根据饮酒量不同的两组志愿者的血醇变化趋势图，推测模型可能为：二次曲线模型、多元线性模型、

S 型曲线（Logist 回归模型）等，接下来尝试建立模型。

（1）二次曲线模型的建立。建立二次曲线模型，$Y=A\times X^2+B\times X+C$，根据第二组志愿者血醇浓度的数据计算参数得到方程：$Y=-1.0726X^2-8.7701X+62.5989$。对模型进行检验，A 的检验系数 $P=0.1959>0.05$，检验水平（$\alpha=0.05$），说明相关性不显著，该模型不合适（见图 4-12）。

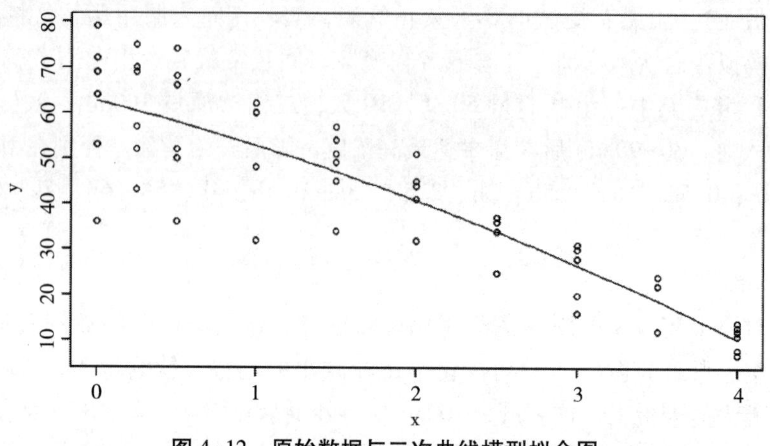

图 4-12　原始数据与二次曲线模型拟合图

（2）多元线性模型。建立多元线性模型，$Y=A\times X^1+B\times X^2+C\times X^3+D$，根据第二组血醇浓度的数据计算参数得到方程：$Y=-0.1X^1-0.1244X^2-12.9276X^3+75.2338$。对模型进行检验得到，A 的检验系数 $P=0.4>0.05$，检验水平（$\alpha=0.05$），相关性不显著；B 的检验系数 $P=0.556>0.05$，检验水平（$\alpha=0.05$），相关性不显著，说明该模型不合适。

修改模型，去除相关性不显著的两项，$Y=C\times X^3+D$，计算得到方程：$Y=-12.928X^3+64.71$。对模型进行检验，C 的检验系数 $P<0.05$，检验水平（$\alpha=0.05$），相关性显著，原始数据与建立的模型拟合图见图 4-13。

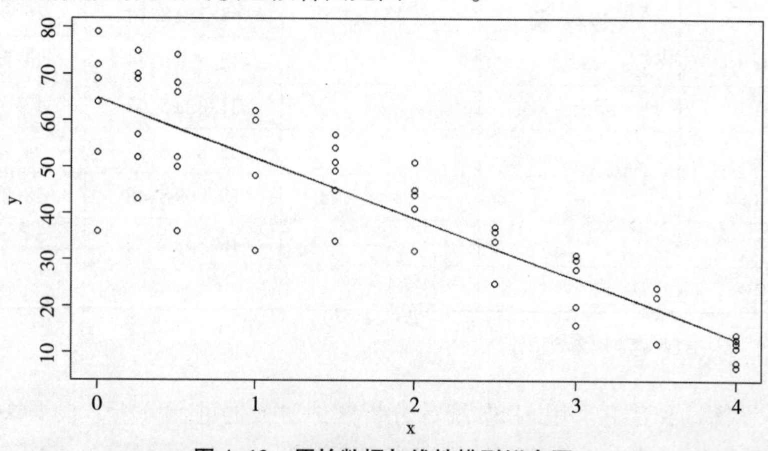

图 4-13　原始数据与线性模型拟合图

由图 4-13 中原始数据与线性模型的拟合图和图 4-14 中模型检验的正态 Q-Q 图可以看出数据拟合效果良好，但是模型的复决系数 $R^2=0.78$，要实现对数据的预测还需进一步改进。

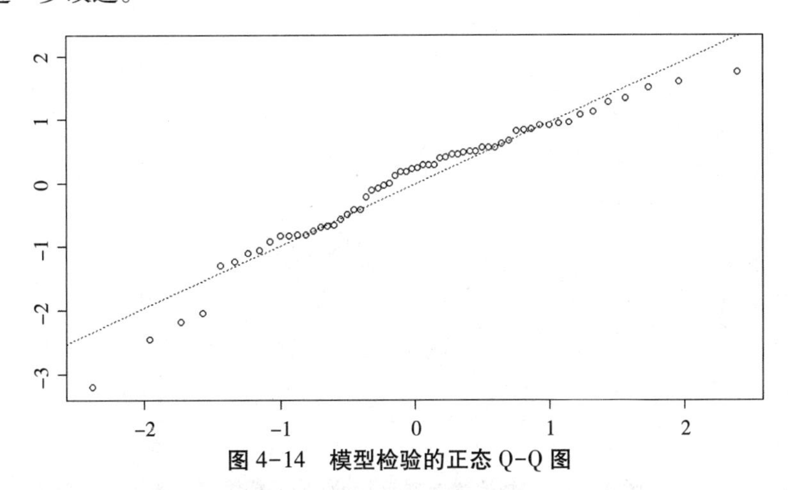

图 4-14　模型检验的正态 Q-Q 图

（3）Logist 回归模型。建立 Logist 回归模型，$Y=A-\{A/[1+\exp(-B\times X+C)]\}$。一组的 Logist 回归模型：根据第一组血醇浓度的数据计算参数得到方程：$Y=33.4349-\{33.4349/[1+\exp(-1.2203X+0.9241)]\}$。对模型进行检验得到，A 的检验系数 $P=0.000314<0.05$，检验水平（$\alpha=0.05$），相关性显著；B 的检验系数 $P=0.001385<0.05$，检验水平（$\alpha=0.05$），相关性显著，原始数据与模型拟合图见图 4-15。二组 Logist 回归模型：根据二组血醇浓度的数据计算参数得到方程：$Y=67.0741-\{67.0741/[1+\exp(-0.9659X+2.3834)]\}$。对模型进行检验得到，A 的检验系数 $P=5.26e-16<0.05$，检验水平（$\alpha=0.05$），相关性显著；B 的检验系数

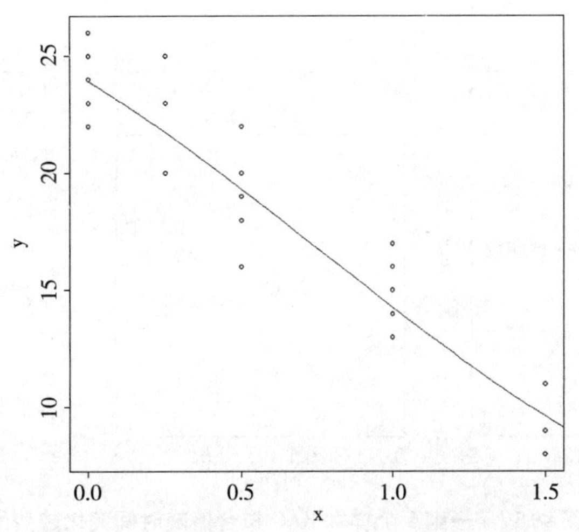

图 4-15　一组原始数据与 Logist 回归拟合图

$P=7.44e-6<0.05$，检验水平（$\alpha=0.05$），相关性显著，原始数据与模型拟合图见图 4-16。

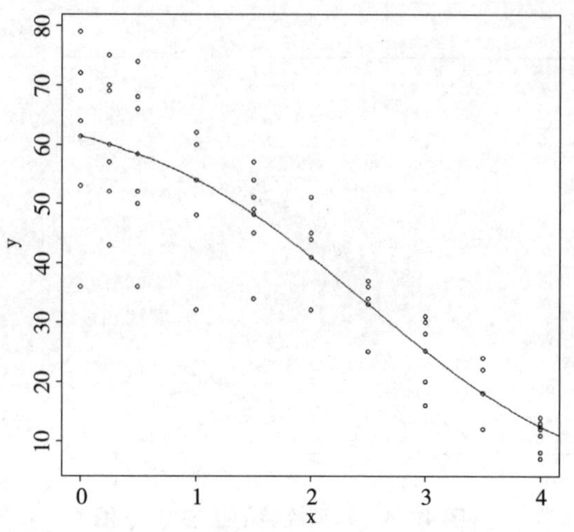

图 4-16　二组原始数据与 Logist 回归模型拟合图

2. Logist 回归模型检验。随机取一组的 5 个样本，二组的 6 个样本，做出饮酒后血醇拟合值随时间变化趋势，见图 4-17、图 4-18。

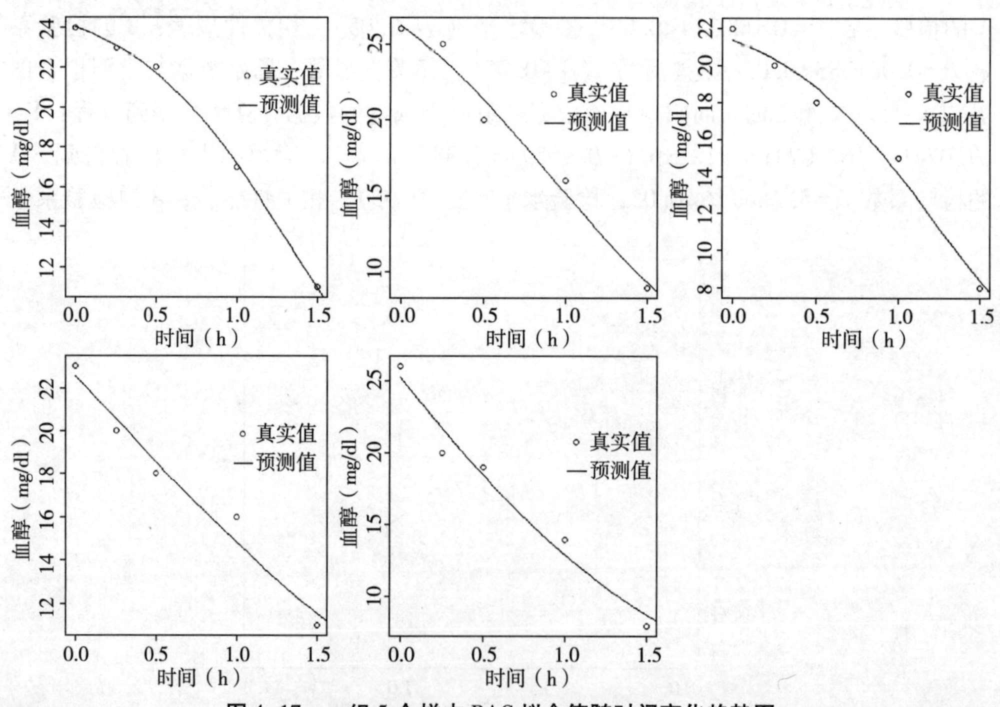

图 4-17　一组 5 个样本 BAC 拟合值随时间变化趋势图

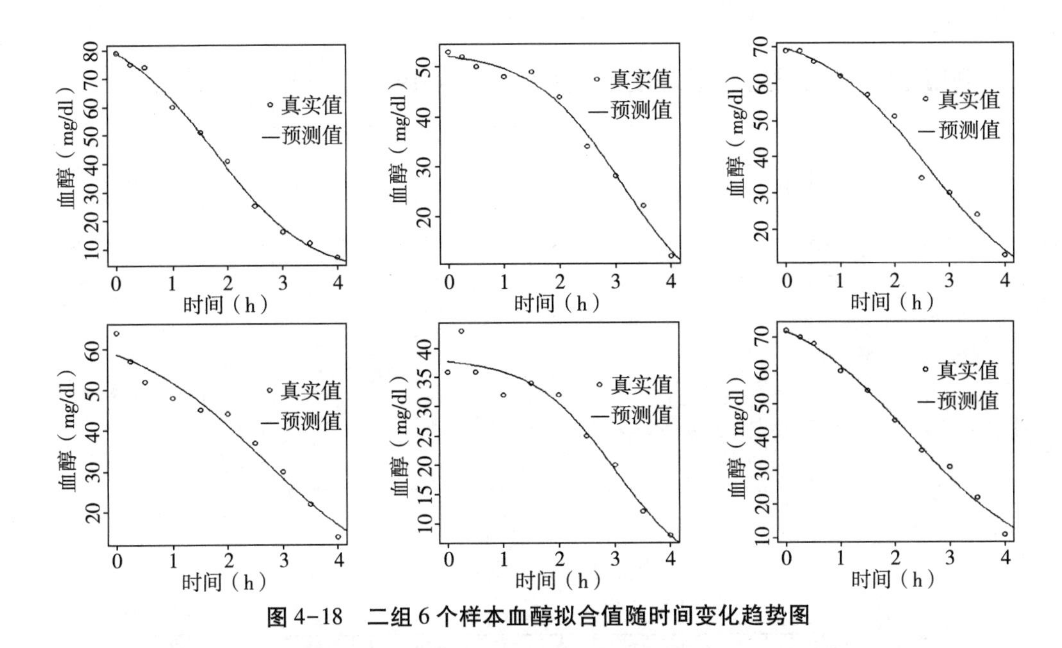

图 4-18 二组 6 个样本血醇拟合值随时间变化趋势图

3. 血醇的 Logist 回归模型计算与比较。对两组样本不同时间的血醇观测值取平均值，与 Logist 回归模型计算得到的计算值做对比，血醇观测值和计算值见表 4-25。将一组 5 个样本的血醇观测值和模型预测值进行比较，我们发现在各个时间点，两者的血醇都相差不大，说明该模型预测比较准确。二组的血醇观测值和模型预测值在 0-4h 各个时间点，两者的血醇都相差不大，说明该模型预测比较准确。

表 4-25 血醇观测值与 Logist 回归模型计算值比较

时间（h）	一组 50mL			二组 50mL		
	血醇观测值（mg/100mL）	血醇计算值（mg/100mL）	相对误差%	血醇观测值（mg/100mL）	血醇计算值（mg/100mL）	相对误差%
0. 00	24. 20±1. 79	23. 88±1. 96	-1. 32	62. 17±15. 48	61. 46±15. 07	-1. 14
0. 25	21. 60±2. 30	21. 94±1. 59	1. 57	61. 00±12. 35	60. 04±14. 11	-1. 57
0. 50	19. 40±1. 67	19. 78±1. 60	1. 96	57. 67±14. 17	58. 33±13. 00	1. 14
1. 00	15. 60±1. 14	14. 85±1. 56	-4. 81	51. 67±11. 48	53. 93±10. 43	4. 37
1. 50	9. 40±1. 52	9. 79±1. 38	4. 15	48. 33±8. 14	48. 11±7. 88	-0. 46
2. 00	-			42. 83±6. 24	41. 03±6. 21	-4. 20
2. 50	-			31. 83±5. 42	33. 14±5. 65	4. 12
3. 00	-			25. 83±6. 27	25. 17±5. 34	-2. 56
3. 50	-			19. 00±5. 48	17. 98±4. 79	-5. 37
4. 00	-			10. 83±2. 79	12. 19±4. 07	12. 56
4. 50	-			-		

注："-" 表示血醇含量未检出。

利用血醇观测值与模型计算值作对比（见图 4-19、图 4-20）。

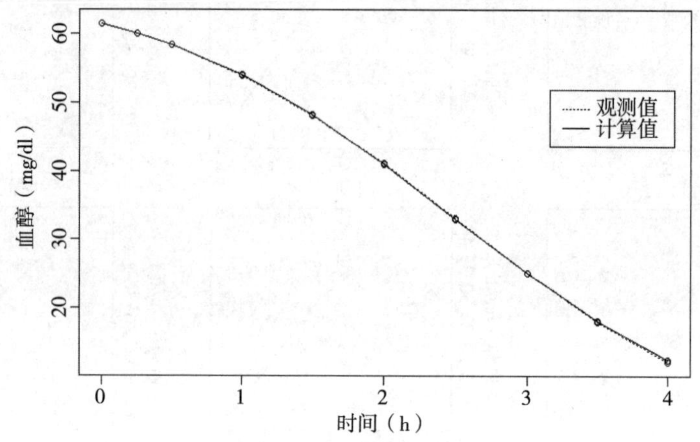

图 4-19　一组的血醇计算值的均值随时间变化

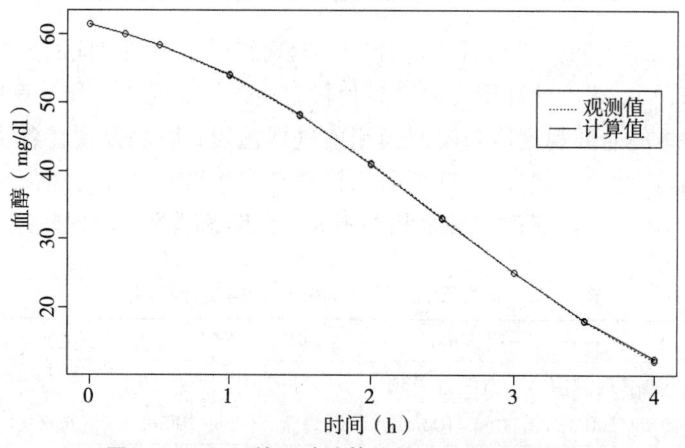

图 4-20　二组的血醇计算值的均值随时间变化

（三）结论

本节用 SPSS 统计分析软件对贵州地区 19 名志愿者饮酒后血醇随时间变化的趋势进行分析，研究乙醇在人体内的消除规律，建立 Logist 回归模型，参数拟合好，相关性显著，因此本模型能够应用于贵州地区青年有关酒后驾驶者体内血醇消除规律和酒后驾驶事发当时体内血醇浓度的推断。本文建立了饮酒量为 50mL 和 100mL 的血醇消除的数学模型，50mL 针对少量饮酒的人群，100mL 针对中等量饮酒的人群，未对大量饮酒的人群进行考察研究，因此对大量饮酒量不同血醇消除模型的研究还有待进一步完善。

第三节 酒驾行为适应性检测设备及软件开发与研究

一、系统总体架构设计（见图 4-21）

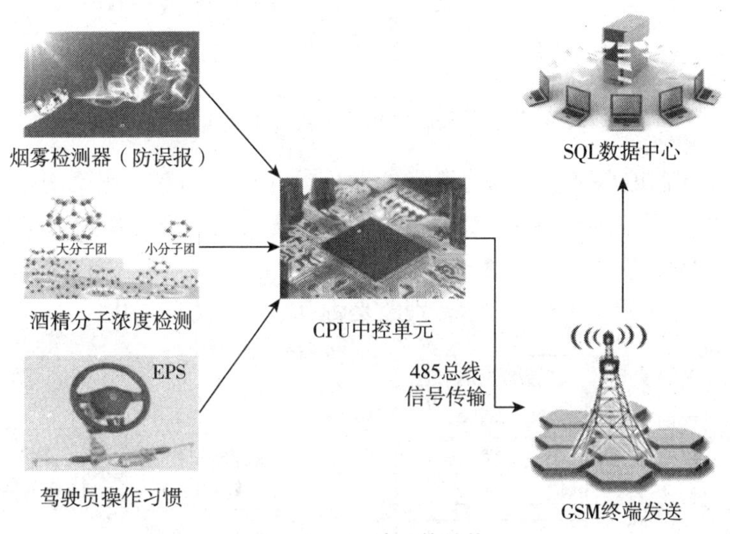

图 4-21 系统总体结构

本节以检测驾驶室内空气中酒精分子的含量为基本判定依据，结合三轴加速度传感器感知酒驾司机容易出现的行驶不规律等疲劳驾驶特征，同时排除烟雾、灰尘等因素对传感器的干扰，综合判定驾驶员是否处于酒驾状态。若判定驾驶员处于酒驾状态，则通过声音输出警示驾驶员，并将信息上传至后台监控网络，达到酒驾监控的目的。

二、检测算法模型设计

图 4-22 是探测酒精蒸气实验系统总体架构设计。系统采用自制的控制器来控制激光器温度并提供驱动电流；采用的 DFB 半导体激光器，中心波长为 7180cm^{-1}；激光器被 500Hz 锯齿波调制，其输出波长被控制在 7177-7184cm^{-1}范围，可以覆盖酒精在该处的特征吸收峰。调制后的激光光束由准直透镜发射，穿过 25cm 长吸收池后由 InGaAs PIN 探测器接收。探测器的信号经过放大后由数据采集卡（12bit，250kHz 采样率）采集，采集得到的信号送入工控机或者微处理器进行处理。根据算法模型编写的系统软件可以进行实时浓度反演。

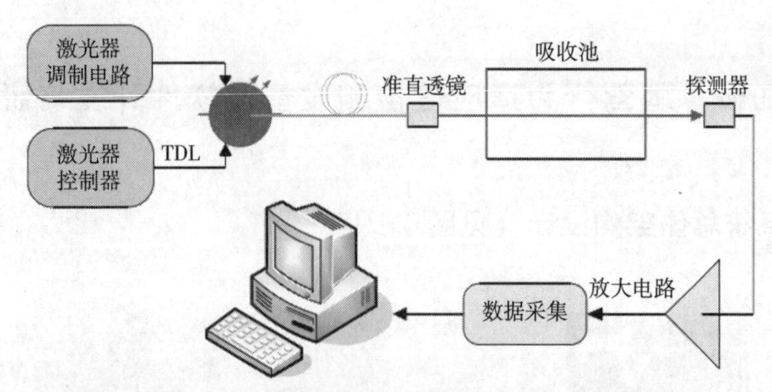

图 4-22 探测酒精蒸气实验总体架构设计

通过激光调制电路和控制器将激光器发出的光波调制在控制范围之内，准直透镜提高光的聚合度，屏蔽外界干扰因素的影响。激光通过含有酒精分子的空气进入激光探测器，探测器将光谱转换成电压信号送至放大和采集电路。经过图 4-23 的算法反算出空气中酒精分子的含量，判断是否有酒驾行为的发生。

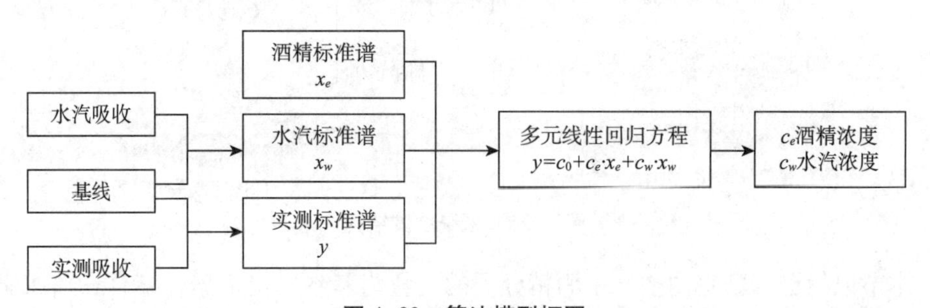

图 4-23 算法模型框图

根据 Lambert-Beer 定律，发射端强度为 I_0、频率为 ν 的单色激光，通过长度为 L 的吸收介质后，在接收端测得的光强为 I，由于分子吸收而产生的吸收截面 $K(\nu)$ 与光透过率 $T(\nu)$ 可由下式表示：

$$T(\nu)=I/I_0=\exp[-\alpha(\nu)]=\exp[-K(\nu)P_0CL] \quad (式 4-1)$$

对式 4-1 取对数，可得吸收系数 $\alpha(\nu)$：

$$\alpha(\nu)=-\ln(I/I_0)=K(\nu)P_0CL \quad (式 4-2)$$

式 4-2 中 P_0 为压强，C 为分子的平均浓度，CL 是积分浓度。若 $c(x)$ 为点 x 处的浓度，则

$$CL=\int L_0 c(x)\mathrm{d}x \quad (式 4-3)$$

酒精分子在 7177－7184cm^{-1} 处存在一个相对较窄的吸收峰，半高半宽为 1.3cm^{-1}，尽管比一般的吸收线要宽很多，但仍可以作为酒精分子的鉴别信息。但在此波段附近为 OH 基团的泛频吸收区，空气中水分子同样存在强吸收。对于多种气体吸收共存问题，测量到的总吸收光谱是多种气体吸收的叠加。因此可以采用多元

线性回归方法，通过测量不同分子的标准吸收谱，对测量光谱建立多元线性回归方程，据此解析出相关成分的量。依据上述原则建立如下回归方程：

$$y = c_0 + \Sigma i c_i x_i \quad （式 4-4）$$

式 4-4 中，y 为测试光谱，i 代表不同的分子，x_i 为第 i 种分子的吸收标准谱，c_i 表示第 i 种分子对总吸收的贡献，c_0 代表一个偏移量。对于空气环境的计算表明，除了水汽，其他气体的吸收都相对很小（比水汽吸收小几个量级），因此这里忽略其他气体的影响，从而式 4-4 可简化为：

$$y = c_0 + c_w x_w + c_e x_e \quad （式 4-5）$$

式 4-5 中下标 w 和 e 分别代表水汽和酒精蒸气。由于分子吸收线线强是温度的函数，线型也与压力有关，所以建立多元线性回归方程的前提条件是环境因素相同，即在相同的压力和温度下进行测量。考虑到实际中大气压力的变化范围较小，一般小于 0.1%，因此可以忽略压力变化对谱线展宽的影响。

三、软件流程设计（见图 4-24）

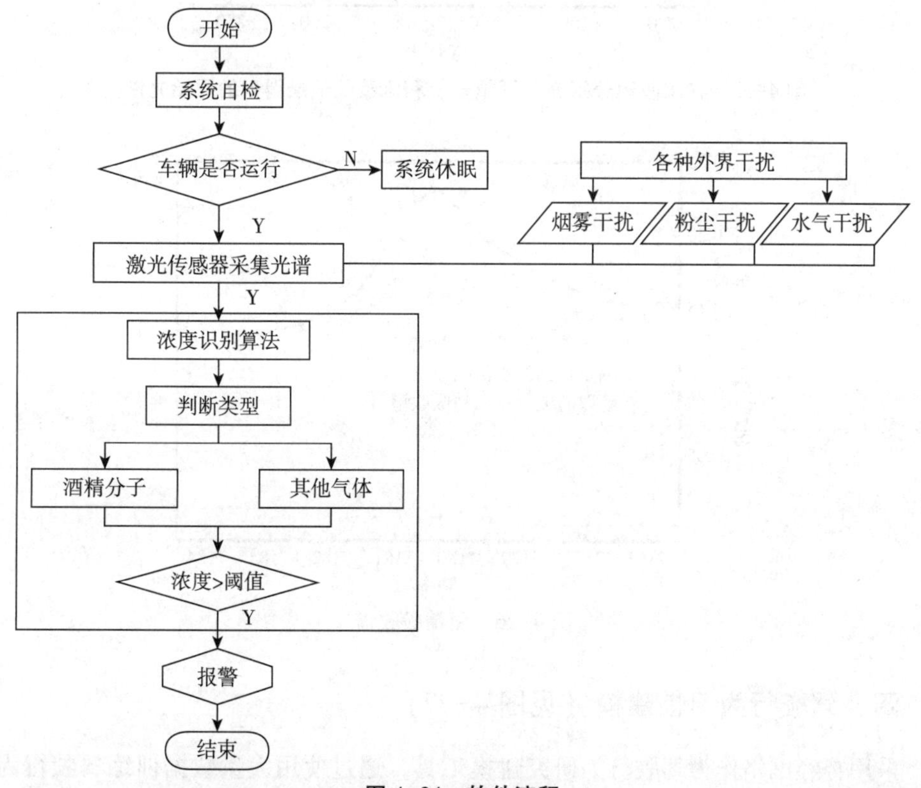

图 4-24 软件流程

根据多元线性回归算法，首先需要获取酒精和水汽的标准谱线 x_w 和 x_e。通过测量空气中水汽很容易获得水汽标准谱，但酒精蒸气的标准吸收谱线的获取要相对复杂。图 4-25 类似的原始光谱被用作获取酒精的谱线，并采用酒精蒸气光谱的获取方法得到图 4-26 中的酒精标准谱。图 4-26 中曲线 1 为实验记录的含有少量水汽的酒精吸收谱，曲线 2 为用吸收池记录的纯水汽的吸收谱，曲线 3 为获取的酒精蒸气吸收谱线。获取的曲线 3 可作为酒精的标准吸收谱用于酒精浓度反演。

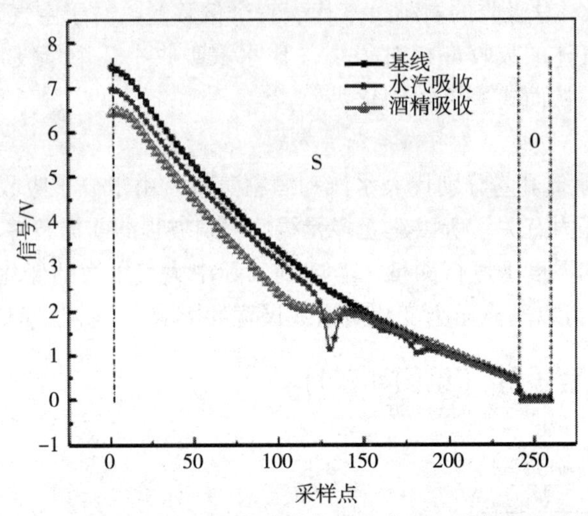

图 4-25　在吸收池分别充入酒精蒸气和水蒸气记录得到的原始光谱

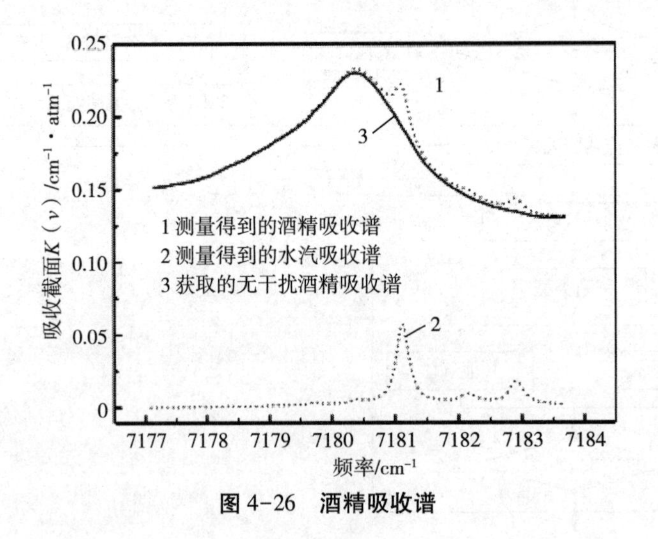

图 4-26　酒精吸收谱

四、驾驶行为习惯建模（见图 4-27）

采用神经网络作为驾驶行为研究建模工具，通过使用大量数据训练驾驶行为判别模型，实现对驾驶行为的端到端检测（一端为三轴加速度传感器输出，另一端为驾驶员驾驶状态）。

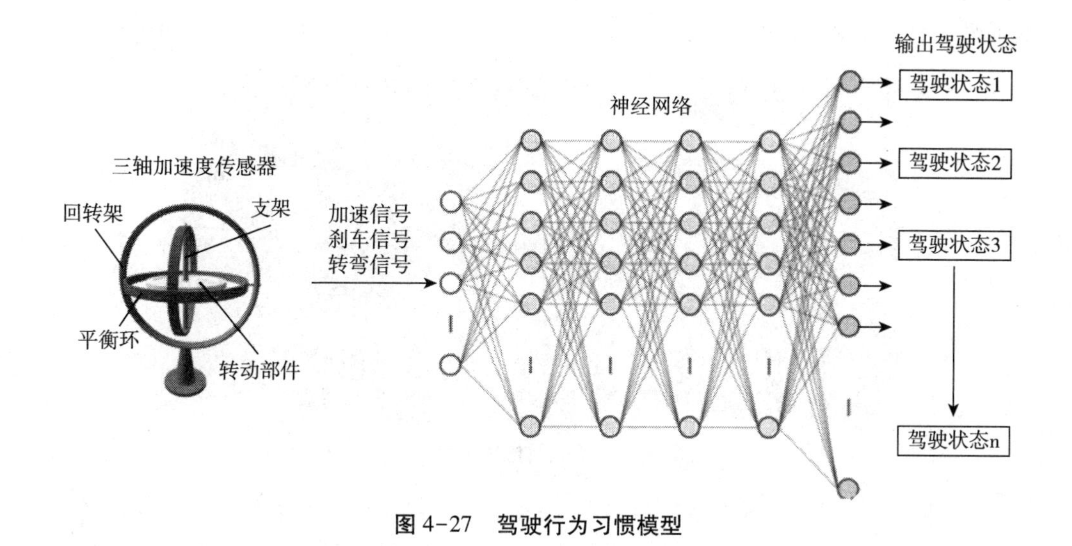

图 4-27　驾驶行为习惯模型

五、网络存储及传输

酒驾信号产生后，通过 RS485 总线连接至车载网络终端，如行车记录仪、车机、车载 3G 终端、车载智能一体化终端等设备。设备会根据商定的协议将酒驾信号传送至后台服务器端。服务器端设有多路 socket 接收模式，将接收到的消息存入本地 mySQL 数据库中。在此基础上，外围应用可以添加完善管理机制，如业务管理、数据分析、系统管理、权限分配等，并将获取的数据通过看板的模式展示出来，达到远程监控的目的（见图 4-28）。

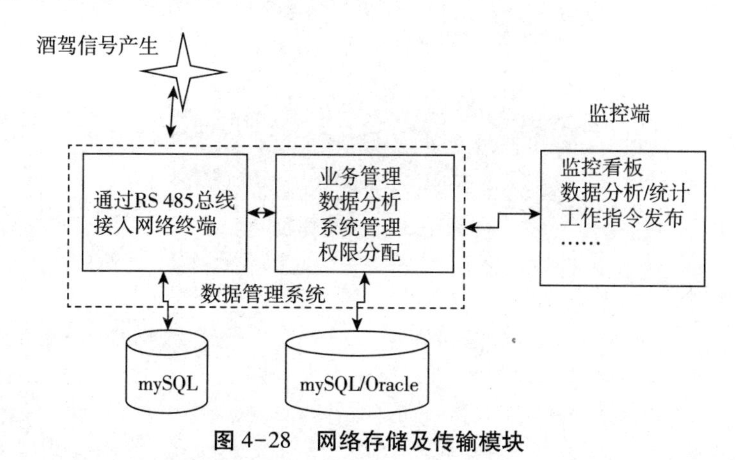

图 4-28　网络存储及传输模块

六、机械结构设计及样机研制

针对“在烟雾浓度较低的情况下，如在驾驶员开窗抽烟的情况下，检测效果变弱”和“设备为带有一定栅格的密封盒子，烟雾和酒精分子较难进入盒子内部，即流通性欠佳”，设计采用微型散热扇抽风式设计，增强空气流通性（见图 4-29）。

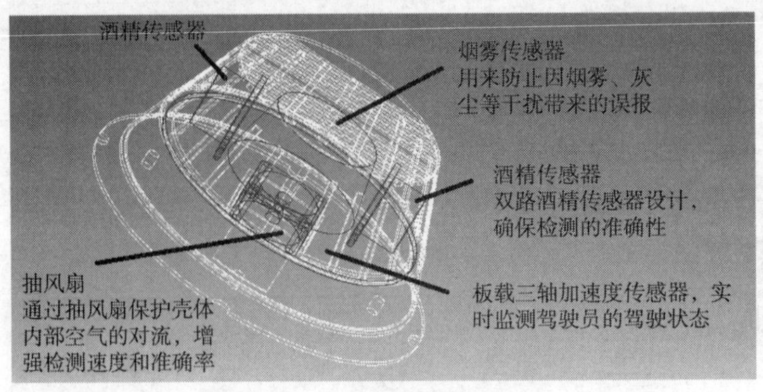

图 4-29 机械及电路结构设计

根据上述原理研制的系统样机见图 4-30，弥散在空气中的酒精分子通过滤网进入设备内部，传感器采集序列的光谱信息，微处理器调用酒精浓度计算算法实时计算酒精浓度，当超过规定的阈值后，报警提醒。样机灵敏度高，同时可以排除烟雾、水汽等因素的干扰。

图 4-30 系统样机

第五章 毒驾问题及其防控对策研究

第一节 毒驾问题现状及实践分析

一、毒驾现状（以贵州省某县为例）

近年来，贵州省驾驶员数量不断增加，车辆管理中心无法确定每一名申请驾照者是否有吸毒史，要求申请人到禁毒部门开相关证明在现实中难以操作，医院体检工作也没有针对性地进行吸毒检测，致使越来越多的吸毒者持有驾驶证。因此吸毒驾驶的人数在吸毒人员中所占的比例逐年增大，由此导致吸毒肇事的数量有增无减，本地交管部门处理毒驾案件数量也是一路飙升。究其根本，源于吸毒群体逐渐庞大，吸毒人员数量逐年增加。而吸毒“队伍”的不断壮大则源于毒品本身的巨大“魅力”及为索取利润无孔不入的毒品犯罪。

《资本论》中有言：“如果有适当的利润，人就胆大起来……为了百分之一百的利润，人就敢践踏一切法律；如果有百分之三百的利润，人就敢犯任何罪行，甚至冒着被绞首的危险。”种植罂粟相对于种植农作物来说十分容易，利润巨大，而罂粟的提炼产物罂粟碱、可卡因、海洛因、吗啡等均是现代毒品的主要来源。贵州，作为制毒产地“金三角”毒品销往国内外的“咽喉”，因其地理位置及历史等原因，有着吸毒人员数量多、基数大的特点，这也就导致了吸毒驾驶行为的猖獗与吸毒肇事案件的飙升。为深入了解贵州毒驾现状，弄清毒驾与交通事故的关联性，笔者对贵州主要市区，如贵阳、毕节等地展开实地调查。贵州省、市交通管理部门和禁毒局等相关权责部门也给予了大力支持，提供了贵州省、市公安交通信息，贵州省、市驾驶员信息，贵州禁毒工作信息等，以便更好地完善调研数据。

以贵州省贵阳市某县2004年至2015年毒驾人员的基本信息为依托，涉及本次调查内容的共计1747人。在这1747人当中，共发现因毒驾被录入信息的人数共计611人。由此可知，毒驾人员占调查总人数的34.97%。针对这611名毒驾人员进行的信息数据分析，也是对毒驾现状的具体阐释。

二、毒驾车辆类型分析

（一）涉毒驾驶车辆类型多样

毒驾所涉及车辆不仅仅限于家庭轿车，更有营运型客车与货车，甚至特殊功能用车。具体涉及车辆类型有：货运类主要是大型货车；客车类主要涉及的类型是中型客车；小型汽车（多为家庭使用）；摩托车类涉及的车辆类型为二轮摩托车与普通三轮摩托车；牵引车及其他无具体分类的车辆。

（二）毒驾车辆类型较多为小型汽车牵引车、与大型货车

1. 车辆正常使用状态下不同车辆类型毒驾人数（见表5-1）。

表5-1　车辆正常使用状态下不同车辆类型毒驾人数

车辆类型	人数
大型货车	19
二轮摩托车	2
牵引车	29
三轮摩托车	3
小型汽车	79
中型客车	3

2. 车辆驾驶证被注销状态下，不同车辆类型毒驾人数（见表5-2）。

表5-2　车辆驾驶证被注销状态下不同车辆类型毒驾人数

车辆类型	人数
大型货车	67
二轮摩托车	2
普通三轮摩托车	2
牵引车	140
三轮摩托车	7
小型汽车	136
小型自动挡汽车	1
中型客车	28
其他	28

3. 其他状态下，不同车辆类型毒驾人数（见表5-3）。

表5-3 其他状态下，不同车辆类型毒驾人数

状态	车辆类型	人数
超分	小型汽车	1
到期未换证	普通三轮摩托车	1
期满未注销	中型客车	1
死亡	牵引车	1
锁定	中型客车	1
违法未处理	三轮摩托车	3
	小型汽车	15
	其他	2
违章未处理	小型汽车	1
逾期未核证	牵引车	1
逾期未换证	大型货车	2
	牵引车	3
	三轮摩托车	1
	小型汽车	1
逾期未审核	牵引车	1
逾期未审验	大型货车	3
	小型汽车	1
	中型客车	1
注销可恢复	大型货车	1
	牵引车	2
	小型汽车	1
	其他	1
转出	其他	1

（三）毒驾车辆类型集中原因分析

1. 小型汽车家用普及率高。在毒驾被查处车辆类型当中，小型汽车数量最多，原因是近年来我国汽车行业快速发展，小型汽车有较高的普及率。从《中国汽车行业发展趋势分析报告》的内容来看，2005 年我国民用汽车保有量为 3159. 66 万辆，其中小型和微型车（微型车与乘用车统计口径大致相当）保有量共计 1918. 67 万辆。如果按城镇居民拥有量占总量的 80%计算，城镇居民乘用车保有量大约为 1535 万辆，由此得出城镇居民小汽车普及率为 8. 19%。在汽车达到 20%的家庭普及率这

一重要关口后，汽车行业发展要经过两年左右的调整，然后进入第二浪的高增长期，“十二五”和“十三五”成为中国汽车工业发展的黄金十年。2011 年前后中国汽车工业进入规模化的高成长期，中国城镇家用汽车普及率由 20%提高到 60%。

因较高的汽车普及率，小型汽车的价格也在原来低价的基础上更加亲民，城镇居民有经济能力进行购买，小型汽车也因此成为我国民众出行的主要工具。相对于营运的客车、货车或者其他特殊功能用车来说，小型汽车是道路交通领域里的主要组成部分。可想而知，吸毒人员也需要家庭用车，那么小型汽车被查到毒驾数量较其他类型车辆数量多也就合情合理了。

2. 货车、牵引车司机毒驾的多重原因。除了小型汽车被查到较多数量的毒驾之外，货车与牵引车被查到毒驾数量也非常惊人。因为就目前来说，我国对于毒驾的相关查处机制尚不完善，对于查处毒驾并非常态化规定。除此之外，这些营运类驾驶员吸毒的背后还有其他多重原因。

（1）从货车、牵引车驾驶员主观上来看，其对毒品有着错误的认识。通过贵州贵阳某县的交警队得知，被查出的货车、牵引车驾驶员毒驾的主要目的多为提神。他们通常用烤火的办法自制冰壶吸食毒品，认为这样可以在长途运营或者高强度作业中精力充沛，用最短的时间跑更多的工作量，完成高额工作指标，获得更高的劳动报酬。并且大多数毒驾货运驾驶员或者牵引车驾驶员并不知毒品危害，而是将毒品“药物化”，反复吸食，没有丝毫防范意识。

（2）货车、牵引车驾驶员对毒驾被查抱有侥幸心理。部分吸毒驾驶员认为，当前公安机关仅仅对酒驾进行专项整治，对毒驾的查处却没有较大力度。并且毒驾具有隐秘性的特点，交警在检查中单靠观察难以判断其是否吸毒。只要自己不喝酒，神色坦然地接受交警的询问等例行检查，就很难被查处为毒驾。除此之外，就算被查处到了毒驾，违法成本却不高，只要未造成其他严重后果，只能依照《禁毒法》《治安管理处罚法》等对驾驶员毒驾行为进行处罚。低犯罪成本，高毒品享受促使大货车、牵引车驾驶员毒驾行为屡见不鲜。

（3）营运老板背后逼迫驾驶员吸毒行为较为普遍。近年来货运行业趋于饱和，在行业压力下，运营公司老板为追求最大利润，不断给货车驾驶员们下达指令，让他们必须用最短的时间拉完一趟货，以便不断压缩运营成本。甚至一趟长途货运只配一个驾驶员，只为节省开支，在行业中能够继续立足。

（4）毒贩无孔不入。得知此运营行业的这一特性，毒贩就会专门等在一些国道、省道停车休息站，加油站，便利店等地方向货车驾驶员兜售毒品。并且，不断宣称吸食少量毒品不但不会给驾驶员身体带来多大的危害，而且还可以让驾驶员在开车时候更有精神，开得更快，让长途货车司机对毒品陷入更深的错误认识。

三、毒驾人员年龄分析

（一）驾驶证能够正常使用状态下毒驾人数（见表5-4）

由此可见，每个年代所占比重分别为0.327%、2.13%、9.82%、9.66%、1.8%，二十世纪七八十年代（以下简称七八十年代）吸毒人员拥有有效驾照的数量最多。

表5-4 驾驶证能够正常使用状态下毒驾人数

状态	出生日期	人数
正常	1950-1959	2
	1960-1969	13
	1970-1979	60
	1980-1989	60
	1990-1999	11

（二）驾驶证被注销状态下毒驾人数（见表5-5）

由此可见，每个年代所占比重分别是0.164%、5.4%、28.8%、27.66%、5.074%，与表5-4展现结果一样，每个年代都存在毒驾人员，同样七八十年代驾驶证被注销人数仍为最多。

表5-5 驾驶证被注销状态下毒驾人数

状态	出生日期	人数
注销	1950-1959	1
	1960-1969	33
	1970-1979	176
	1980-1989	169
	1990-1999	31

（三）驾驶证其他状态下毒驾人数（见表5-6）

由此可见，除驾驶证处于超分与到期未换证有九十年代年龄层的人员存在外，其他驾驶证状态人员年代分布仍是以七八十年代为主。

表5-6 驾驶证其他状态下毒驾人数

状态	出生日期	人数
超分	1990-1999	1
到期未换证	1990-1999	1

续表

状态	出生日期	人数
期满未注销	1970-1979	1
死亡	1980-1989	1
锁定	1970-1979	1
违法未处理	1970-1979	7
	1980-1989	7
	1990-1999	6
违章未处理	1990-1999	1
逾期未核证	1970-1979	1
逾期未换证	1970-1979	4
	1980-1989	3
逾期未审核	1970-1979	1
逾期未审验	1980-1989	5
注销可恢复	1970-1979	2
	1980-1989	3
转出	1980-1989	1

（四）毒驾年龄层集中的原因分析

1. 七八十年代我国毒品泛滥不可控。鉴于鸦片战争的惨痛教训与新中国成立初期旧社会遗留毒品问题的严重性，政府为了实现让毒品从中国彻底消失的宏大目标，特别颁发了《关于严禁鸦片烟毒的通知》，并在全国范围内开展禁烟禁毒运动。在最初几年，我国在毒品防控方面取得了较为突出的成绩，在一定程度上打击了毒品犯罪，初步控制了吸毒人数。但因国际贩毒活动的渗透，毒品的走私、贩卖行为猖獗，国内有“地理优势”的省份大量秘密种植罂粟，并形成制毒、贩毒产业链条，较多毒品原材料加工厂点也“应运而生”。在七八十年代，尤其是自八十年代以来，毒品又在我国扎根发芽，甚至“开花结果”。1989 年较 1988 年，仅仅一年的时间，有关部门查获的鸦片数量就增加了 12.6%，而海洛因的情况更为严重，增加了 177%。而 1990 年较 1989 年，毒品增加了 191%，海洛因增加了 234%。①

2. 七八十年代西南地区毒品犯罪猖獗。作为制毒主要产地的“金三角”，主要是以泰国、缅甸、老挝三国毗邻的三角地带。其每年生产大量的毒品需要输送给全国各地，所以毒贩在巨大利润的驱使下，无论毒品犯罪的成本有多高，都会想办法

① 欧阳涛，柯良栋．吸毒、贩毒现状分析．社会学研究，1993（3）：62-68.

为销售毒品、获取利益而去开拓新的销售途径。[1] 其中的一条从云南下关到丽江，再到渡口，再由渡口到成都的路线，就是这些贩毒分子在我国境内开辟出的贩毒路线。贵州，在地理位置上属于我国的西南部，虽然不属于贩毒路线上所涉及的直接地点，但却是以云南为制毒、贩毒中心的西南、华南毒品犯罪高发地的主要省份。我国的这方西南土地已呈现国际化贩毒特征，每年的毒品犯罪案件在全国毒品案件数量中占有较大比重，最高的比重有95%以上。[2]

3. 七八十年代吸毒场所多样化。除上述原因外，七八十年代正是我国经济大力转型期。通过改革开放，我国变计划经济为市场经济，这种经济制度解放了大量的生产力。贵州省本地的经济发展模式也随之有了相应的转变，第一产业比重迅速下降，第三产业迅速增长，与全国平均增长速度持平。直至2007年，贵州的第三产业增长速度已经超越了全国的平均增长速度。本来是发展当中的头等喜事，却被毒品“借了东风”。第三产业中的商业、饮食业、各类技术服务部门等都被毒品钻了空子，或者说违法犯罪行为人利用改革发展的势头，为赚快钱不惜违反法律，将此变为吸毒人员的“天堂”。这些吸毒场所又以正常行业为保护色，具有类型多样化、数量多、隐秘性强等特点，给贵州的禁毒工作带来了很多麻烦。看似正常营业的宾馆酒店、洗浴中心、歌舞厅等场所，其真实面目可能就是供人吸食毒品的“乐园”。

四、毒驾人员性别分析

收集的毒驾总人数为611人，对此数量人群进行性别分析，其中男性有577人，女性有34人。男女比例分别为94.44%、5.56%。具体数据展示如下：

（一）驾驶证正常使用状态下毒驾人员性别分布（见表5-7）

表5-7 驾驶证正常使用状态下毒驾人员性别分布

状态	性别	人数
正常	男	128
	女	17

（二）驾驶证被注销状态下性别分布（见表5-8）

表5-8 驾驶证被注销状态下性别分布

状态	性别	人数
注销	男	396
	女	15

① 钟岩. 新时期中国毒品禁而不绝的原因及对策探析. 行政与法（吉林省行政学院学报），2005（7）：69-71.

② 朱俊强. 当代中国毒品犯罪群体之分析与社会控制. 江苏社会科学，1996（1）：127-132.

（三）其他状态下毒驾人员性别分布（见表5-9）

表5-9　其他状态下毒驾人员性别分布

状态	性别	人数
超分	男	1
	女	0
到期未换证	男	1
	女	0
到期未注销	男	1
	女	0
死亡	男	1
	女	0
锁定	男	1
	女	0
违法未处理	男	18
	女	2
违章未处理	男	1
	女	0
逾期未换证	男	8
	女	0
逾期未审验	男	5
	女	0
注销可恢复	男	5
	女	0
转出	男	1
	女	0

（四）毒驾男女性别比例悬殊原因分析

1. 驾驶员男女性别构成比例悬殊。截至2014年年底，从驾驶员性别构成看，男性驾驶人2.3亿人，占76.52%；女性驾驶人7092万人，占23.48%。毒驾人员有“毒”还要有“驾”，也就是其除了吸毒人员的身份之外，还要求有驾驶员身份。现不考虑驾驶员身份取得原因，驾驶员与吸毒人员确实存在交集，而毒驾人员属于驾驶员这一集合里，驾驶员性别构成相对来说就会影响毒驾人员的性别构成。即男性驾驶员当中包括男性毒驾人员，女性驾驶员当中包括女性毒驾人员，而男性驾驶员数量又是女性驾驶员数量的3.24倍，那么男性毒驾人数比女性毒驾人数就具有更大可能性。

2. 男性较女性具有更强的毒品购买力，导致男性毒驾人员占比巨大。毒驾的前提是毒，而毒品对于普通吸毒人员却是昂贵的。毒品本身的生产成本有限，但通过众多国际、国内毒贩的运输、倒卖等行为，“金新月”地区的高纯度毒品，在境内经过十倍甚至更多倍数的稀释，转手再以每克高价卖出，毒贩的利润空间大幅度提升，那么反过来吸毒人员购买毒品的成本也就大大被提高了。面对毒品买卖的现状，较强的经济实力就变成了吸食毒品的硬性条件，这无论在哪个国家都是不争的事实。

鉴于我国国情可知，无论如何提倡男女平等，男性仍较女性有更多的就业机会。吸毒人员较为集中的职业分别为农民、工人、个体经商者、无业人员、服务业人员。因男性身体条件较女性要好，类似于重体力活、高危工作等，女性因自身条件限制均无法胜任，这就出现了男性较女性更有赚钱能力，也就更可能地享有更高的经济地位，拥有更强的经济实力，也就意味着男性较女性有更强的毒品购买力。为使文字说明更具有说服力，特引用有关学者对福州吸毒女性的调查数据，该数据显示，有52.2%的女性吸毒者没有一定的经济收入，依靠父母、丈夫或男友生活，或是虽然有工作，但工资较低，经济上无法完全独立。[①] 因此，一旦染上毒瘾后，她们无力承担昂贵的毒资。45.6%的被调查者的毒资来源于丈夫或男友，12%的人是父母给的零用钱，只有15.6%的人是靠自己的工资收入，还有一部分人则是通过从事非法活动获得的。[②] 通过数据的列出，可以将两性在毒品的购买力上有更直观的展示，男性的购买力强于女性，因此男性也就更方便地接触毒品，从而毒驾。

3. 女性吸毒人员对男性的依附性较强。之所以做出此种结论，是因为笔者认为女性在最初接触吸毒，与之后持续吸毒方面上，对男性有明显的依赖心理与依附表现，这里的男性不仅仅指丈夫。据有关调查可知，女性在初次接触毒品的来源方面上，主要存在两种途径，要么来源于朋友，要么来源于配偶。而从毒品来源的性别上进行分析，女性第一次吸食的毒品来源于异性的几乎占了所有女性吸毒人员数量的三分之二，这是女性在最初接触毒品时对男性的依赖。

女性要想在之后的岁月里能够持续吸食毒品，就需要有经济支撑，这也就出现了女性在另一方面对男性的依赖。鉴于大多数女性的经济实力比男性的经济实力差，成为吸毒人员之后，因对毒品的购买会使吸毒女性原本的生活变得拮据，甚至达到捉襟见肘、入不敷出的程度。女性吸毒人员大部分人因学历低，没有较强的工作能力而只能在洗浴中心、KTV、酒店等服务性行业工作，收入微薄，她们中的绝大部分人，会因此产生自卑情绪。因为吸食毒品使得吸毒女性与他人有更大的贫富差距，由此带来的不平衡心理就会使她们变得急于求成，找人依附，失去独立人格，成为奴隶。而女性接触毒品的来源大多是男性，不排除女性在今后吸食毒品上也继续依

---

① 陈沙麦，朱萍．社会转型期福建省女性吸毒的调查报告．福州大学学报（哲学社会科学版），2008（4）：41-49.

② 朱萍，陈沙麦．福建省吸毒群体的性别差异比较．中华女子学院学报，2008（5）：59-64.

附男性朋友或者配偶的巨大可能性。如此强度的依附性，也就导致吸毒女性在男性群体面前的弱势地位，其本身也会受到男性极大的不尊重与不认可。因此可以大胆推断，即使吸毒女性与男性是朋友关系或者夫妻关系，也相对缺少独立的经济实力跟独立的人格。那么联系毒驾方面，即使女性吸毒人员与男性是朋友关系或者夫妻关系，女性吸毒人员也很少有可能独立拥有属于自己名下的车辆，在共同出行时，也较少能够拥有家庭车辆的驾驶权，这也就成为毒驾人员中女性人数较少的一部分原因。

五、吸毒与驾驶的相关性分析

我国交通管理部门要求我国所有驾驶员都应当进行安全驾驶，先抛开毒驾不说，如果行为人患有的疾病存在妨碍安全驾驶的可能性，那么该行为人就不能够被允许驾驶机动车；如果行为人处于疲劳状态，那么其也同样不能够享有驾驶权利；如果行为人有饮酒、服用了国家管制的精神类药品或者麻醉类药品，那么其驾驶机动车辆的行为也同样被禁止。这是为了能够确保不特定多数人的生命、财产安全，而在法律上对驾驶员进行的严苛要求。

结合毒驾，如果该驾驶员是未戒掉毒瘾的患者，那么在驾驶车辆的过程中就可能存在因毒瘾发作而产生的对道路上车辆、行人生命、财产安全的隐患，严重情况下会造成不同程度的交通事故，重大的财产损失，甚至会出现他人死亡的严重后果；如果该行为人是正在使用毒品的驾驶员，那么他的驾驶行为也同样具有较强法益侵害性。原因是，在驾驶过程中，驾驶员精力的高度集中是不可缺少的必要因素。比如，在高速公路路段，因为驾驶员精神不集中就可能发生连环追尾，最终导致车毁人亡。更何况驾驶员吸食了毒品，会出现反应迟钝（吸毒后人的反应时间比未吸毒人的反应时间慢 21%）、妄想、幻觉等症状，最后使其驾驶车辆脱离现实路况，意识甚至行为出现完全失控。① 由此可知，无论是喝酒还是吸毒，都被尽可能地排除在驾驶行为之外，但逐年增长的吸毒肇事案件却证明吸毒与驾驶之间存在些许必然联系。

任何事物都不可能孤立存在，都同其他事物处于一定的相互联系之中。而事物的联系又是普遍存在且多种多样的，那么观之毒驾，其实质就是毒与驾的联系。再具体来讲，就是吸毒行为与驾驶行为的联系。通过本节第一部分的数据分析（下文将 611 名毒驾人员数量等同于在 1747 名普通大众当中存在的吸毒人员数量），以及即将展示的表格数据的统计与分析，厘清吸毒行为与驾驶行为的关联性。了解毒驾产生的原因，从而更好制定出防控毒驾的方法，保护交通领域中不特定多数人的生命健康权、财产权等权利。

（一）吸毒人员数量与机动车保有量呈现相同增长态势

因是对毒驾方面的研究，所以在数据选择时排除了对全国汽车保有量（一个地区拥有车辆的数量，一般是指在当地登记的车辆）的数据收集，而选择研究全国机

① 闫惠，崔艳华，王元凤．毒品对于驾驶行为影响的研究进展．中国司法鉴定，2015（1）：37-41.

动车保有量（内燃机车，主要包含摩托车、汽车、货车，不包含电动车，在某地区的总量）的增长情况。对我国机动车保有量的数据查询可知：2007 年全国机动车保有量为 15980 万辆，2008 年 3 月，全国机动车保有量就已经超过了 16000 万辆，而到了 2009 年全国机动车保有量更是达到了 18658 万辆。2010 年全国机动车保有量增长速度也并未减慢，增至 19006. 2 万辆，到了 2011 年全国机动车保有量就已经接近 20000 万辆，直至 2012 年，全国机动车保有量达到 22382. 8 万辆。①

对国家禁毒委发布的我国登记在册的吸毒人员数量进行的统计可知：2007 年至 2010 年全国登记在册的吸毒者总人数从 100 万人增至将近 150 万人，到了 2011 年，全国登记在册的吸毒者总人数约为 155 万人，而到了 2012 年全国登记在册的吸毒者增速变快总数竟达到 209. 8 万人。

通过上述两项指标在这五年内（从 2007 年到 2012 年）的数据变化可知，全国机动车保有量跟全国登记在册的吸毒者人数呈现有相同的增长态势。这也就意味着，全国机动车保有量不但与城市路网容量的承载能力状态（道路拥堵、行车环境等状况）、交通事故发生数量变化、空气质量好坏等指标变化有关系，还与全国吸毒人数有同步增长的趋势，其实质证明了吸毒行为与驾驶行为的融合更加紧密。因此随着我国机动车保有量的逐年增加，我国登记在册的吸毒人员数量的逐年增加，道路领域中的驾驶安全更应当受到重视。用谨慎的态度对待吸毒与驾驶之间的关系，结合机动车保有量的预警机制，更有针对性地控制毒驾现象的出现。

（二）吸毒人员与驾驶人员年龄构成相契合

将本节第一部分中的毒驾人员年龄分析进行数据汇总可知，不考虑驾驶状态如何，只统计毒驾人员在某一年龄阶段产生的人数（不展示无数据统计的年龄阶段）。最终得出出生日期在 1950 年至 1959 年的共计 3 人；出生日期在 1960 年至 1969 年的共计 46 人；出生日期在 1970 年至 1979 年的共计 258 人；出生日期在 1980 年至 1989 年的共计 253 人；出生日期在 1990 年至 1999 年的共计 51 人。由此可知，毒驾人员的出生日期大多集中在 1970 年至 1989 年，其次是出生日期在 1990 年至 1999 年，也就是说吸毒人员大多属于七八十年代的人，部分为九十年代范畴，即年龄在 25 岁至 51 岁的人群。而我国驾驶员年龄主要集中在 26 岁至 50 岁，这就意味着，吸毒人员的年龄构成与驾驶人员的年龄构成相契合。

从本质上来分析两数据关系，这些数据可以表明：吸毒驾驶事故肇事者的年龄均属于两类人群交叉区间内。那么随着机动车的进一步普及和社会节奏的不断加快，我国掌握驾驶技术并驾驶机动车上路的人群年龄范围将会扩大，进而深化吸毒与驾驶的交叉融合。② 这一结果也证明了有关权责部门需要投入时间与精力，为保道路

---

① 王若素，肖寒，白涛，王燕军，钱立运．全国机动车保有量——《2013 年中国机动车污染防治年报》（第Ⅰ部分）．环境与可持续发展，2014（1）：88-90.

② 李文君，续磊．论道路交通安全领域中的吸毒驾驶行为．中国人民公安大学学报（社会科学版），2010（4）：143-151.

交通领域中的生命、财产安全，防控毒驾是必要手段。

（三）吸毒人员与驾驶人员性别构成比例相似

从关于毒驾人员的性别分析中可知，毒驾人员中，男性毒驾人数较女性毒驾人数多了 543 人，男女毒驾人数占总毒驾人数的比例差距甚大，男性毒驾人数占毒驾总人数的 94.44%，女性毒驾人数占比 5.56%。此数据可视为在 1747 名人员当中存在有 611 名吸毒人员的数据。也就意味着在吸毒人员中，男女性别比例悬殊，男性占比较大。

这一点也同贵州省，甚至全国驾驶员的性别比例相似，即在贵州甚至全国范围内，男性驾驶员人数就是比女性驾驶员人数多，因此也就出现了男性驾驶员数量占总驾驶员人数的比例较女性驾驶员的占比大更多的结果。有关数据显示，截至 2014 年年底，我国机动车驾驶员数就突破 3 亿人，男性驾驶员共 2.3 亿人，占我国机动车驾驶员总数的 76.52%，而女性驾驶员虽然每年都较上一年有或多或少的增长，但仅达到 7092 万人，占我国机动车驾驶员总人数的 23.48%。由此可以看出，毒驾人员中男女毒驾人员所占比例悬殊，正常驾驶人员中也是男多女少，两者在性别比例上具有相似性。

（四）吸毒人员有较多的驾车违规行为

毒驾造成的交通事故不容小觑，仍以调查的贵州省贵阳市某县 1747 人为总基数，在吸毒人员总计为 611 人的数据基础上，对在驾驶行为中有过违章驾驶行为的人员及其违章次数进行数据统计。

1. 按状态与违章次数统计。若不考虑驾驶状态，在 611 人当中，共有 363 名吸毒人员曾经有过违章驾驶记录。吸毒人员中的违章人数占吸毒总人数的 59.41%。进一步分析可以得出：在驾驶证正常使用的前提下，违章人数共计 80 人，违章次数为 1700 次，相当于平均每人违章 21.25 次，那么根据下表列出的，在其他驾驶状态（如注销、锁定、逾期未审核等）数据中，可以得出平均每人违章次数最高为 53.6 次（逾期未换证情况下）（见表 5-10）。吸毒行为大大增加了不稳定驾驶及驾车违规行为出现的可能性。

表 5-10 吸毒人员驾驶证状态与违章次数统计

驾驶状态	违章人数	违章次数
正常	80	1700
注销	242	5011
超分	1	49
期满未注销	1	3
锁定	1	3

续表

驾驶状态	违章人数	违章次数
违法未处理	16	256
违章未处理	1	11
逾期未核证	1	11
逾期未换证	5	268
逾期未审核	1	33
逾期未审验	4	192
注销可恢复	4	73
转出	1	3
其他	5	111

究其根本，主要原因在于毒品对身体的危害性以及吸毒人员较少的社会责任心。毒品对吸毒人员身体的影响会直接影响其驾驶行为，身体因毒品所出现的不良反应，在道路交通领域中更会被无形放大，不单单是其自身的健康得不到保障，也使道路交通领域中不特定多数人的生命、财产安全存在被侵害的巨大可能性。有些毒品被吸食之后，可能出现致幻反应，片刻的意识模糊会对驾驶员及道路交通领域中的其他人产生致命危害。这么多次数的违章记录，象征着数次对道路交通领域中的生命、健康权、财产权不同程度的侵害，但也为今后交通管理部门防控毒驾起到了很好的警示作用，即排查不再是大范围的、盲目的，而是可以将防控毒驾的重点转移到违章次数较多的驾驶员身上。这样就在无形中增加了排查的准确性与防控毒驾成功的可能性。

吸毒人员除了是对自己身体的不负责，其出现的驾驶行为也是其社会责任感的严重缺失。根据实际发生的案例分析可知，驾驶员毒驾之前都会预料到毒品影响驾驶的情况可能出现，也就是说公众对于驾驶员的选择是有期待可能性的。但大多数，甚至所有的吸毒驾驶员，其对交通事故或者违章行为持有轻信不可能发生或者能够避免的主观心态。驾车上路，不问结果，增加了毒驾肇祸行为出现的可能性。面对这种心态及欠缺的社会责任感，必须呼吁有关权责部门加大对毒驾行为的处理或者处罚力度，以保大众平安。

2. 按状态、性别统计违章人数、违章总次数。仍以 611 名毒驾人员的数据为基础，表 5-11 是在上一分析的基础上，主要是对吸毒人员在驾驶行为中有过违章记录的性别分类。在不考虑驾驶状态的情况下，在 611 人当中，共有 363 名吸毒人员曾经有过违章驾驶记录，其中男性吸毒人员违章人数共计 350 人，女性吸毒人员违章人数共计 13 人。根据下面数据展示可知：男性吸毒人员平均每人违章次数最高为

53.6 次（逾期未换证的情况下）；女性吸毒人员平均每人违规次数最高为 31.6 次（驾驶证正常使用情况下）。

表 5-11　毒驾人员驾驶证状态、性别及违章人数、次数统计

状态	性别	违章人数	违章次数
正常	男	75	1542
	女	5	158
注销	男	235	4929
	女	7	82
超分	男	1	49
期满未注销	男	1	3
锁定	男	1	3
违法未处理	男	15	250
	女	1	6
违章未处理	男	1	11
逾期未核证	男	1	11
逾期未换证	男	5	268
逾期未审核	男	1	33
逾期未审验	男	4	192
注销可恢复	男	4	73
转出	男	1	3
其他	男	1	13
	女	4	98

究其根本，首先从驾驶人员性别来分析，无论是贵州省还是全国的统计数据中，男性驾驶员的人数均较女性驾驶员的人数多。其次从吸毒人员性别比例来看，也是同样的结果，即男性吸毒人数占吸毒总人数的比例比女性吸毒人数占吸毒总人数的比例大。最后从驾驶员肇事性别比例来看，女性驾驶员“闯祸”比例不到 10%，与女性拥有良好的驾驶习惯有关。女性吸毒人数较男性吸毒人数少，那么被查处毒驾的人数自然也就比男性少，又因为女性吸毒人员多少还保留女性驾驶员天性的特征，较少的事故率与违章记录就得到了相对合理的解释。

但不能否认的是，近些年女性驾驶员的数量在逐年增多，截止到 2014 年，全国的女性驾驶员从十年前的 300 万增至 6059 万，足足增长了 19 倍。吸毒者的数量也呈逐年增加的态势，2015 年女性吸毒人数比 2014 年要增加接近 20 个百分比。因此，也可作出大胆假设，今后道路交通领域中驾驶员的男女比例不变，仍然是男性

驾驶员居多，但不能排除会出现男女驾驶员比例相对均衡的可能性。如果男女驾驶员比例不断缩小甚至不见，对女性驾驶员的毒驾防控也就应当常态化。毕竟女性吸毒人员的违章次数最高平均值也为每人 31. 6 次。这也就意味着，数据的变化会导致执法方向的变化，这就更加突显了数据给工作带来的引导的重要性。

第二节　毒驾问题防控对策

鉴于毒驾的社会危险性与法益侵害性，需要各权责部门制定有效的、常态化的防控管理机制，并且始终保持对毒驾严管高压的态势。主流媒体需担负起一定的社会职责，进行有效宣传。普通民众也应配合交通管理部门，从内心摒弃毒驾行为。

一、确定毒驾防控的原则

（一）吸毒人员申请驾照零容忍

为了确保道路交通领域中不特定多数人的生命、财产安全，只有将毒与驾分离，让毒不能“上路”，在道路交通领域垒好屏障，才是避免不特定人群伤亡、财产损失的首要措施。[①] 相关权责部门必须彻底遵循《机动车驾驶证申领和使用规定》与《机动车登记规定》中关于吸毒人员申请驾照的相关要求，对吸毒人员申请驾照零容忍。上述规定中明确了未戒掉毒瘾的患者与仍在不间断服用毒品的人员不具备申请驾驶证的资格。禁止驾校代办驾照申请，为了能够真正做到让毒不“上路”，就需要堵住申请驾照过程中可能出现的漏洞。吸毒人员为得到驾照，大多数会避免自己去车辆管理所申请，将注意力转而投向驾校。驾校虽说属于交通运输领域里的培训单位，但近些年性质向服务行业偏移，这就使得其承担的社会责任逐渐减少。又因为驾校每次申请驾照的学员数量较多，吸毒人员花钱买资格的可能性就非常的高。

（二）加强对申请人是否吸毒的前筛查

对毒品具有较强依赖性并长期不间断吸食的人员，大多都比较容易被判断出来。无论此类人群吸食哪类毒品，他们都会拥有几处相似的生理特征。比如，面部颜色与健康人相差甚远，过度苍白或者赤红；体力严重下降，长期缺少力气，体乏；眼神较健康人呆滞，瞳孔缩小；精神状态不稳定，过度兴奋等呈现神经质的特征。在此类人群去申请驾照的时候，车辆管理所的工作者就可通过其生理特征产生其是吸毒人员的合理怀疑，最大限度排除吸毒人员申请驾照的可能性。

（三）强化申告内容的审核与问责机制

相比于长期吸食毒品的人群，较难判断的是那些偶尔吸食，生理特征并不是很

---

① 朱嘉珺，李晓明．美国“毒驾”的法律规制及对我国的借鉴作用．南京社会科学，2014（11）：89-95.

明显的人群。这就需要有关权责部门加强对《机动车驾驶证申请表》上的申告内容的审核与问责，申告内容共包括8项：如是否具有器质性心脏病、癫痫病、美尼尔氏病、精神病、痴呆等妨碍安全驾驶疾病；是否吸食、注射毒品；是否被吊销机动车驾驶证未满两年；是否造成交通事故后逃逸被吊销机动车驾驶证等。申请人应当仔细阅读申告内容，如实申告，签字认可。与本课题相关联的就是申告内容中对是否吸食、注射毒品的提问。如果发现申请人对此项隐瞒或对身体状况造假，未如实进行申告，那么应当启动问责机制，通过全国联网，将其身份证等基本信息备存，此申请人将终身不再享有申请驾照的权利，只有用重锤才能敲响警钟。

二、创建毒驾专项行动

近年来，贵州交警总队“五个建立”推动查处酒驾常态化取得了不菲成绩，从总体上讲城市地区与农村主干道路发生涉及酒驾的交通事故起数、死亡人数、受伤人数三项指数逐年下降，并在五年后继续保持稳中有降，杜绝涉及酒驾一次死亡五人以上的交通事故。鉴于此，防控毒驾也应当常态化，并结合“五个建立”，以降低毒驾造成的社会危害。

（一）相关责任部门做好初期宣传引导工作

“喝酒不开车，开车不喝酒”等严肃又不失俏皮的宣传短语通过新闻、影视等媒体形式被传递给千家万户，在此基础上，国家又通过小品段子将此标语以幽默诙谐的方式给大众以更深刻的印象，如小品《查酒驾》中将宣传短语转变成“喝车不开酒”令人捧腹大笑之余，再一次加深了对“喝酒不开车”的记忆。既是宣传又是教育，在无形中引导大众采取健康、守法的生活方式。

因此创建毒驾的宣传引导机制，除了采取传统的宣传模式（如在街道处设立宣传板，发宣传海报及宣传单，用车载喇叭宣传告知等）外也应当先创建出脍炙人口的宣传短语，这样会使禁止毒驾的宣传工作事半功倍。除了禁毒大方向的宣传短语“珍爱生命，远离毒品”外，应根据毒驾特点，创作出更易被大众所理解的、更贴近毒驾的宣传短语。以贵州广播电视台为依托，邀请编辑、作者加盟，鼓励其多创作以禁止毒驾为主题的影视剧、广播剧、小品、相声等形式的作品，也可结合地方方言，让贵州民众在轻松的氛围里获得国家对禁止毒驾最直接的认知。还可以通过网络、报纸等其他渠道和方式进行广泛宣传，使广大人民群众意识到吸毒后驾驶机动车的危害性，共同预防“毒驾”行为的发生。另外，加强与媒体的沟通合作，对严重的“毒驾”行为及时曝光。[①] 宣传工作是行政工作中的重头戏，它通过消耗最少的人力、物力，却可以起到最大的功效。摆正对宣传工作的认识，建立好关于毒驾的宣传引导工作机制必不可少。

① 孙福成，王亚力，邓博．“毒驾”入刑与公安交通管理对策研究．交通企业管理，2013（11）：14-15.

（二）执法业务技能的提高与转型

每一个新型违法行为的出现，都会多少挑战相关责任部门的执法能力。而“毒驾”的查处与认定又十分困难，执法人员通常只能凭经验，如交警在查“酒驾”时发现驾驶员行为异常，带去派出所检验后才查明是“毒驾”；或者查车时从车内搜出吸毒工具，将驾驶员带往派出所检验是否吸食过毒品。交警部门缺少检测设备，驾驶员是否涉毒测验方法相对复杂，需要到公安部门进行尿检或血检，制约着对“毒驾”的查处。① 如果交警将机动车驾驶人带到医疗机构进行抽血或者提取尿样，那么，交警的工作就非常烦琐，耗费其大量的警力、物力、财力。② 面对此问题最初只能是“摸着石头过河”或者根据具体情况“用他山之石攻自己之玉”。贵州交警队在处理酒驾的问题上已经形成了较为完备的执法保障体系，那么在处理毒驾的问题上，不妨也在此体系中找寻适合处理毒驾的执法手段，提高处理毒驾的执法业务技能。

（三）规范固有的执法行为

毒驾人员因吸食毒品，较正常人在沟通、交流方面欠缺很多，这就要求我们的执法者在现场查处毒驾的过程中，从头至尾使用文明语言，态度平和，不骄不躁。如果是对驾驶员吸毒产生了合理怀疑，为制止违法行为、避免危害发生，需要检验驾驶员体内国家管制的精神药品、麻醉药品的含量等，一定要遵循程序规定，履行口头告知义务，让驾驶员及相关当事人了解交警对自己采取的行政强制措施的种类、依据，告知驾驶员及相关当事人有陈述、申辩的权利及享有的其他权利。

（四）为执法提供保障机制

常言道：“工欲善其事必先利其器”，放在交警执法领域中这句话也同样有效。所谓的“器”可以指“场所”，毒驾不同于一般的驾驶类型，毒驾人员及相关当事人身份可能仅仅只是单纯的吸毒人员，但也有可能是凶残危险的贩毒分子，而单纯对身份的怀疑不能令交警一律采取行政强制措施，所以就需要专门建立交警对毒驾人员进行询问时所使用的询问室或者等候室等必要场所。这样的做法既没有侵犯到疑似毒驾人员及其相关当事人的人身自由等相应的人身权利，又可以在第一时间防止真正的毒贩逃跑。除此之外，还应争取建立对毒驾及其相关人员简易的信息采集室，并在第一时间与公安机关标准化信息采集室对接，全国联网，让毒驾无处遁形。不同于酒驾，对毒驾当事人的排查需要进行尿吗啡检测甚至血液检测，在交通干道上没办法提供这些便利，需要搭建简易临时的监测点，或者联合就近医疗机构配合检测。

所谓的“器”可以指“模式”，犯罪手段层出不穷，需要执法部门“魔高一尺道高一丈”，原先办案模式固然有其存在意义，但也应当发掘新型、现代化的办案

① 马佳．道路运输行业驾驶员“毒驾”问题的规范．交通与港航，2015（5）：50-52.

② 李云鹏．“毒驾”与道路交通安全研究．政法学刊，2011（5）：124-128.

模式。为防控毒驾，贵州交警部门应多运用大数据，建立与公安禁毒大队、医疗卫生部门、第三方检验鉴定机构等相关部门的联动机制，通过身份信息的录入，就可轻松判定其是否存在吸毒史。对于新增吸毒人员也可通过医疗卫生机构、第三方检验鉴定机构进行血液检测，在最短的时间内确定其身份，排除隐患。善于利用互联网，交警部门内部能够熟悉地运用互联网进行网上办公、数据交换、资源共享，第一时间了解毒驾案件的发展态势。除此之外，加强跟其他相关权责部门的联系，轻松做到联合执法，实现“闪电式”办案。

所谓的“器”也可以指“方法”。面对毒驾难以用肉眼进行准确判断的特点，推广新的吸毒驾车检测方法。[①] 例如，可普及毒品唾液快速检测试剂的应用，作为体外检测试剂，根据唾液中毒品代谢产物作为驾驶员是否吸毒的判断方法，从拦截车辆进行检测到没有吸毒放行，全程仅为 1 分钟左右，方便快速。这种方法可以检测出吗啡、甲基安非他明、K 粉、复合毒品等毒品类型。[②]

（五）开展多种形式培训再教育

拥有迎难而上的勇气，才有可能取得杜绝毒驾攻坚战的胜利。而增加勇气最好的方式就是不断地学习知识、总结实践经验、操作演练。因此贵州公安系统交通管理等权责部门应适当整合利用社会资源，联合在毒品领域有较强专业性研究的地方高校或警校，让这些高校或警校给执法民警提供专题教育培训，将高校对毒品的系统性知识与公安实践有机结合，理论联系实际；公安部门之间采取以会代训、以案说法的方式进行实战案情交流、研讨，通过大量实践案例，得出毒驾案件的一般性规律，形成办案经验。开展跨区域联合执法演练，在知识与实践上武装执法民警，提高民警对毒驾的应急处理能力。

（六）建立查处毒驾勤务机制

为最大限度地将已经“上路”的毒驾排查出来，交通管理部门应建立健全查处毒驾的勤务机制，以确保道路交通领域中不特定多数人的生命、财产安全。

1. 改进执勤检查方式。吸毒人员与驾驶人员中男性占有较大比例，因此加强对男性驾驶员的排查布控，在众多车辆类型中，加强对小型汽车、长途货运车及牵引车的排查；将节假日重点执勤排查的方式常态化，增大排查力度，提高排查打击的准确率；为提高排查勤务的时效性，建议采取错时执勤的方式，既能保障执勤力度，又可以兼顾执勤人员身体健康，方式灵活，效果更佳；注意对特定人群的排查，如有文身、穿着异类的社会青年，夜班、长途货车驾驶人或者身材异常瘦弱、反应迟钝、目光呆板、答非所问、精神萎靡的驾驶员；[③] 为减少执法干扰，坚持透明执法，本辖区执勤民警不能在管控辖区内执勤，部门之间相互协调，制订异地执勤计划，

---

① 杨黎华．中国吸毒驾车管制问题及其对策．广西警官高等专科学校学报，2012（1）：28-30.

② 李瑾，陈桂勇，张超，等．毒品唾液快速检测试剂及其应用．警察技术，2013（4）：57-62.

③ 胡艳，周凯，余平．“三三查缉毒驾工作法”．现代世界警察，2016（6）：94-95.

因此做好执勤民警后勤工作也有必要先行一步。在条件允许的情况下，尽量多采用机动执法模式，针对逃跑毒驾车辆能快速反应，合理应对，避免违法嫌疑人逃出法网；采取“存疑”执勤的检查方式，对那些行驶轨迹多变、无端多次变道、驾驶行为异常、有多次违反交通运输法规的车辆必须纳入执勤检查范围，将检查范围扩展至超员、超载等一切违反《交通运输管理法规》的行为，严防漏网之鱼。

2. 更改执勤检查地点。毒驾不同于酒驾，执法交警接触的将是那些吸毒人员甚至是贩毒人员。鉴于吸毒人员因为吸食毒品，毒品长期攻击人脑中枢，形成差异化人格，病态化表象，行动谨慎，小心翼翼，又因其自知吸毒属于违法行为，大多数会避开交管部门严格布控的主干道路。因此建议将执勤排查重点从市中心转移至城郊结合部，农村县乡、人口相对密集城镇的主要出入道路和事故多发地段，无论宽窄路况，错时执勤，不间断定点蹲守。

3. 更改执勤检查时间。鉴于违法行为的隐秘性，建议除白天布控外，夜间布控更应当重点排查，这就要求交警执勤过程中设立好轮班制度，保证在夜间也有定时定点蹲守的执勤民警，从而加强针对性；因贵州有较强的地方特色与民俗风情，所以应适时加强对红白喜事，即婚丧嫁娶，或者大型民俗活动等民间行为的管控；较工作日来说，节假日、双休日更应重点掌控。

4. 建立考核监督机制。为使得上述制度的建立能够持续、高效地存在，需要辅佐以考核与监督体制。具体有以下建议：

（1）明确所监督的部门及人员职责。明确部门勤务分化与人员具体所做的是何种工作是实行有效监督的大前提。不知所监督的具体内容，不明人员所担负的具体职责，何以能够建立完善的监督体制，从而确保查处毒驾的勤务机制呢？因此，贵州省公安交通管理部门应将下属部门权责详细划分记录在案，或以纸质形式、或以电子形式，并公示。明确交警在毒驾查控工作中的核心地位，其是第一执法主体。[①]监督人员应熟记权责人员具体工作范围、工作内容，定期对其行为予以监督，并对不合格的责任人采取通报或其他惩戒措施。

（2）完善考核制度。所有公职人员都应认真履行法律和岗位所给予的职责，通过定期考核可以增强履职人员的岗位责任意识与工作危机意识。同查处酒驾的方法一样，即采用联合督导的检查模式，坚决落实与完善领导“承包责任制”、领导“上路”和跟班作业制度，严格区分任务与责任，确保交通管理部门所有权责人员勤务到位，各项查处毒驾的工作都能得到有效落实。考核标准可以参照其平时到岗情况，查处毒驾的数据，对查处毒驾的培训、讲座等学习情况的记录等。将这些考核做好记录，并且生成分析报告，将所有的通报与奖励均纳入公务员年度工作考核机制中，让履职人员对自己的工作更具有荣誉感与使命感。

---

① 时秋娜．我国“毒驾”的现状及管控对策研究．广西警官高等专科学校学报，2015（5）：61-64.

三、严惩毒驾行为

吸毒本身就属于违法行为，因驾驶员吸毒而造成交通事故的行为更是不允许的。严惩毒驾，查处、并控制涉毒交通事故势在必行。那么就涉及这样一个问题，如果犯罪成本低，结果不够严重，那么大多数行为人在犯罪之前就不会过多考虑法律、社会、他人等因素，会按照自己的想法，违背道德甚至违反法律。在这种背景下，社会发生犯罪的可能性就会不断增加。因此，只有提高犯罪成本，加大对犯罪的处罚力度，才能使行为人在犯罪前认真衡量行为与结果的均衡性，是否有实行行为的必要性。当行为人发现犯罪的结果是自己无法承担的时候，就达到了从根源上遏制犯罪的目的。适当地加大毒驾行为的成本，加重对行为人毒驾的处理力度，毒驾当事人在行为之前就会认真思考，是否有以身犯险的必要性。

（一）注销驾驶证

《机动车驾驶证申领和使用规定》中明确规定，涉毒驾驶人在吸食、注射毒品后驾驶机动车的，或者是正在执行社区戒毒、强制隔离戒毒或者社区康复措施的这两种情况下都会被注销驾驶证。

（二）延长再次申请驾驶证的时间间隔

对于上述两种情况，虽然有明确规定其将被注销驾驶证，但却并没有要求其终身不能再申请驾驶证，而是给予此类人重新申请驾驶证的可能性，即驾驶人因涉毒被注销驾驶证后，三年内没有吸食、注射毒品行为或者解除强制隔离戒毒措施已满三年的，可以重新申请驾驶证。对此本人认为，应当提高涉毒驾驶人员的违法成本，即一经发现其因上述原因已被注销了驾驶证，那么就应当要求其十年内没有吸食、注射毒品行为或者解除强制隔离戒毒措施已满十年的，可以重新申请驾驶证。如果此类人驾驶的是营运类车辆，本人建议要求其终生不再享有重新申请驾照的权利。

理由如下：禁毒工作之所以很艰辛，原因在于毒品的巨大“魔力”，它既可以使人陷入心理上的依赖，也可以使人陷入生理上的依赖。有时毒品对身体的破坏性还未达到让人无法摆脱的程度，但心理却早已被攻陷，再加上毒品的致幻性，使吸毒者认为自己已经无法摆脱毒品，从而越吸越多、越陷越深。较强的依赖性导致吸毒者在戒毒之后又染指毒品的概率极高，且居高不下，在南京召开的海峡两岸首届毒理学研讨会上公布的我国戒毒总复吸率在90%以上。鉴于毒品危害的严重性与较高的毒品复吸率，为更有效地保障交通领域中不特定多数人的生命、财产安全，参照醉酒驾驶营运机动车辆，建议将吊销驾照与再次申请驾照的时间间隔都改为十年，并强调其终生不得驾驶营运车辆。

（三）建议毒驾入刑

自酒驾入刑以来，国家各部门大力管控酒驾取得显著成效。贵州省交通管理部门为此制定了《关于建立酒后驾驶常态管理机制的指导意见》，发扬各权责部门之间，部门上下共同作战的精神，基本上实现五年内涉及酒驾的交通事故主要指标

“四下降一杜绝”的工作目标，即在城市道路发生涉及酒驾的交通事故起数、死亡人数、受伤人数三项指数逐年下降，农村地区道路发生涉及酒驾的交通事故三项指数逐年下降，发生涉及摩托车酒驾的交通事故三项指数逐年下降，发生涉及酒驾的交通事故死亡人数占本地机动车驾驶人总量的比例逐年下降，并在五年后继续保持稳中有降，杜绝涉及酒驾一次死亡五人以上的交通事故。

而毒驾在对社会的危险性及法益的侵害性上并不比酒驾轻，毒驾行为的社会危害性极大，但《刑法》却并未把毒驾纳入“危险驾驶罪”的调整范畴。毒驾除非造成严重后果，按照“交通肇事罪或以危险方法危害公共安全罪”来追究刑事责任。而对于未造成严重后果的，其处罚的惩戒力度与社会危害性明显不相适应，存在过罚失当。①

众所周知，吸毒这一单一行为本身就是违法行为，由此得出，吸毒后驾驶行为比酒后驾驶行为的违法程度更深，社会危害后果更大，理应受到更加严厉的处罚。②因此建议毒驾入刑并不是没有理由的，可以在危险驾驶罪的几种情形中再增设一项，即涉毒驾驶机动车。客观行为可以概括为驾驶者在吸食、注射毒品后驾驶机动车的，或者是正在执行社区戒毒、强制隔离戒毒或者社区康复措施期间驾驶机动车。当涉毒驾驶员驾驶机动车造成人员伤亡等事故时，若该行为同时构成危险驾驶罪与其他犯罪的，依照处罚较重的规定定罪处罚，如该行为同时构成了交通肇事罪，那么就按照交通肇事罪定罪处罚。否则按照危险驾驶罪处拘役，并处罚金。相信不远的将来，涉毒肇事的案件数量就会得到控制，从而取得阶段性的胜利。

（四）防控毒驾重在戒毒

找出并抓住问题的主要矛盾，才能更加有效地解决问题。主要矛盾是指在事物发展过程中处于支配地位、对事物发展起决定作用的矛盾。“牵牛要牵到鼻子上”，那么在防控毒驾的问题上，“牛鼻子”具体指什么问题呢？笔者认为，那是指人的吸毒行为并没有得到根本杜绝。追本溯源，换句话说就是只要行为人不再吸食毒品了，毒驾问题也就被彻底解决了。贵州虽然是“金三角”运输毒品的主要省份，贵阳、毕节等地又是毒驾事故高发地区，但也不能成为无法有效防控毒驾的正当理由。地方大，就拆分戒毒管控区域，为肃清源头做出最大的努力。

1. 以社区为单位的戒毒管控工作。以省为单位的戒毒管控工作模式并不能做到事无巨细，所以笔者建议，城市、乡镇都要以社区为基本单位，建立戒毒中心，以此形成细而庞大的戒毒管控体系。偏远地方、山区要依托当地派出所、司法所、边防所等职能部门，让以社区为单位的戒毒工作更易进行，减少阻碍，增添保障。将符合社区戒毒条件的吸毒人员，全部纳入社区戒毒工作范畴进行必要管控。

---

① 赵国朋，何文斌．毒驾行为的法律适用及查处实务．道路交通管理，2014（11）：30-32.

② 陈帅锋，李文君，陈桂勇．我国吸毒后驾驶问题研究．中国人民公安大学学报（社会科学版），2012（1）：57-64.

2. 对吸毒人员分级别管控。我国较多地区都采取了对吸毒人员的分级管控，并出台分级管控的工作细则。贵州省可以借鉴其他地区，并结合本地吸毒人员的实际情况，制定本省的《吸毒人员分级分类管控工作规定》，以此作为社区单位分级管理标准。笔者有以下建议：将有精神失常、行为失控表现的，以暴力手段拒绝执行社区戒毒、社区康复的，五年内曾因吸毒肇事肇祸或构成其他犯罪的纳入一级管控；将不满三年就复吸的，确定为二级管控；将吸食合成毒品被查获一次，且末次被查获时间未满三年的吸毒未成瘾人员，正在执行社区戒毒社区康复的人员纳入三级管控。再根据具体情况，可以在三级范围内将吸毒人员类型再次划分。

3. 加强对社区戒毒人员的跟踪帮控。鉴于我国吸毒人员成功戒毒后又复吸的高概率，应当进一步加强对社区戒毒人员的跟踪帮控。严格落实"四位一体"的帮控制度，即按照家庭、村、镇、派出所"四位一体"抓帮控的原则，对帮教对象做到"五知"：即知基本情况、知主要社会交往范围、知家庭经济状况、知现实理想状况、知异常的活动时间和方向。社区要以年度为单位，结合本社区的实际情况，制定本年度本社区所有戒毒人员年内复吸率控制在多少百分比以下的工作目标。

第六章　模糊图像处理技术研究与系统开发

第一节　系统整体方案

利用先进的机器学习和计算机视觉技术，结合仿真人类的视觉系统，深入研究运动估计算法、退化成像模型算法、正则化参数的快速确定算法以及模糊视频图像综合处理算法，针对模糊图像复原与矫正方法进行研究，构建了模糊视频图像修复系统见图 6-1。系统读取服务器中的视频文件或直接读取摄像头视频，而后图像质量评价模块会自动对图像的质量进行分析，确定图像退化等级，在此基础上，通过视频分析自动选择图像去噪、图像复原或图像增强算法。另外，系统也可以根据视频模糊描述页面中选择的图像模糊产生的原因。例如，非正确曝光模糊、运动模糊图像、散焦模糊、噪声干扰模糊、衍射模糊等有针对性地定制模糊图像处理算法，这些属于本系统中的基础图像处理功能。另外，本系统还会针对特定的目标（如车牌、人脸等）提供专用的模糊处理算法，还提供系列人工智能功能，如可自动检测视频中的车辆、行人、人脸等并对这些目标进行跟踪。

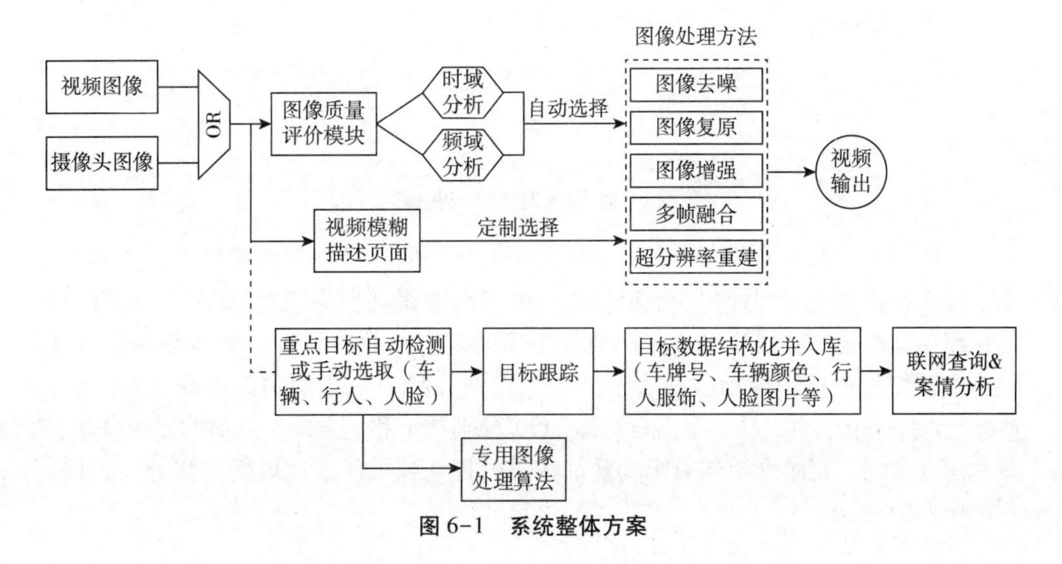

图 6-1　系统整体方案

此系统主要解决目前图像算法存在的问题：

1. 算法的针对性强，泛化能力弱。算法的自适应选择问题是本系统要解决的一项关键技术。

2. 算法复杂，且参数优化的自动化程度低。参数优化选择的智能化问题，是本系统要解决的一个关键问题。

3. 算法流程的设计多依赖于先验经验。如何实现算法流程的自动选择，并保证其处理效果，是本系统需要解决的一个重要问题。

4. 受摄像机动态范围限制，夜晚情况下车牌识别率仍需提高。如何解决摄像机低照度性能与宽动态性能的矛盾，利用多帧图像间的相关性，实现过度曝光图像信息的恢复是本课题需要研究的另一关键问题。

第二节　模糊图像退化模型

一、运动模糊图像退化模型

图像的质量变差叫作图像的退化。退化的形式有图像模糊、失真、噪声等。恢复模糊图像，必须了解图像降质过程，然后再利用相反的过程去处理模糊图像。在构建降质图像相应的数学模型的过程中，将图像的降质过程看作一个线性不变的过程。一副原始图像 $f(x, y)$ 经过一个系统 $H(x, y)$ 作用后，与加性噪声 $n(x, y)$ 相加，形成退化后图像 $g(x, y)$，即实际得到的图像，这一过程的数学表达式为：

$$g(x, y) = H[f(x, y)] + n(x, y) \quad （式 6-1）$$

所以，图像退化的一般模型见图 6-2。

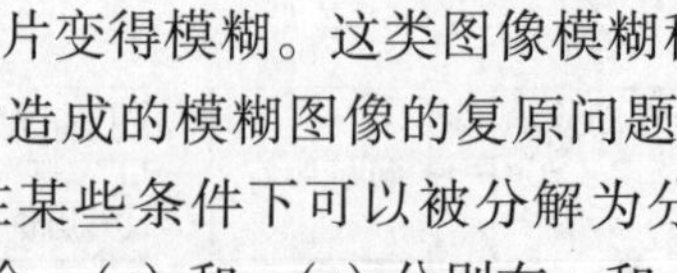

$n(x,y)$

$f(x,y) \longrightarrow H \longrightarrow \oplus \longrightarrow g(x,y)$

图 6-2　图像退化的一般模型

在用摄像机获取景物图像时，如果在相机曝光期间景物和摄像机之间有相对运动，那么往往会使得到的照片变得模糊。这类图像模糊称为运动模糊。在所有的运动模糊中，由匀速直线运动造成的模糊图像的复原问题更具有一般性和普遍意义。因为变速的、非直线运动在某些条件下可以被分解为分段的匀速直线运动。假设 $f(x, y)$ 有一个平面运动，令 $x_0(t)$ 和 $y_0(t)$ 分别在 x 和 y 方向上运动的变化分量，T 表示运动时间。记录介质的总曝光量是在快门打开到关闭这段时间的积分。则模糊后的图像为：

$$g(x, y) = \int_0^T f[x - x_0(t), y - y_0(t)]\mathrm{d}t \quad （式 6-2）$$

式 6-2 中 $g(x, y)$ 为模糊后的图像。以上就是由于目标与摄像机相对运动造成的图像模糊的连续函数模型。

如果模糊图像是由景物在 x 方向上作匀速直线运动造成的，则模糊后图像任意点的值为：

$$g(x, y) = \int_0^T f[x - x_0(t), y]\mathrm{d}t \tag{式 6-3}$$

式 6-3 中 $x_0(t)$ 是景物在 x 方向上的运动分量，若图像总的位移量为 a，总的时间为 T，则运动的速率为 $x_0(t) = at/T$。则式 6-3 变为：

$$g(x, y) = \int_0^T f\left[x - \frac{at}{T}, y\right]\mathrm{d}t \tag{式 6-4}$$

以上讨论的是连续图像，对于离散图像来说，对上式进行离散得：

$$g(x, y) = \sum_{i=0}^{L-1} f(x - i, y)\Delta t \tag{式 6-5}$$

其中 L 为照片上景物移动的像素个数的整数近似值。Δt 是每个像素对模糊产生影响的时间因子。运动模糊图像的像素值是原图像相应像素与其时间的乘积的累加。从物理现象上看，运动模糊图像实际上就是同一景物图像经过一系列的距离延迟后再叠加，最终形成的图像。所以，如果我们要由一幅清晰图像模拟出水平匀速运动模糊图像，可按照下式进行：

$$g(x, y) = \frac{1}{L}\sum_{i=0}^{L-1} f(x - i, y) \tag{式 6-6}$$

这样我们可以理解次运动模糊与实践无关，而只与运动模糊的距离有关，在这种条件下，使试验得到简化。

二、离焦模糊图像退化模型

离焦模糊产生的原因是像面与探测器接收面不重合引起的。在离焦模糊图像复原中，通常使用圆盘离焦模型来近似点扩散函数 PSF。

圆盘模型见式 6-7：

$$h(i, j) = \begin{cases} \dfrac{1}{\pi R^2} & \text{当}\sqrt{x^2 + y^2} \leqslant R \\ 0 & \text{当}\sqrt{x^2 + y^2} > R \end{cases} \tag{式 6-7}$$

其中，R 表示离焦模糊的半径，为退化模型唯一的模糊参数，是待求参数。

三、图像预处理——小波阈值去噪声

采用 Donoho 和 Johnstone 统一阈值，见式 6-8：

$$T = \sigma\sqrt{2\log_e N} \tag{式 6-8}$$

其中，N 为信号尺寸，σ 为噪声标准方差；其中噪声标准方差的估计见式 6-9：

$$\sigma = \frac{median(\,|\mathrm{d}_n^k|\,)}{0.6745} \qquad \text{（式 6-9）}$$

图 6-3（a）是原始运动模糊图像，图 6-3（b）首先对原始运动模糊图像进行小波阈值去噪，然后采用维纳滤波方法对图像进行运动模糊图像恢复。

（a）未预处理恢复结果

（b）预处理恢复结果

图 6-3 未去噪与去噪后的模糊图像复原对比

从图 6-3 实验结果比较可以看出，经过小波阈值去噪声后，运动模糊图像恢复效果有明显提高。

四、基于维纳滤波的运动模糊恢复模型

对式 5-1 进行傅里叶变换，得到频域表达式为：

$$G(u,\ v) = F(u,\ v)H(u,\ v) + N(u,\ v) \qquad \text{（式 6-10）}$$

式 6-10 中 $F(u,\ v)$、$H(u,\ v)$、$G(u,\ v)$ 和 $N(u,\ v)$ 分别为未失真图像、退化模型、模糊图像以及噪声的离散傅里叶变换。维纳滤波就是寻找传输函数为 $H(u,\ v)$ 的滤波器，使恢复出的估计原图像 $\hat{f}(x,\ y)$ 与原始图像 $f(x,\ y)$ 的均方误差达最小，见式 6-11：

$$\hat{f}(x,\ y) = \min_{\hat{f}(x,\ y)} \{E\{[\hat{f}(x,\ y) - f(x,\ y)]^2\}\} \qquad \text{（式 6-11）}$$

采用维纳滤波恢复得到的最佳估计，得出：

$$F(u,\ v) = \left[\frac{H*(u,\ v)}{|H(u,\ v)| + p_n(u,\ v)/p_f(u,\ v)}\right] G(u,\ v) \qquad \text{（式 6-12）}$$

式中 $H*(u,\ v)$ 是 $H(u,\ v)$ 的共轭序列；$p_n(u,\ v)$ 和 $p_f(u,\ v)$ 分别是噪声和原始图像的功率谱，它们的比值起到归一化的作用。事实上，$p_n(u,\ v)$ 和 $p_f(u,\ v)$ 都是难以估计的，因此，通常用式 6-13 来近似维纳滤波复原：

$$F(u,\ v) = \left[\frac{H*(u,\ v)}{|H(u,\ v)| + \gamma}\right] G(u,\ v) \qquad \text{（式 6-13）}$$

式中 γ 为常数，在数值上取观测图像信噪比的倒数。

（一）基于维纳滤波的离焦模糊恢复模型

式 6-13 维纳滤波恢复模型中 $G(u,\ v)$ 为已知，如果能知道 γ 和 $H(u,\ v)$，则

可以由离焦模糊图像的频谱求出复原图像的频谱，进一步可以通过傅里叶逆变换求出复原图像 $f(x, y) = F^{-1}[F(u, v)]$ 。定义图像信噪比为 $SNR = p_n(u, v)/p_f(u, v)$ 。由于根据观测图像计算频谱难以实现，因此采用式 6-14 验估计算法求信噪比：

$$SNR = 10\lg\left\{\frac{\max[\sigma_f^2(x, y)]}{\min[\sigma_f^2(x, y)]}\right\} \quad (式 6-14)$$

式中 $\max[\sigma_f^2(x, y)]$ 和 $\min[\sigma_f^2(x, y)]$ 分别是观测图像方差 $\sigma_f^2(x, y)$ 的最大值和最小值。

图像是随空间改变的，在局部小尺度上是平稳的，但在大尺度上则不是，所以图像方差要是在局部窗口内按式 6-15 计算：

$$\sigma_f^2(x, y) = M\sum_{m=-P}^{P}\sum_{n=-Q}^{Q}[f(x+m, y+n) - \mu(x, y)]^2 \quad (式 6-15)$$

式中 $M = \frac{1}{(2P+1)(2Q+1)}$；$\mu(x, y)$ 为所选择窗口局部均值；区域大小为 $(2P+1)\times(2Q+1)$ 。

当 SNR 确定后，可以得到 $\gamma = 1/SNR$ 。

图 6-4（a）、（b）为离焦模糊恢复前后对比图像，可以看出，基于维纳滤波复原后的图像变得清晰。

（a）未恢复

（b）恢复后

图 6-4 离焦模糊恢复图像

（二）图像噪声对模型的影响及抑制方法

维纳滤波恢复对噪声放大有自动抑制的作用，但噪声在一定程度上仍会影响模糊图像的恢复效果。为了验证噪声对模糊图像恢复效果的影响，实验首先选择一幅清晰图像，见图 6-5。

图 6-5　原始清晰图像

将图像做模糊角度为 20°，模糊尺度为 20 的运动模糊，同时分别加入均方差为 0. 001、0. 01 和 0. 1 的高斯噪声。之后利用已知的 PSF，采用维纳滤波恢复方法分别对不同均方差的高斯噪声运动模糊图像进行恢复，恢复结果见图 6-6。

运动模糊图像（无噪声）

维纳滤波处理后

均方差为0.001的模糊图像

维纳滤波处理后

均方差为0.01的模糊图像

维纳滤波处理后

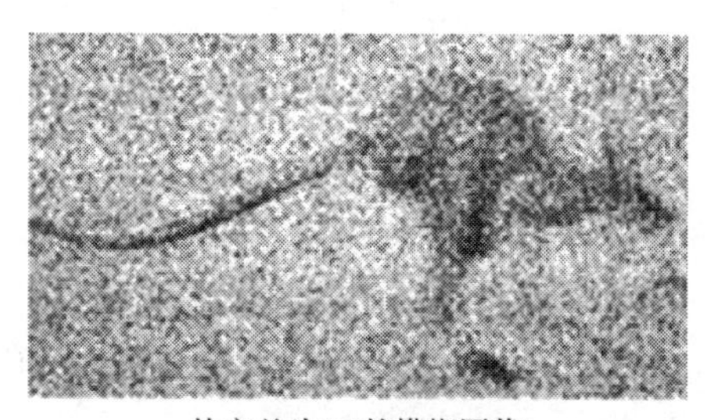
均方差为0.1的模糊图像

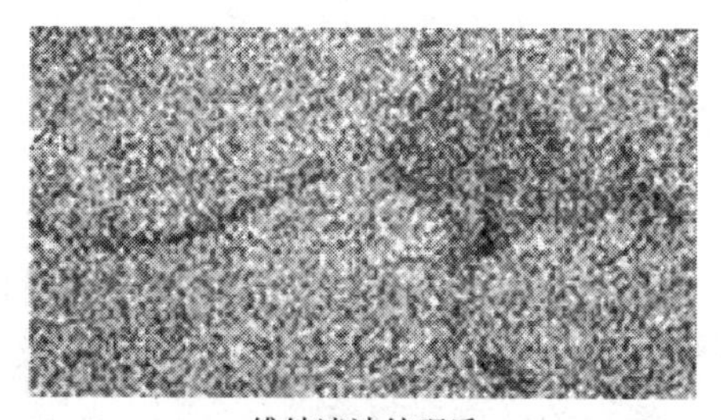
维纳滤波处理后

图 6-6　加入噪声的运动模糊图像复原

从图 6-6 可以看出，噪声越大对模糊图像的恢复影响也越大。为了减少噪声对模糊图像恢复效果的影响，需要对实际模糊图像进行去噪声操作，然后再对图像进行模糊恢复。

五、基于正则化的盲复原模糊图像

（一）盲复原理论

模糊图像的盲复原就是图像复原的一个理想状态，即在模糊核未知的情况下，利用观察到的模糊图像来对模糊核进行准确的估计复原出原始的清晰图像。潜在图像和模糊核的求解是一个不适定问题，无定解，但真实图像的分布并不是完全随机的，他们的内在统计规律经常被用来构建解决方案。

（二）多正则化混合约束模糊图像复原

全变差正则化算法是一种经典的图像盲复原方法，对于观测图像 g 及点扩散函数 h，利用最大似然原理，求解变分问题（式 6-16），从而得到真实图像的一个最小二乘逼近。

$$\inf_{u}\left\{\int_{\Omega}|g(x)-h*u|^{2}\mathrm{d}x\right\} \qquad (式 6-16)$$

但是由于噪声的影响，需要引入正则化项。建立 TV 正则化模型：

$$\min\left\{\|g-h*u\|_{2}^{2}+\alpha\int_{R}|\nabla h|^{2}\mathrm{d}x\mathrm{d}y+\beta\int_{R}|\nabla u|^{2}\mathrm{d}x\mathrm{d}y\right\} \qquad (式 6-17)$$

其中，R 表示图像支持域。

由于上述问题中使用梯度的 L_2 范数，使得二次正则项过于光滑，对边缘造成模糊，因此可将模型改为：

$$\min_{u,\,h}\left\{\frac{1}{2}\|g-h*u\|_{2}^{2}+\alpha\int_{R}|\nabla h|^{2}\mathrm{d}x\mathrm{d}y+\beta\int_{R}|\nabla u|^{2}\mathrm{d}x\mathrm{d}y\right\} \qquad (式 6-18)$$

其中，全变差 $\nabla u=\sqrt{(D_{x}u)^{2}+(D_{y}u)^{2}}$，第一项为保真项，主要作用是使复原后的图像 u 在一定程度上近似于观测图像 g。第二项和第三项分别是 u 和 h 的 TV 正则项，利用变分法，将式 6-18 转化为欧拉—拉格朗日方程，其方程如下：

$$h(-s,\ -t)*(h*u-g)-\alpha\nabla\cdot\frac{\nabla h}{|\nabla h|}=0$$

$$h(-s,\ -t)*(h*u-g)-\beta\nabla\cdot\frac{\nabla u}{|\nabla u|}=0$$

全变差正则化方法的优点是能够保持图像的边缘，但是在实际应用中，复原后的图像容易出现接地效应，产生虚假边缘，不能很好地恢复纹理细节。于是提出多正则化混合约束盲复原模型：

$$\min_{u,\ h}J(u,\ h)=\min_{u,\ h}\left\{\frac{1}{2}\|g-h*u\|_2^2+\lambda_1\|\psi(x)\|_1+\lambda_2\|h\|_1+\lambda_3\|\nabla h\|_2^2\right\}$$

（式 6-19）

其中，$\lambda_1>0$、$\lambda_2\geqslant0$、$\lambda_3\geqslant0$ 为正则化参数，$\psi(x)=\sqrt{\sum_{\theta\in\Theta}(d_\theta\cdot x)^2}$。

适当地调节参数 λ_2 和 λ_3，找到模糊退化函数稀疏性与连续平滑性之间的一种平衡关系。实验结果见图 6-7，实验证明本文提出的多正则化混合约束盲复原模型可以很好地复原模糊的图像。

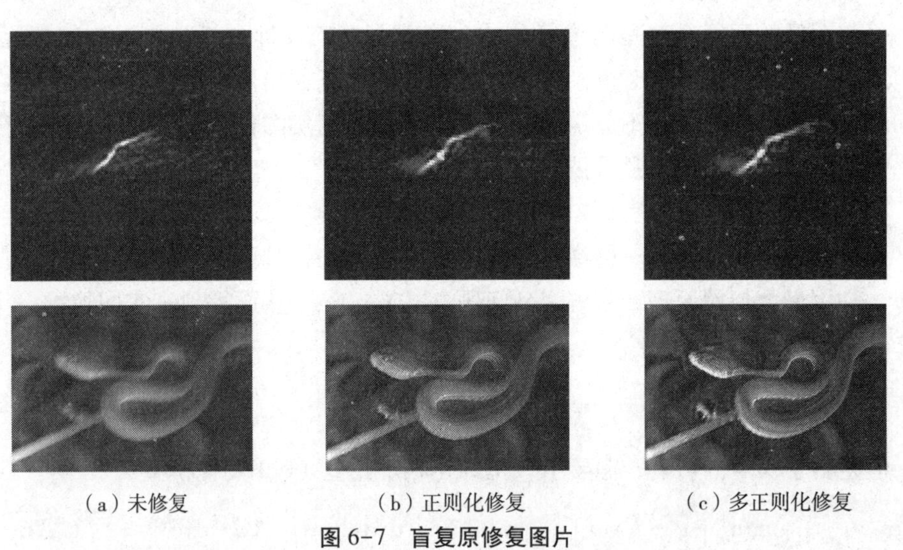

（a）未修复　（b）正则化修复　（c）多正则化修复

图 6-7　盲复原修复图片

第三节　基于 Retinex 的图像去雾方法

一、Retinex 理论介绍

Retinex 作为图像处理领域的色彩理论，可以在灰度动态范围压缩、边缘增强和颜色恒常性三方面达到平衡，因而可以对各种不同类型的图像尤其是彩色图像进行有效的增强处理。Retinex 是一个由两个单词合成的词语，分别是 retina 和 cortex，即视网膜和皮层。Retinex 模式是建立在以下三个假设之上的。

1. 真实世界是无颜色的，我们所感知的颜色是光与物质相互作用的结果。我们见到的水是无色的，但是水膜、肥皂膜却五彩缤纷，那是薄膜表面光干涉的结果。

2. 每一颜色区域由给定波长的红、绿、蓝三原色构成。

3. 三原色决定了每个单位区域的颜色。

Retinex 理论是基于色彩恒常的一种代表性计算理论，描述了人类视觉系统是如何调节感知到的物体颜色和亮度的。该理论认为人类感知到的物体表面颜色主要取决于物体表面的反射性质，如场景照度引起的颜色变化是平缓的，而由物体表面变化引发的颜色变化是突变的。通过分辨这两种变化形式，就能区分出图像的照度变化和表面变化。

物体的颜色取决于对长波、中波和短波三个波段的反射能力，而这种反射能力是物体固有的属性，不依赖于光源而存在。人眼对物体色彩的感知，取决于物体对长波、中波和短波光线反射能力的相对关系。通过把彩色图像分解成 R、G、B 三幅图像，分别计算这三幅图像中像素间的相对明亮程度就可以确定图像中各像素的颜色。

Retinex 理论的基本假设是原始图像 F、入射光 I 和反射率 R 的乘积式，图 6-8 是 Retinex 原理图。

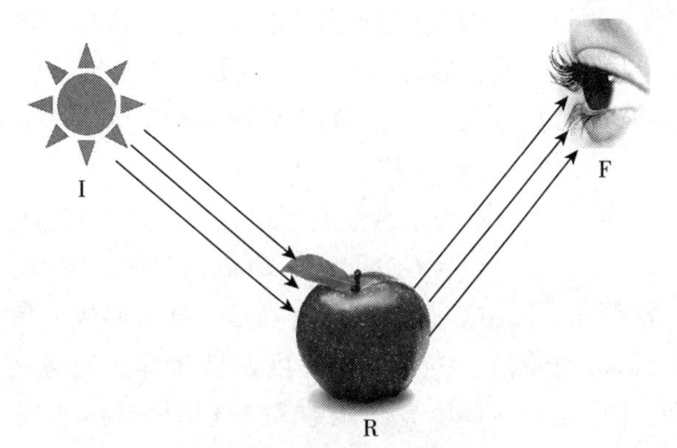

图 6-8　Retinex 原理图

$$F(x, y) = R(x, y)I(x, y) \qquad (式 6-20)$$

其中，$I(x, y)$ 表示入射光，代表环境光的照射分量；$R(x, y)$ 表示反射物体的性质以及携带图像细节信息的物体反射分量；$F(x, y)$ 是被观察者接收到的彩色图像。入射光 $I(x, y)$ 决定了图像的动态范围，反射物体 $R(x, y)$ 决定了图像的内在性质。Retinex 基本理论就是从接收到的图像 $F(x, y)$ 中估计出照射分量 $I(x, y)$，获得物体的反射分量 $R(x, y)$，从而消除光照不均的影响，达到提高图像视觉效果的目的。在处理中通常会将运算转至更为简单的，同时也更接近人眼的感知能力对数域进行处理，表达形式见式 6-21：

$$f = r + i \quad （式 6-21）$$

虽然无法直接获得反射分量 r，但是可以先通过估计入射光部分，然后再结合式 6-20，获得反射分量，最后进行指数变换即可得到最终结果，见图 6-9。

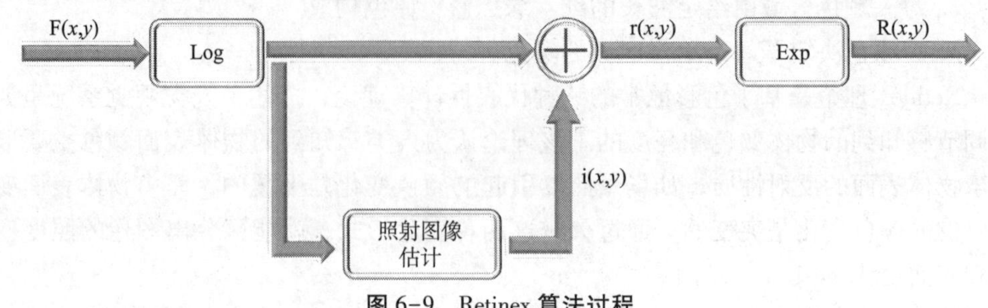

图 6-9　Retinex 算法过程

Retinex 算法不会因为图像的改变而改变，对于彩色图像的增强和去雾处理，有明显的优越性。

二、基于修正 Retinex 模型的图像快速去雾方法

据前文所述，Retinex 理论的基本原理，是仿照人类视觉系统（HVS）根据实际场景的光照情况生物调节的结果，抛开入射光的性质来获取物体的放射性质。传统 Retinex 增强算法增强了图像中的反射光分量等高频成分，同时滤除了图像中的照射光分量等低频分量，从而使得增强后的图像具有较好的边缘细节，但图像对比度会随之减弱。遵循 Retinex 理论思想，直接做商求取反射分量 R，即：

$$R(x, y) = F(x, y)/I(x, y) \quad （式 6-22）$$

照射分量 I 可以通过高斯函数与原函数卷积而近似估计，其数学表达式如下：

$$I(x, y) = G(x, y) * F(x, y) \quad （式 6-23）$$

修正的 Retinex 模型用于图像增强的实现过程是：从分离成分角度出发，首先通过对输入图像使用低通滤波器，来估计环境亮度函数也即照射分量 I，在通过除法操作，获得反射信息作为输出。环境亮度函数 I 描述周围环境的亮度，对应图像的低频分量，决定了图像中像素能到达的动态范围与物体无关。所以通过修正环境亮度函数 I，来提高图像的全局对比度。而物体反射函数 R，决定了图像的内在性质，对应图像中的高频分量，携带者与照明无关的图像细节信息。因此通过调整 R 的值来增强局部细节。经过对上述环境亮度函数和物体反射函数的调整，即可实现图像的全局和局部对比度增强处理。改进的 Retinex 模型原理见图 6-10。

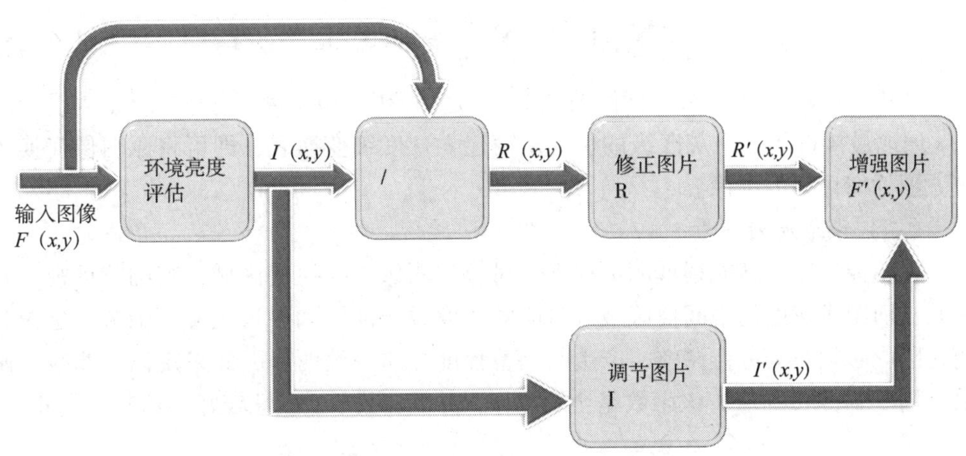

图 6-10　改进的 Retinex 模型原理

I'（x，y）和 R'（x，y）函数决定了整体算法的运算量和最终的处理效果。对原始图像进行亮度估计就是寻找全局对比度增强处理函数 $I'(x, y)$，同时寻找局部增强处理函数 $R'(x, y)$，从而利用新的照射反射模型达到图像增强去雾效果。其中 I'（x，y）和 R'（x，y）函数可以分别采用若干图像增强函数进行处理，达到最好的增强效果以及最低的算法复杂度。

（一）调节照射分量

雾天图像对比度低、灰度层次差的问题可以通过动态范围扩展来改善。在传统的图像增强领域，基于直方图的增强技术是应用较为成熟的技术之一，也是雾天图像增强的常用方法。图像的直方图是图像的重要统计特征，表征了数字图像中每个灰度级与灰度级出现的频率间的统计关系。

图像归一化的灰度统计直方图是一个一维的离散函数，

$$P(s_k) = n_k/n \qquad k = 0, 1, \cdots, L-1 \qquad \text{（式 6-24）}$$

其中，$P(s_k)$ 为图像的第 k 级灰度出现的概率，s_k 为第 k 级灰度的灰度值，n_k 是图像中第 k 级像素的个数，n 是图像像素总数，L 是图像中灰度级的总数目。直方图提供了图像的灰度值分布情况，反映了图像的整体灰度范围、对比度以及明暗状况等特征，基本描述了这幅图像的概貌。若一幅图像其像素占有全部的灰度级且分布均匀，则这样的图像有高对比度和多变的灰度色调，灰度级丰富且动态范围大。因此，通过改变直方图的形状可以增强图像的对比度。直方图均衡化是一种简单常用的图像增强方法，它是以累积分布函数为基础的。基本实现方法是通过灰度的映射表，计算映射后每个像素新的灰度值，来修正有雾图像的直方图，使分布由原来比较集中变得均匀，这样可增加像素灰度值的动态范围，从而达到增强雾天图像整体对比度的目的。

图像的像素点原灰度为 r，变换后的灰度为 s，其灰度变换函数 T（）的离散化公式为：

$$s_k = F(i) = \sum_{j=0}^{k} p_r(r_j) = \sum_{j=0}^{k} \frac{n_j}{n}, k = 0, 1, \cdots, L-1 \qquad (式 6-25)$$

式中，$p_r(r_j)$ 是第 j 级灰度值的概率，n_j 是图像中 j 级灰度的像素总数。对变换后的 s 值取最接近的一个灰度级的值，从而建立灰度级变换表，即可将原图像变换为直方图均衡化后的图像。

（二）调节反射分量

在图像灰度很高或很低的情况下，对应的图像灰度蜕变区域，其细节可视一般较好；而图像灰度的中间值区域，对应的灰度蜕变区域和平坦区域，细节不是很分明，因此必须对其进行调整，产生的调整程度是非一致的。因此采用以下非线性函数，用于调整 R 的值。该函数是全局操作，并且参数自适应性较好。其表达式如下：

$$T(r) = \begin{cases} 0, & r < \mu - 2\sigma \\ \frac{r - (\mu - 2\sigma)}{4\sigma} * D_{max}, & \mu - 2\sigma \leqslant r \leqslant \mu + 2\sigma \\ 1, & \mu - 2\sigma \leqslant r \leqslant \mu + 2\sigma \end{cases} \qquad (式 6-26)$$

其中，μ 和 σ 分别代表图像灰度的平均值和标准差，D_{max} 为输出设备的最大值，取决于系统的位宽。灰度值在 $[0, \mu - 2\sigma]$ 和 $[\mu + 2\sigma, D_{max}]$ 范围的像素属于背景区，这里直接截断处理。而在 $[\mu - 2\sigma, \mu + 2\sigma]$ 范围的像素属于目标区，需要进行拉伸处理。由于反射图像包含图像的细节信息，所以通过反射校正能对反射图像进行细节增强，其增强程度取决于一个拉伸因子。该拉伸因子大于 1 时，表示细节增强；其值小于 1 时，表示细节压缩。对照上面的函数运算，显然能够调增图像灰度级的分布，增加目标区所占的灰度级间隔，使背景区的变化平坦，而目标区的灰度值变化增大，从而有利于突出图像的细节。这种变换形式可以使图像灰度值在其均值附近，达到最大限度的拉伸效果，而且控制参数较少，满足调节自适应的要求。

通过采用合适的函数对图像照射分量和反射分量分别进行非线性变换后，新的照射反射模型为：

$$F'(x, y) = I'(x, y) * R'(x, y) \qquad (式 6-27)$$

其中，$I'(x, y)$ 和 $R'(x, y)$ 分别由式 6-22 和式 6-23 求得。显然，函数 $I'(x, y)$ 和 $R'(x, y)$ 是整个算法的关键，它们的形式决定了算法的运算量和处理效果。

经过试验表明，基于修正 Retinex 模型的图像增强算法具有全局和区域两方面的调整能力，利用新的 Retinex 模型进行图像增强和雾天降质图像去雾处理克服了传统的 Retinex 算法的缺点，并且避免了复杂的多尺度模板卷积运算，减少了运算的复杂度。

第四节 基于深度学习模型的行人车辆检测与跟踪

一、深度学习网络的构建

卷积网络受启发于生物学里的视觉系统结构——视觉皮层的神经元就是局部接受信息的。对于自然图像来讲，图像中一部分的统计特性与其他部分是一样的。图像某一部分学习的特征也能泛化应用于其他部分，因此对于图像上的所有位置，均可实现统一的学习特征。采用卷积神经网络构建，避免了显示特征提取，并且网络各个层级中的神经元实现权值参数共享。多层级神经元网络的构建以及训练，极大程度降低了对数据预处理的要求，同时也减少了需要训练的参数。根据行人、车辆检测需要利用卷积神经网络来构建出深度学习网络（见图 6-11）。

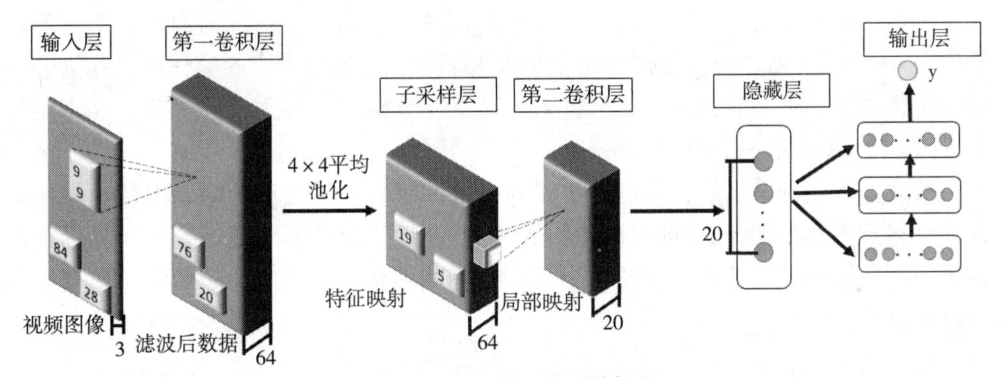

图 6-11 深度学习模型的框架

学习网络共分为六层，第一层是数据输入层，视频数据需要经过一定的预处理，再进入模型；第二层是第一卷积层，把输入的图像提取出多幅特征提取图；第三层是对子采样层进行特征提取，取样压缩；第四层是第二卷积层，将特征图提取局部检测图，并通过隐藏层获得这些局部检测图的评分，由输出层得到最终的标间 y。在训练阶段，所有参数通过反向传播进行了优化。

二、图像预处理

在图像生成和传输过程中，图像不可避免地含有各种噪声和失真，为提高对图像目标检测的有效性和可靠性，需要对采集的视频图像进行去噪。中值滤波采用一个含有奇数点的滑动窗口，取窗口中各点灰度值的中值来代替窗口中心的灰度值。中值滤波算法能够较好地保护目标边界，有效地去除图像中的随机噪声。

三、目标的截取

通过下列函数可实现AVI文件的读取：

AVIFileInit ()；//使用AVI函数用

AVIFileGetStream ()；//获得AVI视频流

AVIStreamInfo ()；//获得AVI视频流信息

AVIStreamGetFrameOpen ()；//获得AVI (LPBITMAPINFOHEADER) AVIStreamGetFrame ()；//获得图像的信息//获得图像像素数据 (unsigned char *) AVIStreamGetFrame ()；

调用以上函数可以获得每帧图像的位图信息和像素数据。

四、特征提取

卷积神经网络的第一卷积层以及子采样层共同作用，形成了模型的特征提取层，卷积神经网络第一层输入层将28×84大小的图片作为第一卷积层的输入，第一卷积层中有64个滤波器，输入数据的每个9×9邻域数据与滤波器中参数作用，作为一幅输出特征图的一个元素，最终，经过第一卷积层的64个滤波器卷积作用，输出结果是64幅20×76大小的特征图。

接着输入到子采样层，经过滤波器的作用，每个4×4领域的输入图数据做平均处理，得到64幅压缩的特征提取图，大小为5×19。通过上面图像处理，分别求出各个可能目标的一些特征，以及各个可能目标的面积、圆形度、矩形度、不变矩和一些统计特征等。

五、自动跟踪

通过对不同层特征输出的分析，构建特征筛选网络，选出和当前跟踪目标最相关的特征图进行自动跟踪。

第五节　车牌识别技术

一、车牌检测 (Plate Detection)

图6-12为车牌检测流程。车牌检测包括车牌分析、SVM训练、车牌判断三个过程，通过车牌检测过程获得许多可能是车牌的图块，将这些图块进行手工分类，聚集一定数量后，放入SVM模型中判断，得到SVM的一个判断模型，在实际的车牌检测过程中，把所有可能是车牌的图块输入SVM判断模型，通过SVM模型自动选择出实际上真正是车牌的图块。

车牌检测过程结束后，获得图片中真正有用的部分——车牌。根据这个车牌图片，生成一个车牌号字符串的过程，就是字符识别的过程。

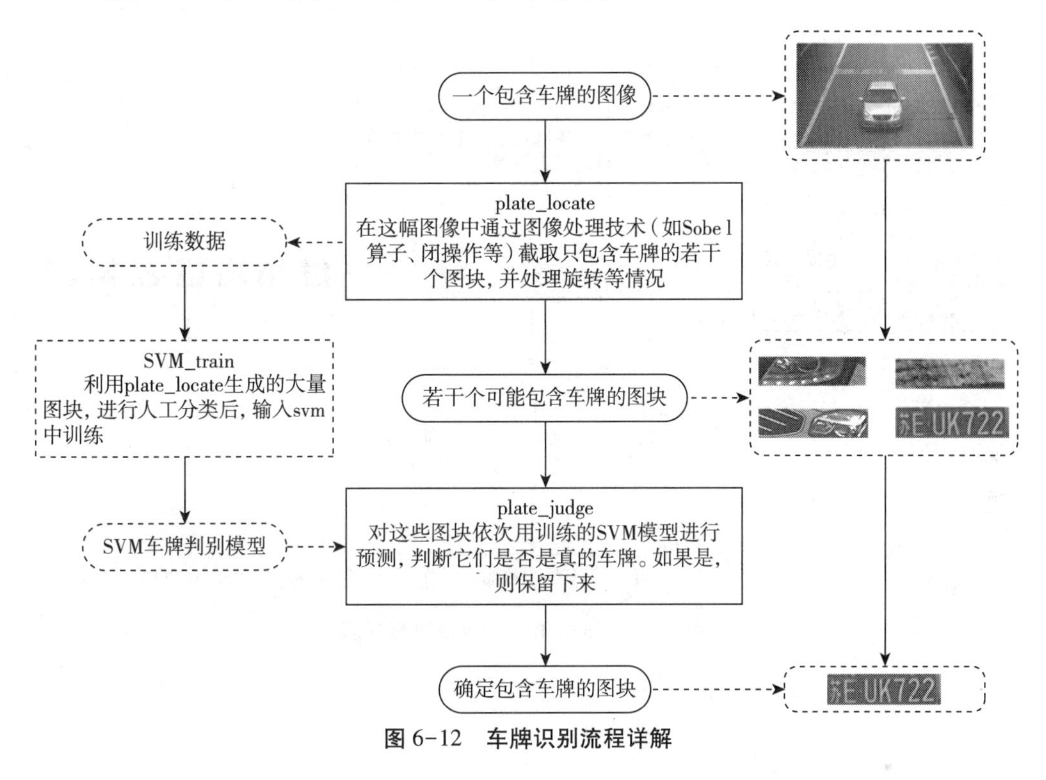

图 6-12 车牌识别流程详解

二、字符识别（Chars Recognition）

字符识别包括字符分割、ANN 训练、字符预测三个过程，具体见图 6-13。在字符识别过程中，一幅车牌图块首先会进行灰度化，二值化，然后使用一系列算法获取到车牌的每个字符的分割图块。获得海量的这些字符图块后，进行手工分类，放入神经网络（ANN）的 MLP 模型中，进行设置。在实际的车牌识别过程中，将得到 7 个字符图块放入设置好的神经网络模型，通过模型来预测每个图块所表示的具体字符，如图 6-13 中就输出了“苏 EUK722”。

利用先进的机器学习和计算机视觉技术，结合仿真人类的视觉系统，深入研究运动估计算法、退化成像模型算法、正则化参数的快速确定算法以及模糊视频图像综合处理算法，开发图像恢复跟踪软件。软件读取服务器中的视频文件或直接读取摄像头视频，图像质量评价模块会自动对图像的质量进行分析，确定图像退化等级，在此基础上，通过时频分析自动选择图像去噪、图像复原或图像增强算法。同时软件还可以针对特定的目标（如车牌、人脸等）提供专用的模糊处理算法，以及供系列人工智能功能，如可自动检测视频中的车辆、行人、人脸等并对这些目标进行跟踪。

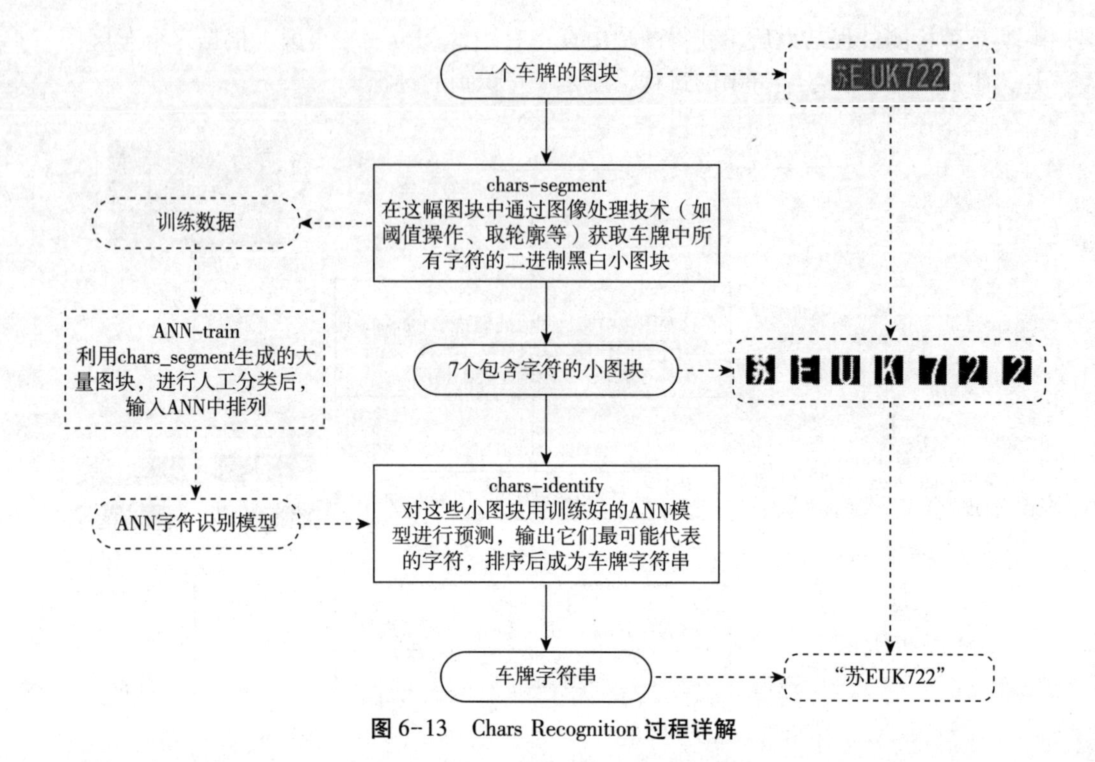

图 6-13　Chars Recognition 过程详解

第七章　基于3S技术的贵州省道路交通事故车辆监控及预测预警研究

随着我国社会经济的快速发展，城市现代化进程加快，城市人口迅速增多，城市功能日益复杂化，道路交通事故成为我国社会经济发展中不得不面对的问题。据统计，在中国，平均每5分钟就有一人丧生于车轮下，每分钟都有人因交通事故导致伤残，道路交通安全已成为关系社会可持续健康发展的主要社会问题。目前，我国仍然处在一个特殊阶段，经济快递发展，交通工具数量日益增加，但是道路设施和交通参与者的素质却没能同步跟上，虽然交通管理部门出台了相关交通法律法规，但缺少相匹配科技的参与，效果欠佳，因此，构建具有实际效用的预防和急救模式成为建设现代化城市必不可少的工作之一。

"3S"技术即全球卫星导航系统（GNSS）、遥感（RS）和地理信息系统（GIS）。GNSS可以协助道路交通事故处理的工作人员，根据信号准确定位事故发生的地点，修正由RS自身原因导致的定位误差，绘制准确的事故地图。RS可以利用远程技术采集到现场图像，基于目的分析后，可在短时间内让指挥系统获取关键信息，其已经被成功应用于灾害的评估之中，但在道路交通事故中的有效应用还不是很多。GIS是一个关于地理性质的综合集成平台，其主要功能已经不仅仅限于陆地情况、道路路线的显示，基于GIS开放的功能模块接口，用户已能根据自身需求进行新功能的开发。同时，GIS也是一个数据融合平台，基于其已有的数据库接口，用户可以自己设计数据库结构，存储通过各种方式及方法采集的数据，并可将数据库的数据分析后，在GIS中动态显示出来。简言之，"3S"技术主要是协助人们快速采集数据，合理管理数据，清晰展示分析结果，协助管理人员做出最佳决策的工具集合。

"3S"技术是近10年来迅速发展起来的一项技术，在交通事故分析研究领域，对道路交通事故发生地点的准确判定以及事故黑点的定位分析都是目前研究的热点，而GIS在这些方面有着明显的优势，同时GIS具有获取、储存、检索、共享和管理大量信息的功能，它为数据的分析、研究可视化数据之间的关系提供了一个平台，可以提供图表形式以及非图表形式的输出结果，基于以上诸多优势，GIS在交通事故的分析系统中也开始被广泛应用。GIS作为智能交通的重要组成部分，近些年来得到了迅速发展。在欧美等发达国家，如美国的死亡事故分析报告系统（fatality analysis reporting system，FARS）即具备GIS的事故分析功能，交警基于车载电脑对照 GIS 地图可直接获取 GPS 经纬度坐标，无须记录文字信息，在 GIS 地图上可进行修改、确认等操作来实现交通事故信息的采集与分析。日本国土交通省国土技术政策综合研究所在 2000 年至 2002 年专门对基于 GIS 的交通事故分析系统、交通安全评价系统以及道路空间系统进行了深入研究。

与国外地理信息系统在交通安全领域的研究应用相比较，地理信息系统在我国道路安全领域的研究起步较晚，到目前为止还没有成熟的道路安全方面的商业软件出现。我国在交通安全领域具有代表性的交通事故管理分析系统，是公安部开发的道路交通事故信息系统，它是基于对道路事故发生情况的一般统计、分析，并以此为基础提出的报表。由清华大学和云南省合作开发的云南省交通事故处理系统没有事故信息分析功能。总地看来，我国多数交通事故信息分析仅限于一般的数据统计、分析，无法发现隐含在大量事故信息里的内部规律，并且大多数都不具有地图显示及空间分析功能，从而难以发现交通事故的空间分布特征以及与路网要素之间存在的关系。传统的时间序列模型较为简单，无法反映道路交通事故发生的内在复杂机理。有些学者借助灰色系统理论，即将随机过程看作在一定范围内变化的与时间有关的灰色过程，可以认为道路交通事故的发生是一个灰色系统，可应用灰色系统理论对其展开预测。

第一节　研究区概况

一、地理位置

贵州省简称“黔”或“贵”，位于中国西南地区，介于东经 103°36′-109°35′、北纬 24°37′-29°13′，东毗湖南省、南邻广西壮族自治区、西连云南省、北接四川省和重庆市。全省东西长约 595km，南北相距约 509km，总面积为 176167km^2，占全国国土面积的 1. 8%。贵州是西南地区交通枢纽省份，是西北、西南省区通往沿海的重要中转过境地区。

二、地形地貌

贵州省地处云贵高原东部，境内地势西高东低，自中部向北、东、南三面倾斜，平均海拔 1100m 左右。贵州高原山地居多，素有“八山一水一分田”之说。全省地貌可概括分为高原山地、丘陵和盆地三种基本类型，其中 92. 5%的面积为山地和丘陵。境内山脉众多，重峦叠峰，绵延纵横，山高谷深。北部有大娄山，自西向东北斜贯北境，川黔要隘娄山关高 1444m；中南部山岭横亘，主峰雷公山高 2178m；东北境有武陵山，由湘蜿蜒入黔，主峰梵净山高 2572 米；西部高耸乌蒙山，属此山脉的赫章县珠市乡韭菜坪海拔 2900. 6m，为贵州境内最高点。黔东南州的黎平县地坪乡水口河出省界处，海拔高程147.8m，为境内最低点。贵州岩溶地貌发育非常典型。喀斯特（出露）面积109084km^2，占全省国土总面积的61.9%，境内岩溶分布范围广泛，形态类型齐全，地域分异明显，构成一种特殊的岩溶生态系统。

三、交通条件

截至2019年年底，全省高速公路通车里程达7005km，总里程跃升至全国第四位、西部第二位。内通外联的高速公路网络基本形成，实现省会贵阳到市（州）中心城市双通道连接，基本形成了以贵阳为中心，便捷连接所有地州，全面通达所有县市，“两小时”覆盖黔中经济圈、“四小时”通达全省、“七小时”通达周边省会城市的交通圈。从“县县”通公路到“村村”通公路，主要解决道路交通从无到有的问题，这是道路交通功能型发展阶段的显著特征。

随着经济社会的快速发展，贵州省机动车保有量和驾驶员数量持续大幅增长。一是营运载客汽车数量增加。2017年全省公路营运载客汽车有2.87万辆，2009年增长4.7%，增速超过全省常住人口增长速度3.5个百分点；每万人拥有公共交通车辆11.02台，增长33.1%。公路营运汽车客位数61.86万客位，增长22.6%，超过全省常住人口增长速度21.4个百分点。2018年全省城市公共交通运营车辆9900辆，比2009年增长103.5%；出租汽车30696辆，增长108.8%。二是民用车辆数快速增加。2018年全省民用载客汽车有414.49万辆，比2009年增长553.8%；每百人民用载客汽车拥有量11.51辆，增长543.0%。私人汽车拥有量437.70万辆，增长514.1%；每百人私人汽车拥有量12.16辆，增长503.3%。城镇居民家庭平均每百户家用汽车拥有量39.88辆，增长722.2%。农村居民家庭平均每百户摩托车拥有量54.21辆，增长102.4%。三是驾驶员数量增加。2017年全省机动车驾驶员人数877.30万人，比2009年增长204.5%；汽车驾驶员人数659.57万人，比2009年增长203.7%。

第二节　贵州省道路交通事故特征分析

一、道路交通事故的时段特征分析

（一）道路交通事故月分析

图7-1是2009年至2014年贵州省发生的交通事故数和死亡人数按月分布图。

1. 从全年分布上看，2009年至2014年贵州省道路交通事故次数和死亡人数分布近似平行，且均呈上升的分布趋势。其中，2012年是转折点，即2009年至2011年道路交通事故和死亡人数相对较低，年平均事故数及死亡人数分别为：1101.333起、1122人；2012年至2014年道路交通事故和死亡人数相对较高，年平均事故数及死亡人数分别为：8233.667 起、3233.667 人。

2. 从月分布上看，每年 11、12、1 月的道路交通事故次数及死亡人数最多，5、6、7 月最少。其中，2013 年 8 月及 2014 年 9 月道路交通事故次数分别高达 753 起、946 起，2012 年 12 月、2014 年 1 月死亡人数分别高达 334 人、329 人。

3. 从月平均上看，2009 年至 2011 年道路交通事故和死亡人数月平均分别为 91.78 起、93.5 人；2012 年至 2014 年道路交通事故和死亡人数月平均分别为 686.139 起、269.47 人。

对此，笔者认为，其一，2009 年至 2011 年贵州省道路交通网未全面建成，道路通达性较差，以及人均车辆相对较低，因此，2009 年至 2011 年道路交通事故率相对较低；2012 年至 2014 年贵州省道路交通网工程已全面施工、完成，道路通达性较高，以及各种购车的优惠政策相继出台，致使人均车辆较高，并伴随大量旅游人口的涌入，导致道路交通事故率也较高。其二，每年 11 月至来年 1 月是冬季，贵州常有冻雨天气、水雾缭绕，道路能见度低，以及部分路面积水或被冰雪覆盖、行车条件差，因此，冬季是贵州省道路交通事故高发期；而每年 5、6、7 月是夏季，天气回暖，阳光充足，道路能见度高，路面条件较好，因此，夏季是贵州省道路交通事故低发期。

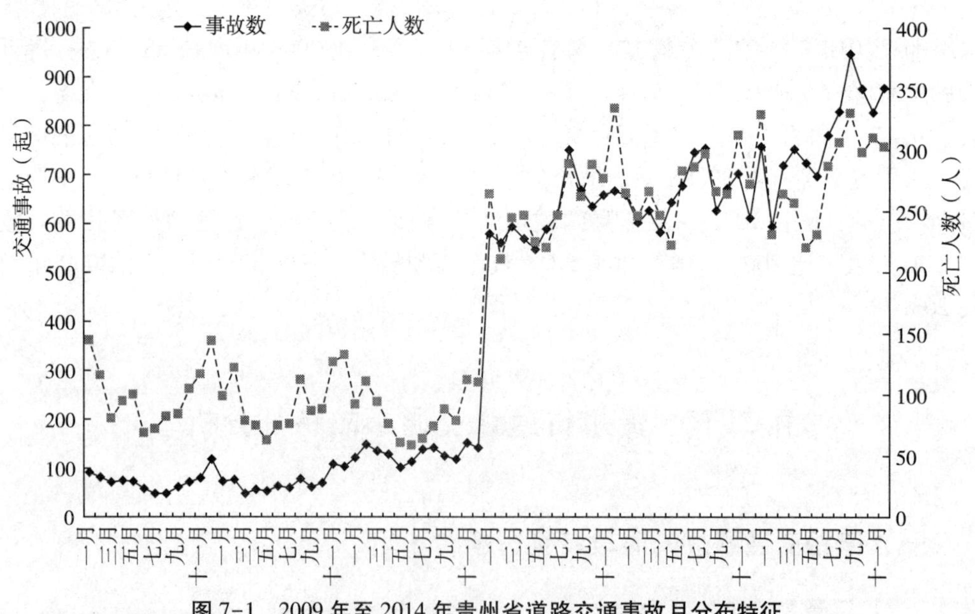

图 7-1 2009 年至 2014 年贵州省道路交通事故月分布特征

（二）道路交通事故周分析

图 7-2 为 2009 年至 2014 年贵州省全部立案事故按周日的分布情况。从单日序列道路交通事故看，以 2012 年为转折点，2009 年至 2011 年道路交通事故日变化较小，最大日变幅 53 起，2012 年至 2014 年道路交通事故日变化较大，最大日变幅达

443起；2009年至2014年道路交通事故总体呈上升趋势，且2011年星期二发生道路交通事故最小（91起），2014年星期一发生道路交通事故最大（1412起）。从单日发生道路交通事故总数上看，星期日所发生的道路交通事故次数最多，达到4150起，其次为星期三、星期一，分别为3958起、3922起，星期六发生道路交通事故次数最少，为3596起。

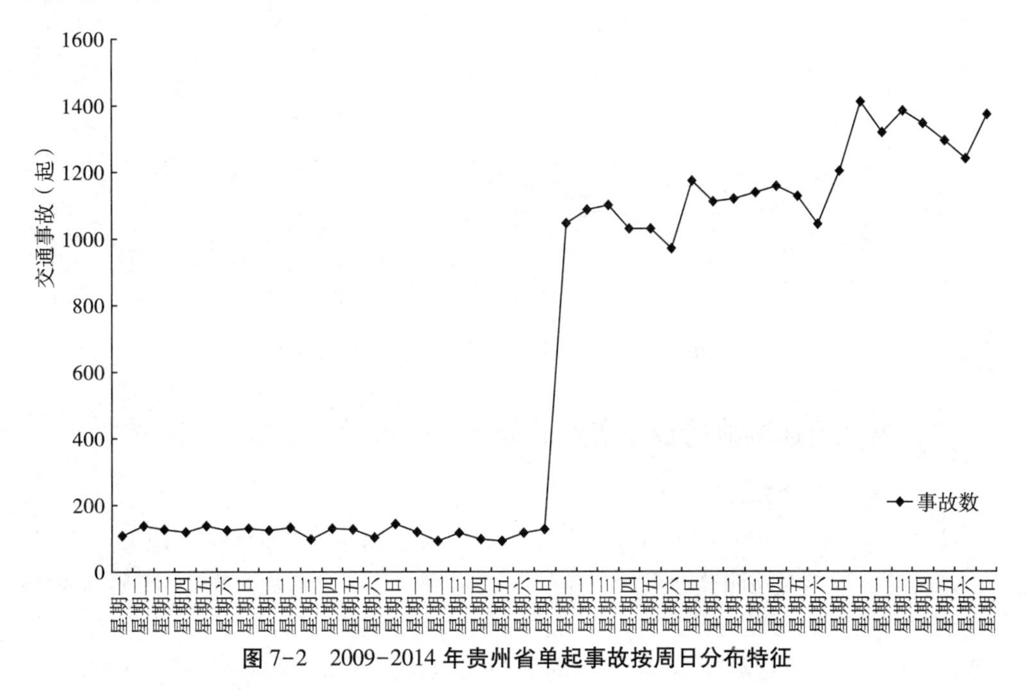

图7-2　2009-2014年贵州省单起事故按周日分布特征

（三）道路交通事故小时分析

由于交通出行需求不同，导致了交通潮汐、交通方向分布不均等现象。城市道路上的机动车、非机动车和行人等交通参与者在全天24h的出行分布也有差异，直接影响着城市道路交通事故发生的概率和风险，交通事故的分布也随着时段的不同存在明显的差别。图7-3描述了2009年至2014年全部立案事故按小时分布的情况。2009年至2014年道路交通事故呈上升分布趋势。以2012年为转折点，2009年至2011年道路交通事故时变化较小，时最大变幅为62起，2012年至2014年道路交通事故时变化最大，时最大变幅为617起。同时，也可以看出道路交通事故的高峰期出现在19：00-20：00，达1863起，此时间段相当于贵州出行的高峰期，出行交通量大且夜间视距不良，行车环境较差，道路交通事故较多。交通事故的低谷期出现在凌晨4：00-5：00，交通事故214起。

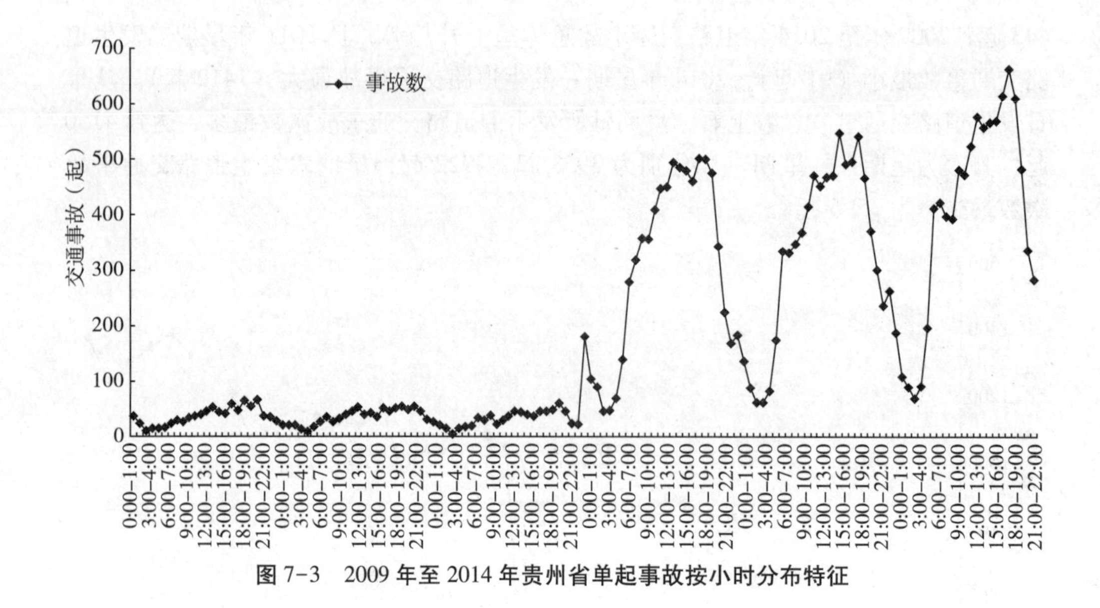

图 7-3　2009 年至 2014 年贵州省单起事故按小时分布特征

二、道路交通事故的参与者特点分析

（一）责任者驾龄结构分析

图 7-4 反映了 2009 年至 2014 年肇事驾驶人驾龄对道路交通事故的影响。从图 7-4 上可知，驾龄对道路交通事故影响呈递减趋势，其中，驾龄为 6-10 年的驾驶人发生道路交通事故次数最多，为 5157 起，其次驾龄 1 年以下的驾驶人，发生道路交通事故 4536 起，而驾龄在 20 年以上的驾驶人道路交通事故次数最少，为 471 起。从驾龄结构对道路交通事故影响的年际变化上分析（见图 7-4 下），中低驾龄驾驶人肇事次数连续六年大幅上升，尤其是 1 年以下驾龄驾驶人肇事次数，上升幅度达 5.621‰，6-10 年驾龄驾驶人肇事次数上升幅度达 5.988‰，20 年以上驾龄驾驶人肇事次数上升幅度最小为 2.436‰。

（二）责任者年龄结构分析

从 2009 年至 2014 年驾驶人年龄结构上分析，道路交通事故发生次数与受伤人数大致平行，且呈“驼峰型”分布。从图 7-5 上可知，道路交通事故的发生及其受伤人数主要集中在 13-55 岁年龄段，其中，道路交通事故的发生及其受伤人数在 36-40 岁年龄段达到高峰值，分别为 6526 起、5007 人；而 1-16 岁年龄段和 61 岁以上年龄段的道路交通事故的发生率及其受伤人数最少。从 2009 年至 2014 年年际变化上看，道路交通事故发生次数（见图 7-6 上）及其死亡人数（见图 7-6 下）呈逐年上升趋势，尤其是 16-50 岁年龄段逐年上升幅度最大，而 1-15 岁年龄段和 51 岁以上年龄段逐年上升幅度较小。其中，13-15 岁年龄段道路交通事故发生次数及其死亡人数上升幅度分别达 20.857‰、28.375‰，56-60 岁年龄段上升幅度分别达 7.772‰、20.091‰，而 7-9 岁年龄段交通事故发生次数上升幅度最小（1‰）、1-6

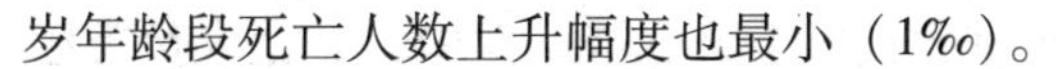
岁年龄段死亡人数上升幅度也最小（1‰）。

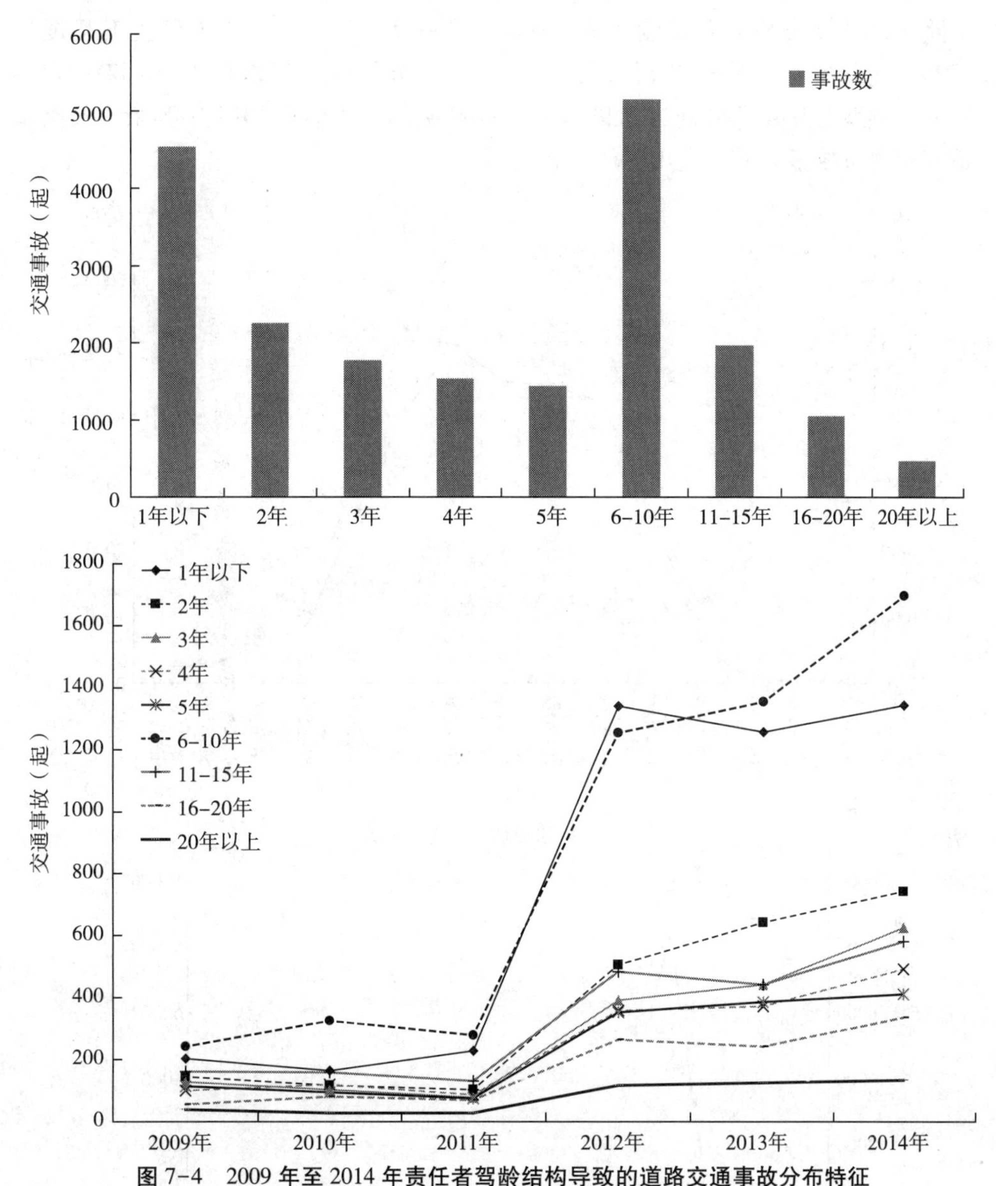

图7-4　2009年至2014年责任者驾龄结构导致的道路交通事故分布特征

（三）责任者人员类型分析

从图7-5下可知，肇事驾驶人员类型主要集中于“农民”群体，就2009年至2014年导致道路交通事故次数及其死亡人数见图7-5下，分别高达8296起、9957人，分别占总交通事故次数及死亡人数的51.43%、51.31%，另外，2009年至2014年自主经营者导致道路交通事故次数及其死亡人数分别达4195起、5296人，而港澳台胞、华侨、外国人群体在贵州省境内几乎未曾发生过道路交通事故。从2009年至2014年年际变化上看（见图7-7），其他、农民和自主经营者三种人员类型自

2011 年以后道路交通事故次数及死亡人数呈大幅度上升趋势，其中，其他人员类型的道路交通事故次数上升幅度达 8. 256‰（见图 7-7 上）、死亡人数上升幅度达 15. 690‰（见图 7-7 下），农民人员类型上升幅度分别达 4. 252‰、11. 046‰，自主经营人员类型上升幅度分别达 2. 992‰、7. 160‰。2009 年至 2014 年其余人员类型对道路交通事故影响很小或几乎没影响。

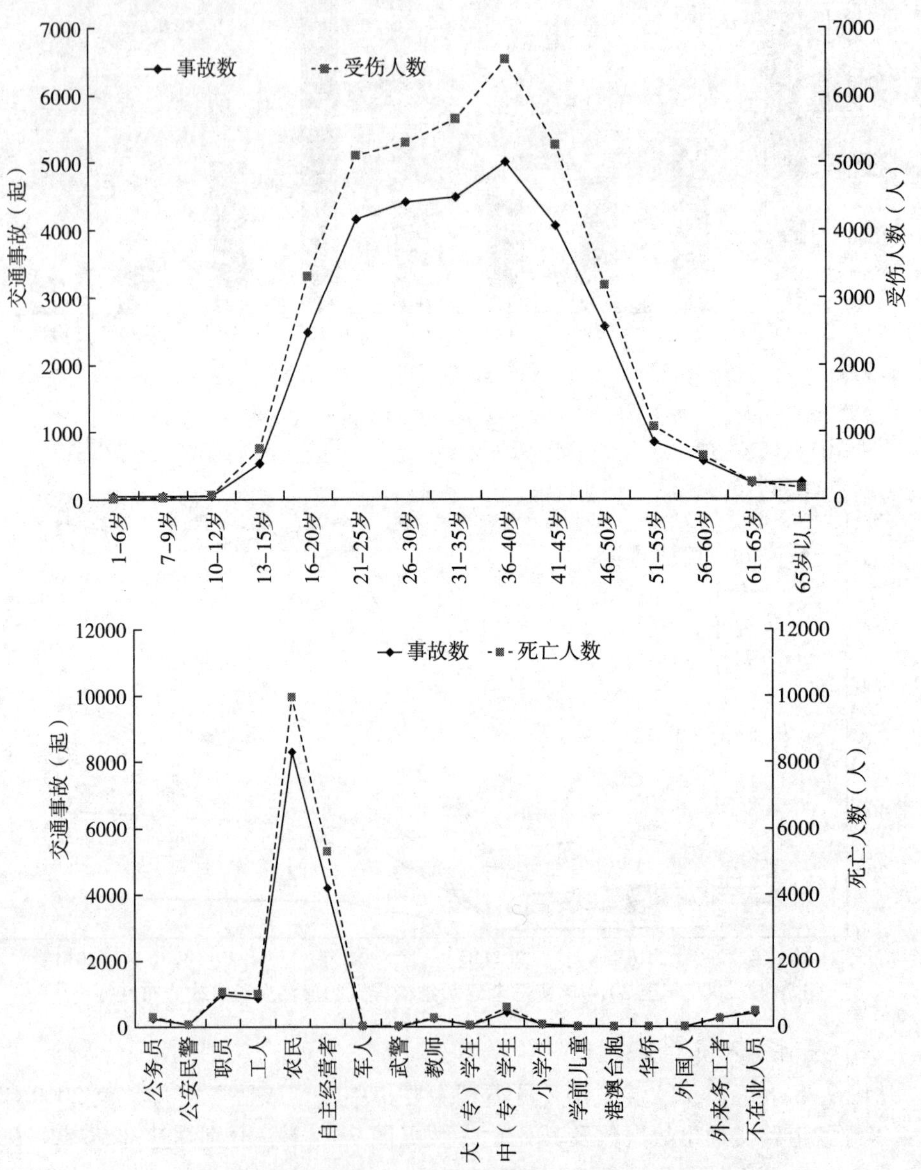

图 7-5　2009 年至 2014 年责任者年龄结构（上）、人员类型（下）导致道路交通事故次数与死亡人数分布特征

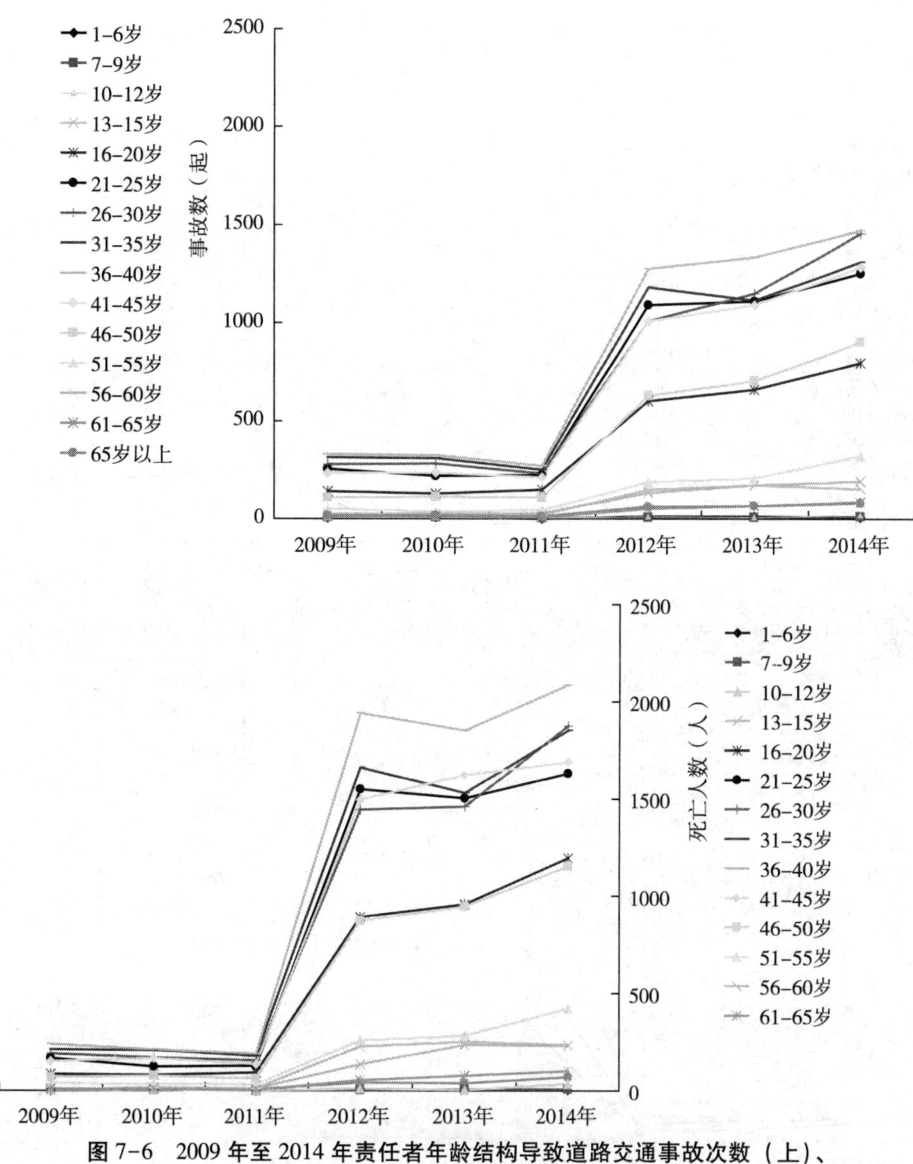

图 7-6　2009 年至 2014 年责任者年龄结构导致道路交通事故次数（上）、死亡人数（下）及其年际变化特征

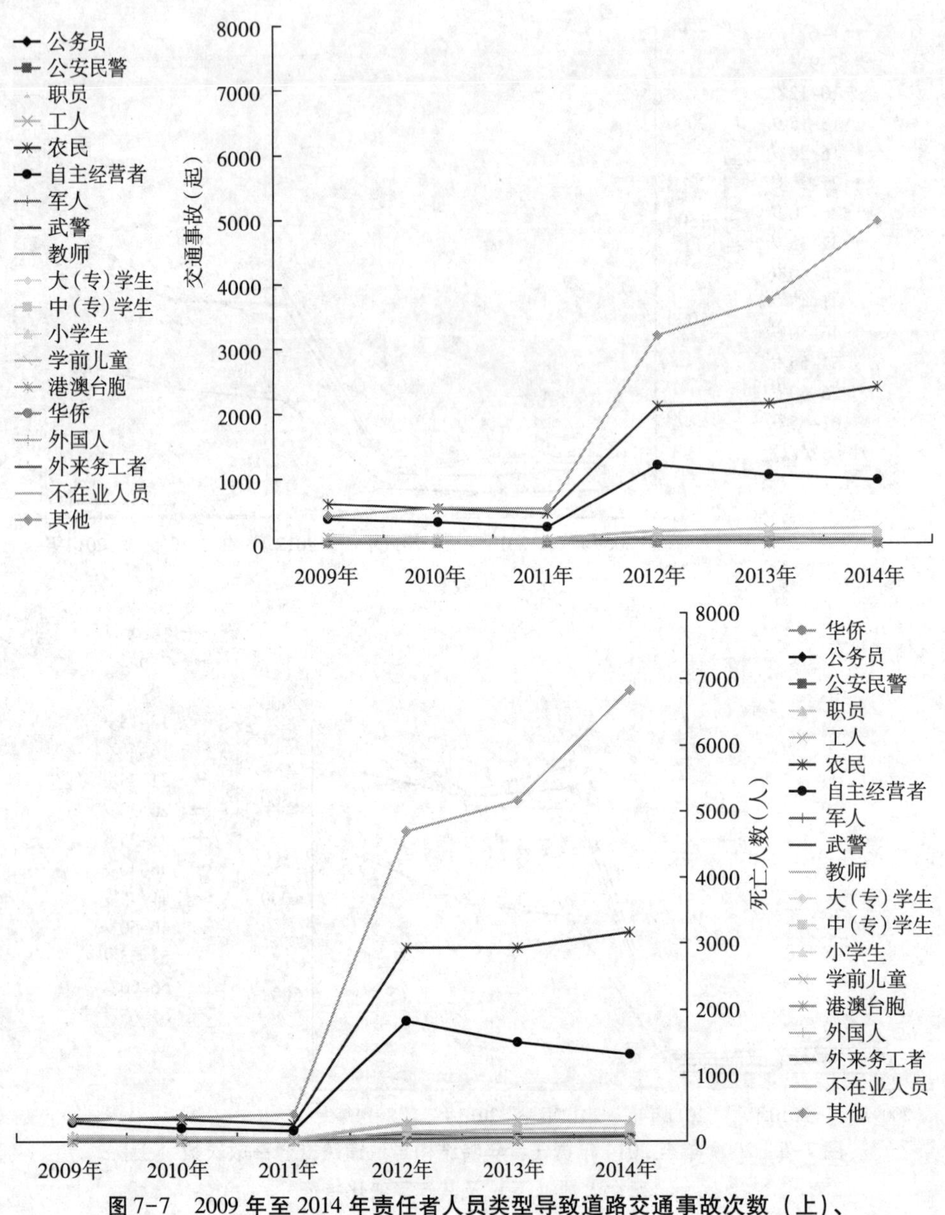

图 7-7 2009 年至 2014 年责任者人员类型导致道路交通事故次数(上)、死亡人数(下)及其年际变化特征

三、道路交通事故的肇事车辆特征分析

(一)责任者车辆使用性质分析

从责任者车辆使用性质来看(见图 7-8 上),2009 年至 2014 年道路交通事故次数呈现“两个峰值”,即私用车和一般货车,导致的道路交通事故分别高达 17121 起、5103 起,另外公路客运为 918 起、出租客运为 512 起。从车辆使用性质的年际

变化来看（见图6-8下），私用车、一般货运车和其他非营运车导致道路交通事故的年际变化较大，且呈逐年增长趋势。其中，2011年至2014年私用车导致的道路交通事故增长幅度高达6.631‰、一般货运车导致的交通事故增长幅度为3.548‰、其他非营运车导致的交通事故增长幅度为2.881‰，而其余使用性质的车辆导致的道路交通事故年际变化较小或几乎没变化。

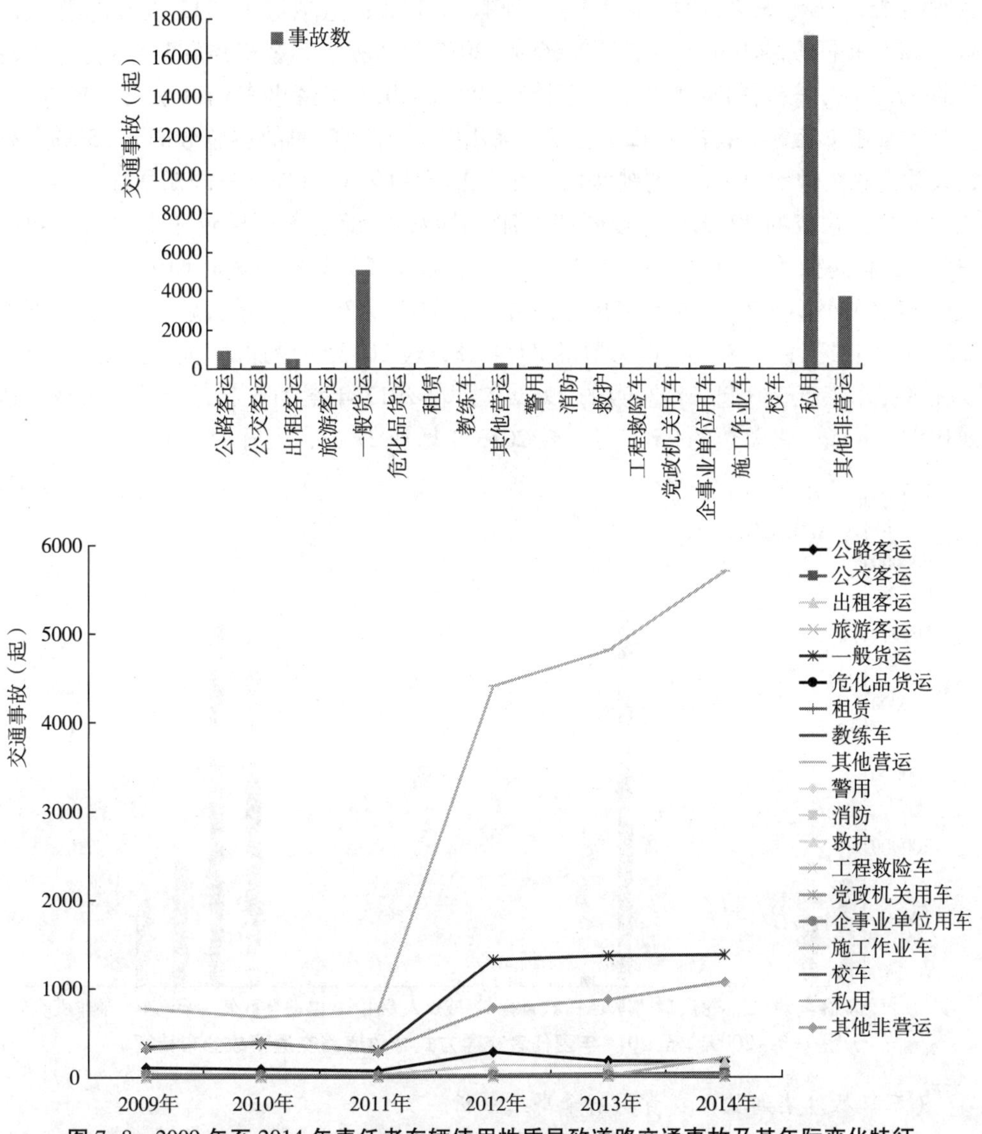

图7-8 2009年至2014年责任者车辆使用性质导致道路交通事故及其年际变化特征

（二）从责任者交通方式上分析

由图7-9可知：2009年至2014年驾驶摩托车肇事仍占较大比重，且导致的死亡人数占总死亡人数的26.88%，其次是步行和其他非机动车，导致的死亡人数分别占总死亡人数的 23.32%、20.23%。从年际变化上看，2009 年驾驶摩托车共肇事 544 起，占总数的 30.46%，较 2008 年的占比增加 2.19%，上升 7.75%，造成死亡 324 人，占总数的 27.16%，较同期增加 9 人，上升 2.86%。2010 年驾驶摩托车肇事次数占总数的 35.88%，造成死亡人数占总数的 32.00%，受伤人数占总数的 34.13%。2011 年驾驶小型客车肇事占较大比重，全年驾驶小型客车肇事 537 起，占总数的 35.99%，较同期减少 35 起，下降 6.12%；造成死亡 343 人，占总数的 34.96%，较同期减少 9 人，下降 2.56%。2012 年驾驶小型客车共肇事 534 起，占总数的 39.24%，较同期减少 8 起，下降 1.48%。2013 年肇事车辆以私用车辆为主，货车和摩托车肇事事故较 2012 年上升，私用车辆导致的事故占总数的 63.52%，死亡人数占总数的 58.64%；驾驶摩托车肇事占总数的 36.26%，较同期增加 17.42%；死亡人数占总数的 32.91%，较同期增加 14.44%；货运车辆导致的事故占总数的 18.1%，较同期增加 2.94%，死亡人数占总数的 25.35%，较同期增加 10.59%。2014 年驾驶小型客车共肇事 429 起，占总数的 37.47%，较同期减少 12 起，下降 2.72%；造成死亡 298 人，占总数的 37.48%，较 2013 年增加 27 人，上升 9.96%。驾驶摩托车肇事 336 起，占总数的 29.34%，较 2013 年增加 6 起，上升 1.82%；造成死亡 204 人，占总数的 25.67%，较 2013 年增加 27 人，上升 15.25%。

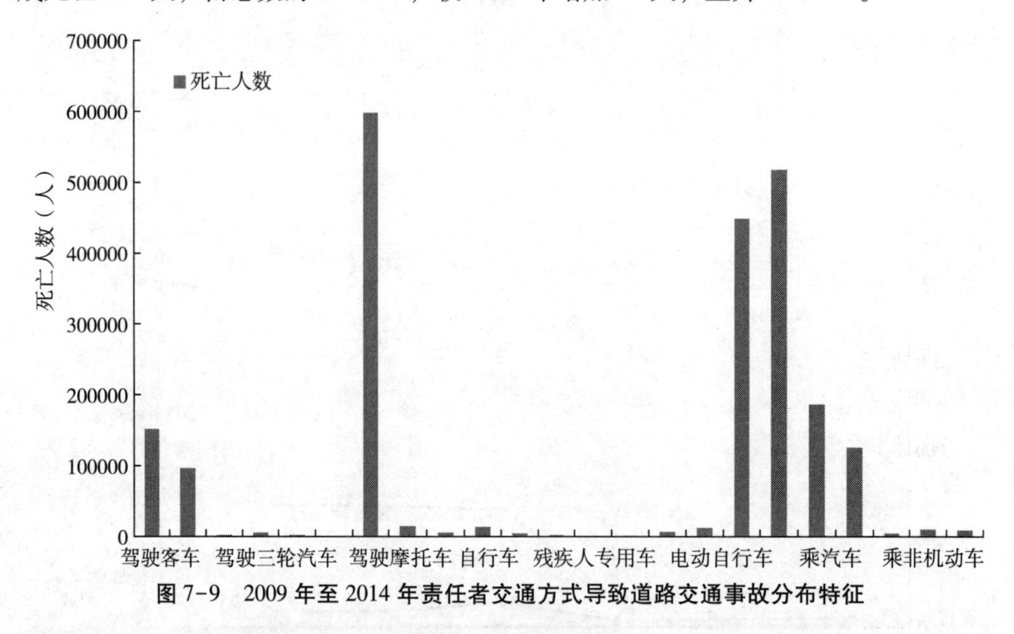

图 7-9 2009 年至 2014 年责任者交通方式导致道路交通事故分布特征

（三）从外省驾驶人在贵州省肇事上分析

随着贵州省多条高速公路的开通，道路运输活动和私家车出游日趋频繁。由于贵州省道路状况的特殊性，外省车辆在贵州省的肇事情况大幅度增加（见图 7-10）。就 2009 年涉及外省车辆的道路交通事故共 802 起，造成死亡 477 人，受伤 1309 人。其中外省车辆肇事较多的省份是：重庆市（肇事 130 起，致死亡 70 人）、四川（肇事76起，致死亡68人)、云南（肇事62起，致死亡29人）和湖南（肇事41起、致死亡29人)；2010年涉及外省车辆或驾驶人的道路交通事故共1023起，造成死亡590人，受伤1770人。其中负同等以上责任的外省车辆肇事较多的省份是：重庆市（肇事140起，致死亡92人，致伤227人)、四川（肇事116起，致死亡79人，致伤204人）和云南（肇事102起，致死亡48人，致伤207人)。2011年涉及外省车辆的道路交通事故共178起，造成死亡172人，受伤321人。其中外省车辆肇事较多的省份是：云南（肇事27起，致死亡15人)、重庆（肇事26起，致死亡21人)、四川（肇事21起，致死亡42人）和湖南（肇事18起，致死亡19人)。2012年涉及外省车辆的道路交通事故共330起，造成死亡304人，受伤710人。其中外

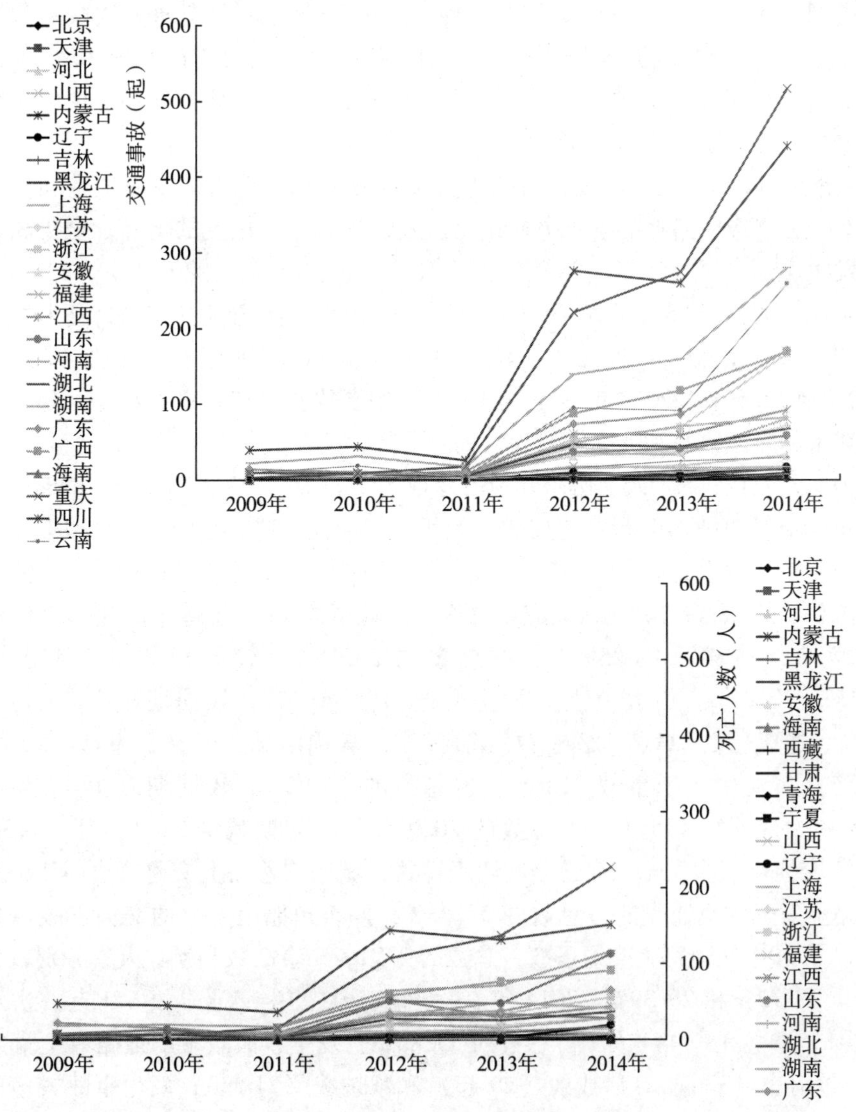

图7-10　2009年至2014年外省车辆导致道路交通事故、死亡人数年际分布特征

省车辆肇事较多的省份是：重庆（肇事 51 起，致死亡 49 人）、四川（肇事 47 起，致死亡 48 人）、云南（肇事 29 起，致死亡 20 人）和广西（肇事 25 起，致死亡 22 人）。2013 年外省车辆肇事较多的省份是：重庆（4.22%）、四川（2.93%）和云南（2.26%）。2014 年涉及外省车辆的道路交通事故共 234 起，造成死亡 227 人，受伤 339 人。其中外省车辆肇事较多的省份是：重庆（肇事 43 起，致死亡 44 人）、湖南（肇事 27 起，致死亡 17 人）和四川（肇事 23 起，致死亡 16 人）。

四、道路交通事故的道路特征分析

（一）从道路类型上分析

由图 7-11 可知：2009 年至 2014 年三级公路发生道路交通事故次数最多，为 8591 起，占总事故数的 28.83%；四级公路 4842 起，占总事故数的 16.25%；一般城市道路 4660 起，占总事故数的 15.64%；公共停车场和公共广场发生的道路交通事故最少，占总事故数的 0.02%。

由图 7-11 可看出年际变化特征为，2009 年高速公路上的事故次数和死亡人数大幅上升，二级公路上的事故次数和死亡人数均有一定幅度的下降；全年高速公路上共发生交通事故 148 起，造成 135 人死亡，分别占总数的 8.26%、11.28%，较 2008 年分别增加 59 起、死亡 37 人，上升 66.29%、37.76%；二级公路上发生交通事故 206 起，造成 174 人死亡，较 2008 年分别减少 68 起、少死亡 40 人，下降 24.82%和 18.69%。2010 年高速公路上发生的事故次数和死亡人数呈大幅上升，三级公路上的事故次数和死亡人数均大幅度下降；高速公路上共发生交通事故 251 起，造成 199 人死亡，518 人受伤，分别占总数的 14.41%、17.67%和 18.82%；三级公路上发生交通事故 562 起，造成 361 人死亡，同比下降 14.20%和 7.20%。2011 年二级公路上共发生交通事故 269 起，较同期增加 69 起，上升 34.5%；造成死亡 190 人，占总数的 18.66%；三级公路上共发生交通事故 437 起，较同期减少 136 起，下降 23.73%；造成死亡 256 人，占总数的 25.15%，较同期减少 114 人，下降 30.81%。2012 年三级公路上共发生交通事故 401 起，较同期减少 35 起，下降 8.03%；造成死亡 223 人，占总数的 23.95%，较同期减少 32 人，下降 12.55%；高速公路上共发生交通事故 218 起，占总数的 16.02%，较同期减少 14 起，下降 6.03%；造成死亡 195 人，占总数的 20.97%，较同期减少 31 人，下降 13.72%。2013 年交通事故多发于三级道路和四级道路，城市快速路上交通事故同比上升；三级道路上发生的交通事故占总数的 29.33%；四级道路上发生的交通事故占总数的 17.14%；城市快速路上交通事故占总数的 2.91%，事故数和死亡人数分别较去年同期上升 37.72%和 26.39%。2014 年农村道路上共发生交通事故 651 起，占总数的 56.86%，造成死亡 444 人，占总数的 55.85%。发生事故较多的道路有上瑞线（46 起）、包南线（32 起）、广成线（29 起）和黎炉线（21 起）；发生事故较多的高速公路有沪昆高速（55 起）、杭瑞高速（27 起）、兰海高速（27 起）。高速公路上共

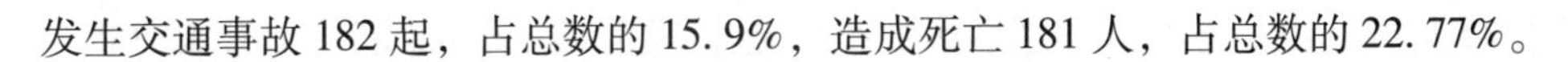

发生交通事故182起，占总数的15.9%，造成死亡181人，占总数的22.77%。

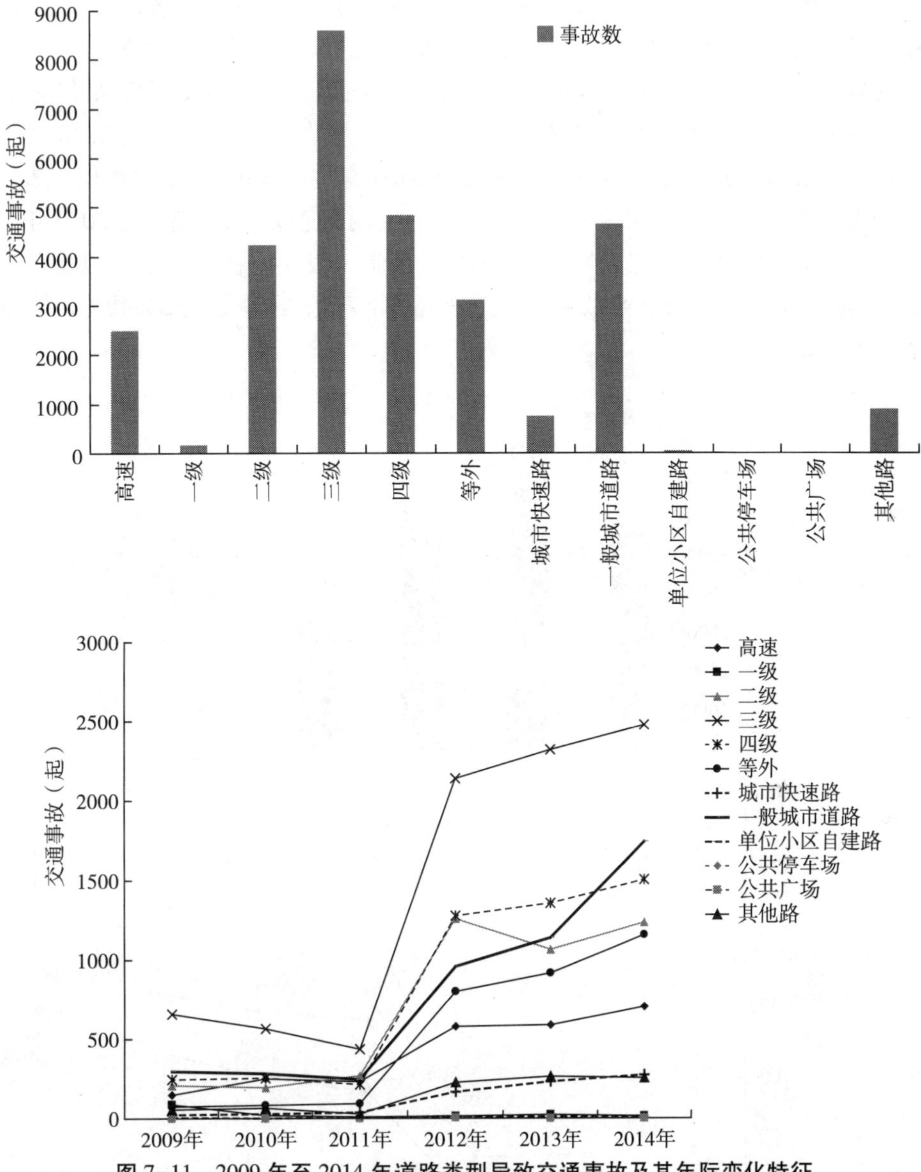

图7-11 2009年至2014年道路类型导致交通事故及其年际变化特征

（二）从公路行政等级上分析

由图7-12上可知：2009年至2014年在省道上发生交通事故数最多，为8007起，占总事故数的34.14%，其次是县道6213起，占总事故数的26.49%，国道5868起，占总事故数的25.02%，而在其他道路上发生交通事故数最小，仅29起，占总事故数的0.12%。

从年际变化上看（见图7-11下），2009年国道上发生一次死亡3人以上的交通事故次数大幅上升，全年共发生交通事故 30 起，较同期增加 10 起，上升 50.00%，造成死亡人数上升 5.50%。2012 年省道上共发生交通事故 22 起，较同期减少 3 起，下降 12.00%；造成死亡 84 人，占总数的 39.62%。2013 年在县乡道路上发生交通事故较多，且与同期相比呈小幅度上升。2014 年在国道上发生交通事故 17 起，较上年增加 1 起，上升 6.25%，造成死亡 66 人，占总数的 45.52%，较 2013 年上升 11.86%；省道 13 起，死亡 50 人，占总数的 34.48%，与 2013 年相比增加 3 人，上升 6.38%。2014 年国道上发生一次死亡 3 人以上的交通事故 17 起，较 2013 年上升 6.25%，造成死亡 66 人，占总数的 45.52%；省道上发生一次死亡 3 人以上的交通事故 13 起，与 2013 年交通事故持平，造成死亡 50 人，占总数的 34.48%，较 2013 年增加了 6.38%。

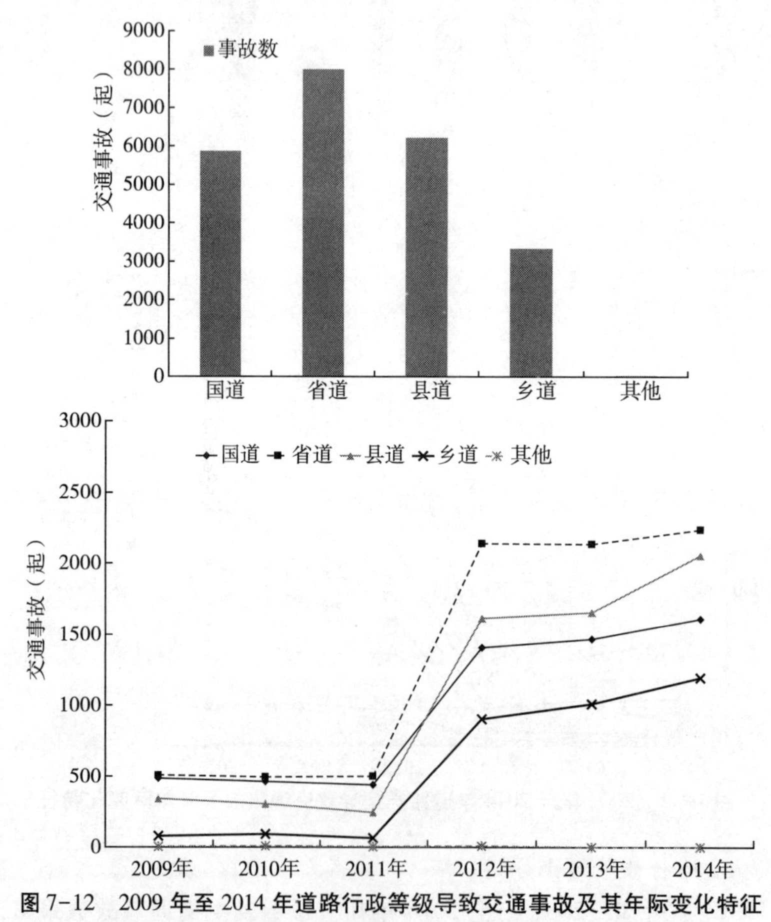

图 7-12 2009 年至 2014 年道路行政等级导致交通事故及其年际变化特征

五、道路交通事故的其他特征分析

（一）从事故形态上分析

总体上说，正面相撞和刮撞行人仍是事故主要形态。2009 年正面相撞事故共

461起，占总数的25.39%，造成死亡297人，占总数的24.55%；刮撞行人事故共392起，占总数的21.59%，造成死亡191人，占总数的15.79%。2010年正面相撞造成事故450起，占总数的25.51%，死亡265人，占总数的23.33%，受伤740人，占总数的26.51%。刮撞行人肇事410起，占总数的23.24%，造成203人死亡，占总数的17.87%，造成351人受伤，占总数的12.58%。2011年正面碰撞运动车辆事故共745起，占总数的47.57%，较同期减少258起，下降25.72%；造成死亡435人，占总数的42.65%，较同期减少115人，下降20.91%；刮撞行人事故共429起，占总数的27.39%，较同期减少2起，下降0.46%；造成死亡209人，占总数的20.49%，较同期减少5人，下降2.34%。2012年正面碰撞运动车辆事故共602起，占总数的44.23%，较同期减少141起，下降18.98%；造成死亡324人，占总数的34.8%，较同期减少111人，下降25.52%；刮撞行人事故共362起，占总数的26.6%，较同期减少67起，下降15.62%；造成死亡196人，占总数的21.05%，较同期减少13人，下降6.22%。2013年正面碰撞运动车辆事故占总数的47.62%，死亡人数占总数的36.72%；刮撞行人事故占总数的26.06%，死亡人数占总数的21.67%。

（二）从事故直接原因上分析

从2009年至2014年的道路交通事故分析（见图7-13上），机动车违法行为肇事所占比重仍然很大，占总事故数的86.32%，其中，超速行驶、未按规定让行、违法会车、无证驾驶等交通违法行为仍然是交通事故的主要原因。其次是违法过错行为，占总事故数的8.56%，主要是操作不当导致。其他违法行为导致的道路交通事故数相对较少，仅占总事故数的0.05%。

从违法行为的年际上看（见图7-13下），2009年机动车违法肇事1625起，占总数的90.73%，造成1083人死亡，占总数的90.48%。因超速行驶的交通违法行为共肇事194起，占总数的10.83%，造成191人死亡，占总数的15.96%；未按规定让行的交通违法行为共肇事219起，造成74人死亡，分别占总数的12.23%和6.18%；违法会车的交通违法行为共肇事150起，造成80人死亡，分别占总数的8.38%和6.68%。2010年机动车违法行为肇事所占比重仍然很大，未按规定让行、超速行驶、违法会车等交通违法行为仍然是交通事故的主要原因，超速行驶的违法行为同比连续两年大幅下降。2011年机动车违法行为肇事所占比重仍然很大，未按规定让行、超速行驶、违法会车等交通违法行为仍然是导致道路交通事故的主要原因，超速行驶的违法行为同比连续三年大幅下降。2012年无证驾驶事故共191起，占总数的14.03%，较同期减少43起，下降18.38%；造成死亡13人，占总数的13.21%；违法会车事故共108起，占总数的7.94%，较同期减少13起，下降10.74%；造成死亡32人，占总数的3.44%，较同期减少15人，下降31.91%；违法超车事故共71起，占总数的5.22%，较同期减少7起，下降8.97%；造成死亡39人，占总数的4.19%，较同期减少25人，下降39.06%；逆行事故共54起，占总数的3.97%，较同期减少15起，下降21.74%；造成死亡45人，占总数的

4.83%，较同期增加3人，上升7.14%。2013年无证驾驶行为仍是交通事故的主要原因，占总数的18.4%，死亡人数占总数的21.19%；强超事故占总数的13.31%，未按规定让行事故占总数的12.71%。2014年无证驾驶事故213起，占总数的18.6%，造成死亡144人，占总数的18.11%；未按规定让行事故127起，占总数的11.09%，造成死亡40人，占总数的5.03%。2014年无证驾驶事故共213起，占总数的18.6%，造成死亡144人，占总数的18.11%；未按规定让行造成事故127起，占总数的11.09%，造成死亡40人，占总数的5.03%；违法会车事故共76起，较上年减少24起、下降24%，造成死亡51人，较上年增加13人、上升34.12%；逆行事故40起，较上年下降20%，造成死亡31人，较上年下降27.9%。

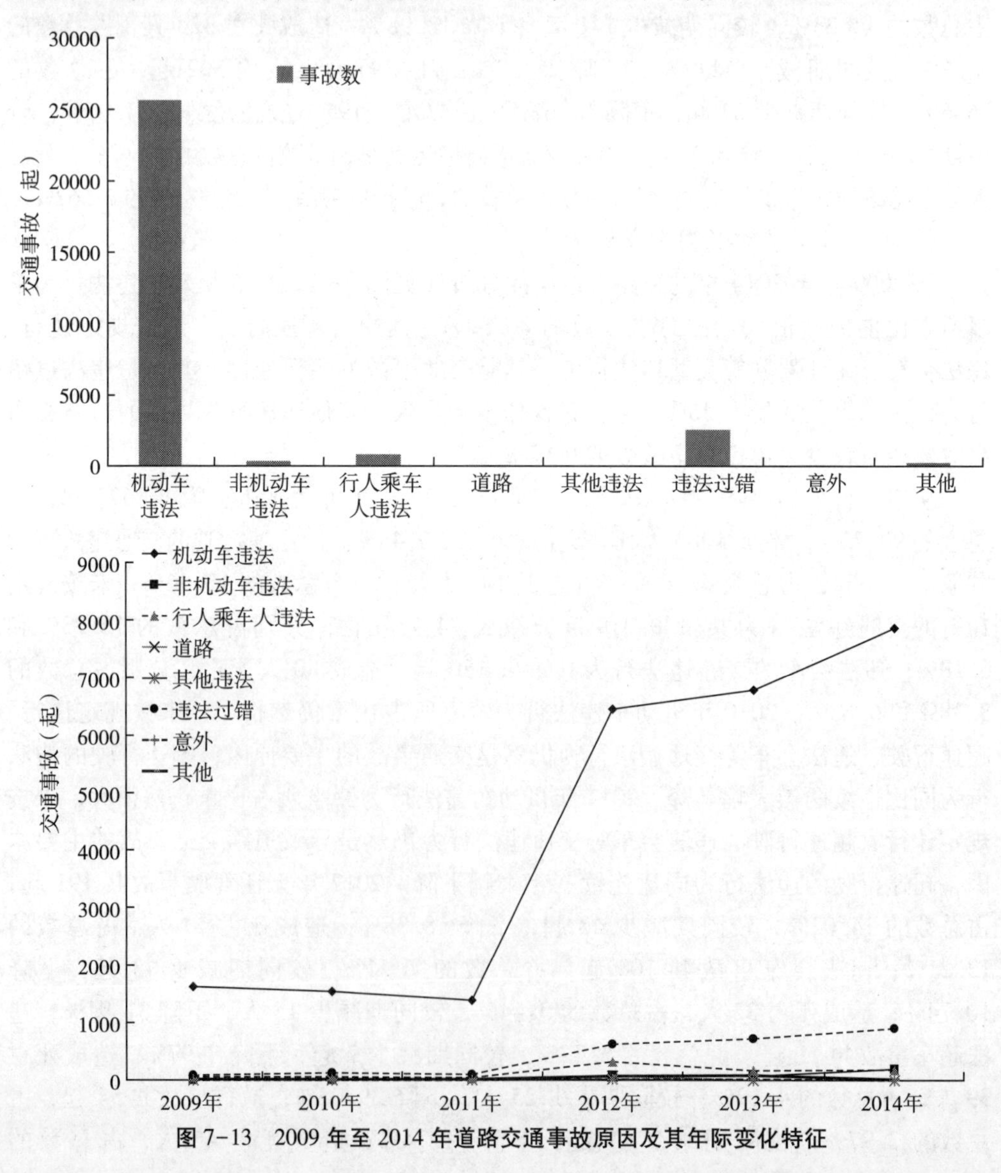

图7-13 2009年至2014年道路交通事故原因及其年际变化特征

第三节 贵州省道路交通事故影响因素分析

随着经济的快速发展，汽车拥有量陡然增加，交通安全形势也随之日趋恶化，道路交通事故已严重危及我国的经济发展、社会安定和人民的生命财产安全，据2009—2013年《贵州省道路交通事故年鉴》统计，交通事故造成的经济损失为720万元，受伤、死亡人数达16471人。因此研究道路交通事故产生的原因及演化方向，为实现社会和谐稳定具有重大的现实意义。

就贵州省道路交通事故影响因素研究而言，国内研究成果较少，大多以全国、北部、东部城市作为研究对象，未涉及西南地区，尤其是西南喀斯特地区，因此本文以贵州省为研究对象，应用灰色关联熵得出影响道路交通事故因素的强弱顺序，建立交通系统演化方向的判别模型，为进一步研究贵州省道路交通事故奠定基础。

一、交通数据

交通数据是根据贵州省各级公安机关交通管理部门整编的《贵州省道路交通事故年鉴》获取的。涉及的地区为贵州省的9个州市，同时，选取影响道路交通事故较强的8个因素，研究时间段定为2009年至2013年，须指出由于2009年至2011年的数据的缺失，在本章中是以内插法实现的补缺，是为了保证最终的计算结果更加切合实际。取5年各项指标的平均值作为原始数据（见表7-1），作为判别贵州省道路交通事故演化方向及影响因素强弱的依据。

表7-1 2009年至2013年贵州省道路交通事故发生次数及万车事故率

地区	机动车违法/次	照明条件/次	公路行政等级/次	责任者驾龄/次	路面类型（沥青）/次	路表情况（干燥）/次	地形（山区）/次	天气（晴）/次	万车事故率
贵阳市	469	596	367	404	479	389	441	236	5.12
六盘水市	658	845	715	538	624	576	785	379	5.38
遵义市	1247	1339	1507	1012	990	1116	1592	651	1.88
安顺市	668	811	632	483	588	557	695	310	5.08
铜仁市	572	726	559	501	567	480	617	304	3.94
黔西南州	388	532	325	308	409	311	365	203	3.98
毕节市	504	631	456	395	489	383	501	230	2.66
黔东南州	555	703	542	433	524	461	600	280	9.6
黔南州	686	850	711	526	610	580	778	331	7.56

二、灰色关联熵分析方法

(一) 灰色关联熵原理

交通系统由于受道路等级、天气情况、照明条件等因素的共同作用使得该系统呈现出多样性和复杂性，而且从目前的研究状况来看人们对喀斯特现象和喀斯特地区交通的认识不全面，大量的不确定性因素仍然未能得到正确认识。这些性质具有灰色特征，从而导致交通系统成为具有模糊性的灰色系统。

交通系统也从属于耗散结构，所以其存在与发展必然会受到耗散结构规律的支配，要使交通系统保持有序状态，那么必须使人员、地形、路面、天气等子系统相互协调。而利用耗散结构中熵变与系统有序性的关系可以更好地把握这些因素的相互关系。灰色关联熵实质是运用离散的数据列解决无限的空间问题，并得出主要的影响因素及其强弱关系。

(二) 灰色关联系数的计算

1. 将模型特征行序列分为参考序列、比较序列两类，对于交通系统模型而言将万车事故率作为参考序列，将《贵州省道路交通事故年鉴》中由以上因素造成道路交通事故的指标中选取8个作为比较序列。设参考序列为 $X_i^* = [X_i^*(1), X_i^*(2), \cdots, X_i^*(n)]$，$(n = 9)$，为 t 时段内 m 各地区万辆车发生交通事故的概率，比较序列为 $Y_j^* = [Y_j^*(1), Y_j^*(2), \cdots, Y_j^*(n)]$，$(n = 9)$，为 t 时段内 m 个地区造成交通事故的次数。

2. 为了消除量纲的影响，需要对数据进行标准化处理，记作：

$$X_i = \frac{x_i^*}{\frac{1}{n}\sum_{i=1}^{n} x_i^*} \qquad Y_i = \frac{y_j^*}{\frac{1}{n}\sum_{i=1}^{n} y_j^*} \tag{式 7-1}$$

3. 计算两个数列中对应绝对值的最大值和最小值：

$$\Delta\max = \max\{|X_i - Y_j|\} \qquad \Delta\min = \min\{|X_i - Y_j|\} \tag{式 7-2}$$

4. 得到灰色关联系数为：

$$R_j = \frac{\Delta\min + \rho\Delta\max}{|X_i - Y_j| + \rho\Delta\max} \tag{式 7-3}$$

R_j 为灰色关联系数，ρ 为分辨系数通常取0.5，通过调整 ρ 值的大小可实现对数据转化的影响，其取值越小关联系数之间的差异性越显著。

(三) 灰色关联熵的计算

根据熵变理论，灰色关联熵可表示为：

$$H_\Phi = -\sum_{h=1}^{n} p_h \ln p_h \tag{式 7-4}$$

该式中 H_Φ 为交通系统的灰色关联熵，当系统状态保持一定时，熵值就可以确定；对参考数列和比较数列进行映射处理，可得灰色关联系数的分布密度 p_h 。

$$P_h = R_j / \sum_{1}^{n} R_j \ \mathrm{j} = (1, 2, \cdots, n) \quad (式 7-5)$$

由于灰熵具有 Shannon 熵的全部性质，为了使结果更具代表性，消除不确定性，灰熵具有最大值：

$$H_{\Psi}(X) = \ln n \quad (式 7-6)$$

由灰熵定律可知当比较序列 Y＊j 与参考列 X＊i 几何形状越接近，那么 Y＊j 为最强关联且 Y＊j 与 X＊i 的各点距离相差不大。所以熵关联度为：

$$F_j(Y_j^*) = H_{\Phi} / H_{\Psi} \quad (式 7-7)$$

交通系统受到多个因素的共同影响且各因素间相互联系，当其中一个因素变动时会引起整个系统信息熵的变化，所以可以利用熵值的变化来衡量交通系统的演化方向，因此建立交通系统演化方向熵变得判别模型：

$$\Delta H_{\Phi} = H(x+1) - H(x) \quad (式 7-8)$$

式 7-8 中 $H(x+1)$ 为交通系统 t 时段的末态熵，$H(x)$ 为交通系统 t 时段的初态熵，ΔH 为交通系统受其他影响因素引起的熵变。ΔH 可大于、小于、等于零，根据熵变值的大小即可判断交通系统演化方向和内部协调程度。当 $\Delta H>0$ 时表示交通系统总熵增加，系统结构处于不稳定状态，整个交通环境陷于恶性循环当中。$\Delta H<0$ 总熵减小，系统有序度增强，系统稳定呈现出良好发展趋势。$\Delta H=0$ 熵值无变化，系统状态与初始一样。

三、结果与分析

（一）道路交通事故影响因素灰色关联系数

首先，由于参考数列与比较数列的纲量存在差异，须按照式 7-1 进行标准化处理；其次，依据式 7-2 计算两个数列中对应绝对值的最大值和最小值；最后，根据式 7-3 计算得到灰色关联系数，计算结果见表 7-2。为之后叙述方便分别取影响因素机动车违法（Z1）、照明条件（Z2）、公路行政等级（Z3）、责任者驾龄（Z4）、路面类型（沥青）（Z5）、路表情况（干燥）（Z6）、地形（山区）（Z7）、天气（晴）（Z8）。

表 7-2　2009 年至 2013 年贵州省道路交通事故各影响因素灰色关联系数

	Z1	Z2	Z3	Z4	Z5	Z6	Z7	Z8
贵阳市	0. 2801	0. 3017	0. 1970	0. 3265	0. 3537	0. 2711	0. 2182	0. 2745
六盘水市	0. 7365	0. 9262	0. 7631	0. 8643	0. 9460	0. 9845	0. 7547	0. 5401
遵义市	0. 0654	0. 0762	0. 0534	0. 0644	0. 0776	0. 0612	0. 0557	0. 0635
安顺市	0. 7682	0. 8152	0. 7759	0. 6287	0. 9330	0. 8455	0. 7927	0. 6633
铜仁市	0. 5010	0. 4352	0. 5813	0. 3622	0. 3793	0. 5140	0. 5639	0. 4241

续表

	Z1	Z2	Z3	Z4	Z5	Z6	Z7	Z8
黔西南州	0.3755	0.5000	0.2770	0.3692	0.5400	0.3399	0.2858	0.3989
毕节市	0.2994	0.2853	0.3869	0.3134	0.2673	0.3810	0.3848	0.3841
黔东南州	0.0959	0.0985	0.0934	0.0941	0.0979	0.0947	0.0941	0.0953
黔南州	0.2044	0.2096	0.2149	0.1886	0.1921	0.2049	0.2140	0.1853

关联系数越大表明：道路交通事故发生的次数与万车事故率呈正相关，由表7-2中各地区的两个序列的关联系数可知，六盘水市、安顺市灰色关联系数相对其他州市较大，说明两地区由以上影响因素造成道路交通事故次数所占万车事故率比例较大，且是诱发该区道路交通事故的主要因素，因而可以有针对性地采取相关措施，以降低道路交通事故的发生频率，从而有效地减缓交通事故带来的负面压力。而遵义市、黔东南州关联系数较小，由此可知，道路交通事故的原因是多元存在的，恰好印证了交通系统是一个具有模糊性的灰色系统，同时也是一个动态的开放系统。贵阳市、铜仁市、黔西南州、毕节市、黔南州关联系数介于两者之间，由此可得，道路交通事故与该区域的经济发展、交通监管、道路布局、城市规划等有着密切的关系。受其自身局限性的影响关联系数不能从整体上反映交通系统的动态变化。只能单方面揭示出各个地区内交通事故次数与万车事故率的协调程度，因此有必要进行交通系统灰色关联的计算。

（二）道路交通事故影响因素灰色关联熵及熵关联度

将表7-2中的灰色关联系数代入式7-4中进行灰色关联熵 H_{Φ} 的计算，结果见表7-3。

表7-3　2009年至2013年贵州省道路交通事故影响因素与万车事故率灰色关联熵

影响因素	Z1	Z2	Z3	Z4	Z5	Z6	Z7	Z8
灰色关联熵	1.9796	1.9569	1.9457	1.9751	1.9338	1.9314	1.9534	2.0225

为进一步探究影响因素强弱的关系将式7-4、式7-6中结果代入式7-7中，并由熵关联度准则可得，若比较数列的熵关联度越大，那么它就与参考数列具有极强的关联性，计算结果见表7-4。

表7-4　各影响因素熵关联度及排序

影响因素	*X*1	*X*2	*X*3	*X*4	*X*5	*X*6	*X*7	*X*8
熵关联度	0.9010	0.8906	0.8855	0.8989	0.8801	0.8790	0.8890	0.9205

续表

影响因素	X1	X2	X3	X4	X5	X6	X7	X8
排序	2	4	6	3	7	8	5	1

由表6-4可得，影响交通事故强弱顺序为：Z8>Z1>Z4>Z2>Z7>Z3>Z5>Z6，因此，在今后探究道路交通事故形成机理时应优先考虑较强的影响因素：Z8、Z1、Z4、Z2，同时兼顾较弱的影响因素：Z7、Z3、Z5、Z6，这样便能使整个道路交通系统朝着规范合理的方向发展。在明确影响因素强弱的基础上便能更好地把握住交通系统的演化趋势。

（三）交通系统演变方向的判别

根据式7-8可得熵变值 ΔH_{Φ}，见表7-5。交通系统灰色关联熵变化曲线见图7-14。

表7-5　2009年至2013年贵州省道路交通事故影响因素与万车事故率熵变值

影响因素	X1	X2	X3	X4	X5	X6	X7	X8
熵变值（ΔH_{Φ}）	-3.0541	-3.0343	-3.0234	-3.0509	-3.0139	-3.0115	-3.0304	-3.0918

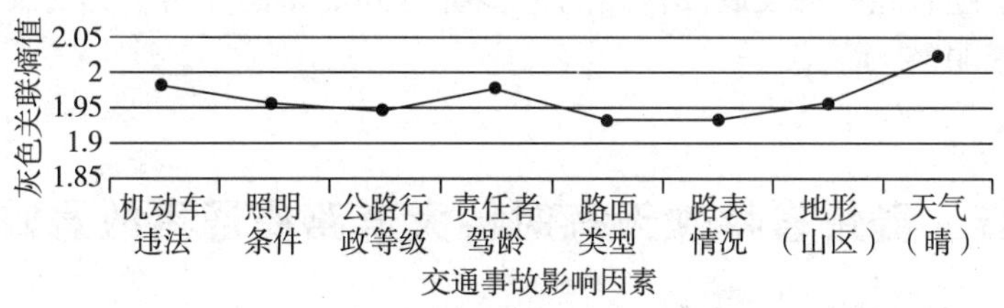

图7-14　2009年至2013年贵州省道路交通系统灰色关联熵变化曲线

由表7-5可得，2009年至2013年影响道路交通系统的各种因素在该时段内的熵变值存在一定的起伏，但 ΔH_{Φ} 都小于零，说明这几年贵州省道路交通系统总熵减少，有序度变强，系统状态总体良好，能较好地支撑社会与经济的发展，各项资源能够得到优化配置。

由图7-14可得，机动车违法、照明条件、公路行政等级的熵在减少，即交通系统向良性方向过渡，这主要是由于随着经济的发展基础设施得以逐渐的完善，各部门加强对违法交通事件的监管，有效地降低了交通事故的发生概率。责任者驾龄导致熵增加，交通系统开始恶化，因为人们物质生活水平的大幅提高，使汽车保有量迅速增加而驾驶者没有经过长期的训练就随意驾车上路，致使事故频发。据《交通年鉴》统计，驾龄在1年以下的驾使人造成的事故次数占到25%。路面类型（沥青）、路表情况（干燥）的熵逐渐减少，是由于沥青路面渗水能力强使路表可长时间保持干燥，大大降低了交通事故发生的可能性，OGFC的研究和应用就是很好的例证。就地形方面（山区）而言，贵州省喀斯特地貌强烈发育，以丘陵为主，地形起伏较大、道路弯拐大、盲区多，熵值增大，属交通事故多发区。天气晴时熵增加到最大值，能见度提高、路表情况好等易使驾驶者放松警惕盲目自信，反而导致交通系统向恶性方向演化。

四、结论

1. 基于各州市与道路交通事故影响因素间的灰色关联系数 R_j，可知在任一区域内承受任一原因造成交通事故压力的大小，便于今后有针对性地进行调整和改变，以降低交通事故的发生次数，大大节省人力和物力实现资源的优化配置，同时也为生命财产安全作出了良好的保障。

2. 灰色关联熵分析结果表明，影响交通事故因素强弱顺序依次为：Z8>Z1>Z4>Z2>Z7>Z3>Z5>Z6，由于影响贵州省道路交通事故的因素众多，很难明确主次关系，运用灰色关联熵分析法可以较准确地找出各因素之间的关系，这为今后减少交通事故提供了一定的科学依据。

3. 通过熵变值 ΔH_{Φ} 可知，道路交通系统状态总体呈现良好的态势；由灰色关联熵 H_{Φ} 及灰色关联熵变化曲线可知，责任者驾龄和天气（晴）是导致交通系统向恶性方向演化的主要因子，因此，解决这两因子是降低交通事故次数的有效途径；其余的影响因子随着经济的发展及科技的进步将得到更多的完善，其对交通系统的影响也将逐渐减弱。

第四节　贵州省特殊天气对特大道路交通事故影响机制

随着社会的快速发展，人均拥有车量增加，道路交通事故给我们生活所带来的危害也不断增加。2011 年至 2014 年贵州省特大交通事故发生率虽然呈下降趋势，但其所带来的经济损失和死伤人数仍不能忽略。贵州省地处西南山区，地势高低差异较大，因此垂直气候变化显著，且全省常年雨量充沛，时空分布不均。全省大部分地区多年平均降水量在 1100-1300mm，大部分地区由于降雨日数多、光照条件较差、相对湿度较大，在水平距离不大但坡度较陡的地区，垂直气候差异更为突出。广为流传的“一山有四季，十里不同天”的说法，更加充分说明贵州垂直气候的差异性与特殊性。由于特殊的地形地貌，2011 年至 2014 年发生了 190 多起重特大交通事故、1400 多人伤亡，造成重大财产损失。因此，特殊天气是引发贵州省重特大交通事故的主要因素之一。对于道路交通事故发生规律的研究，国外有部分学者采用了卡尔曼滤波、多元回归及非参数回归、时间序列、神经网络等方法；而国内主要将灰色系统理论引入并应用于交通系统的某些环节，一定程度上解决了在交通事故基础数据不完整情况下保证较高预测度的难题。本章以贵州省为例，搜集相关气象因素指标，如能见度、平均气温、平均降水量；借助 Spss 软件分析各特殊天气指标与特大交通事故死伤人数的相关性，研究基于特殊天气条件下的特大交通事故发生机制、建立机制预测模型，从而向有关部门提出在各种不同气象因素影响下对特大交通事故的预防对策，便于交通部门与医疗部门采取对应措施。

一、特殊天气条件下的特大道路交通事故特征

暴雨和大雾天气是贵州省主要的灾害性天气。由于复杂的地形特征，夏季贵州省大暴雨总体分布特征是：中东部多、西部少，北部少、南部多。根据贵州省降雨监测站数据得出结论，贵州省南部共有 3 个大暴雨中心，分别为六枝-镇宁-关岭一带、黔南西部惠水、黔东南和黔南两自治州中部的都匀-麻江-丹寨-雷山一带。东北部的大暴雨中心是位于铜仁地区的沿河和铜仁，最不易出现大暴雨的是遵义的仁怀、桐梓和正安，毕节地区西部的威宁、赫章、大方和纳雍，黔东南自治州北部的黄平和南部的榕江，出现次数较少。研究发现：2011 年至 2014 年贵州省特殊天气条件下重特大道路交通事故共发生 179 起，其中，阵雨、雾/阴天气发生最多，分别是 58 起、57 起；其次是小雨天气 47 起，冻雨、晴天气最少，分别是 10 起、7 起。从空间分布上看，遵义地区重特大道路交通事故发生最多，为 38 起，其次是黔西南州 26 起、毕节地区 24 起和黔南州 21 起，安顺地区最少，为 8 起（见图 7-15）。

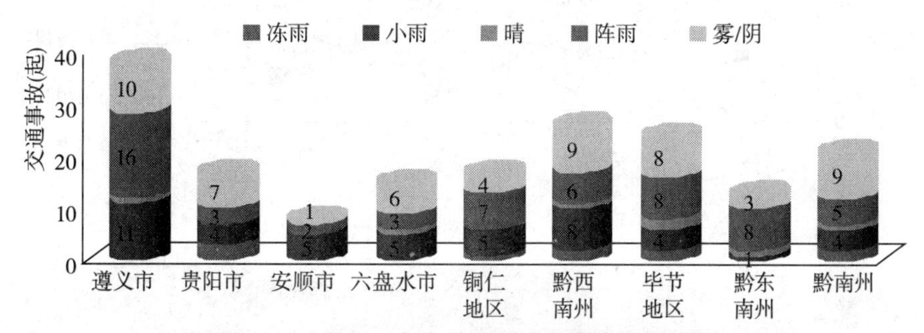

图 7-15　特殊天气条件下的交通事故分布特征

二、贵州省特大道路交通事故时空分布

由图 7-16 可知：2011 年至 2014 年贵州省特大交通事故总体呈下降趋势，且 2013 年交通事故年内差异最大（Cv=0. 615），其次是 2012 年（Cv=0. 596）、2014 年（Cv=0. 527），而 2011 年最小（Cv=0. 0. 373）（见图 6-16 上）。贵州省特大道路交通事故可划分为两个时期，即 9 月至次年 2 月为特大交通事故高发期，事故发生率总体呈现上升趋势；3 月至 8 月为特大交通事故低发期，事故发生率呈逐月递减的变化趋势（见图 7-14 下）。贵州省是一个典型的喀斯特分布区，喀斯特出露面积占 69. 3%；而 9 月至次年 2 月正是秋冬季节，白天气温相对较高，夜间气温急剧下降，喀斯特分布区的路面温度甚至降到零度以下，因此路面将形成一层薄冰（称

为霜冻或冻雨）以及大雾天气，易导致道路交通事故的发生；3 月至 8 月是春夏季节，气温相对较高、天气较好，视线清晰，交通事故率发生相对较少。2011 年至 2014 年贵州省特大交通事故呈“两峰一谷”现象，即 11 月（21 起）和 2 月（31 起）是特大交通事故两个高峰期、12 月（9 起）是一个低谷期。由于 11 月正是深秋，天气变化无常、路况不稳，人们较难适应；2 月是寒冬，正是贵州一年中最冷时期，天气与路况最不稳定，易导致交通事故发生；12 月正是秋冬交替时节，贵州天气总体较好，云雾较少、视线清楚，不易导致交通事故。从空间分布上看，贵州省特大交通事故从南往北、从东往西呈逐渐递增变化趋势。其中，2011 年至 2014 年遵义地区特大交通事故发生率最高，占全省特大交通事故的 22.6%，其次是黔西南州和毕节地区，占 14.2%，安顺地区最低，占 4.7%。

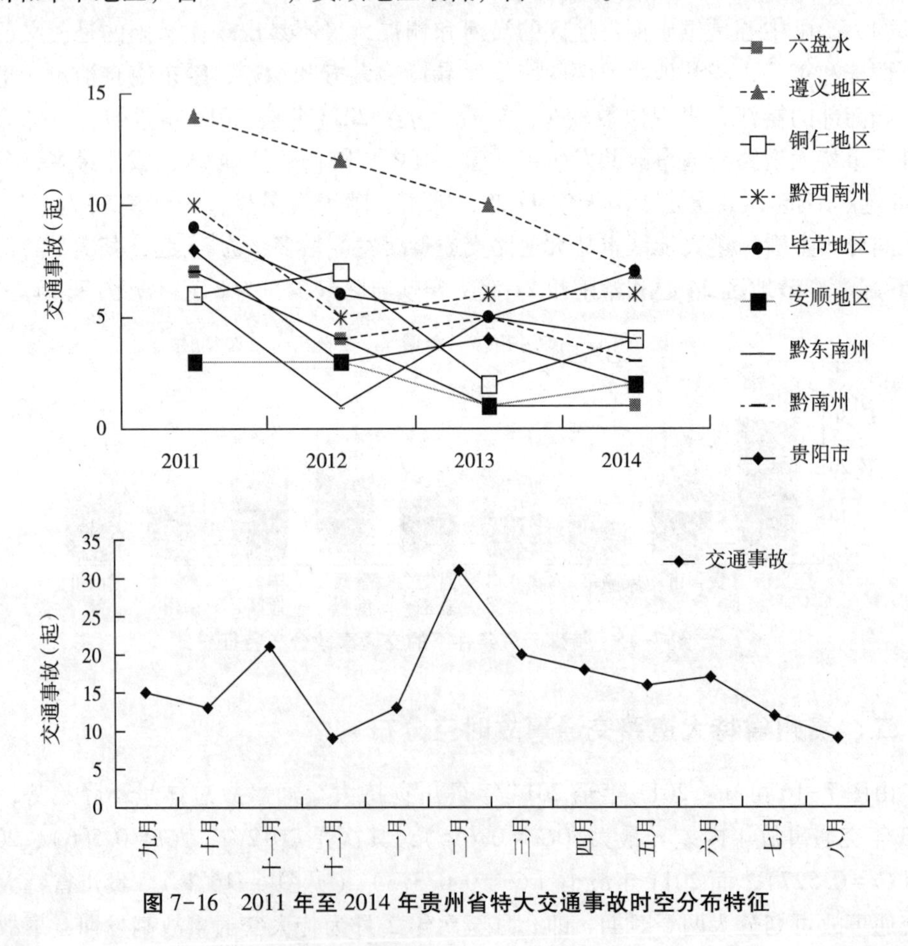

图 7-16　2011 年至 2014 年贵州省特大交通事故时空分布特征

三、特大交通事故影响因素分析

（一）各种天气指标对特大交通事故影响分析

从表 7-6 可知：雾/阴天气特大交通事故发生率最高，总事故率 62 起、死伤

474人；阵雨/小雨天气，事故发生率分别为60起、50起，死伤人数分别为379人、337人；晴天特大交通事故发生率相对最小，为11起，死伤人数最少，为78人。在雾/阴天气下，能见度比较低，驾驶人员视线受限，视距减小，因此，易引发交通事故；在雪天里，路面由于降雪而较为光滑且附着力小，车辆制动能力下降，也易引发交通事故；在雨天，路面集水易打滑、刹车容易失灵，刹车距离较正常路面增长，以及挡风玻璃及后视镜有水造成视线模糊不清，易引发交通事故。因此，各种天气指标对特大交通事故影响非常显著（$R^2=0.9224$），且呈正线性相关关系（见图7-17）。

表7-6　天气指标与死伤人数的关系

指标	雪	小雨	晴	阵雨	雾/阴
天气状况/次	15	50	11	60	62
死伤人数/人	190	337	78	379	474

表7-7　能见度划分标准

能见度/Km	<0.3	0.3-1	1-10	10-20	20-30
视野状况	极差	较差	不清晰	较好	极好
天气状况	重雾/暴雨	大雾/大雨	轻雾	其他	晴

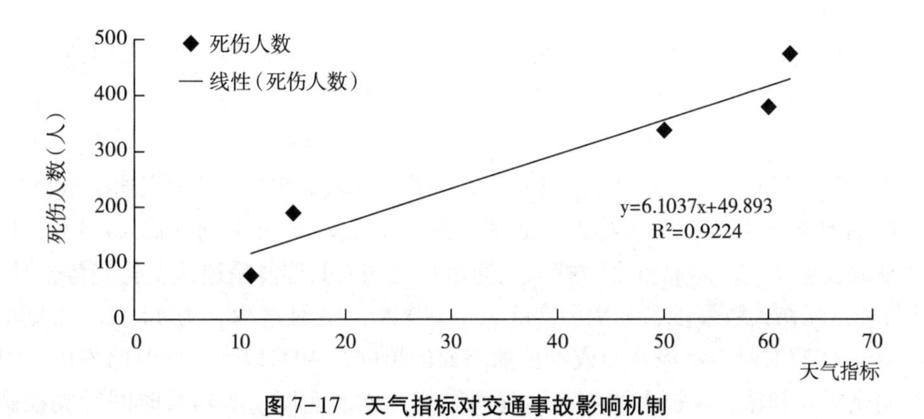

图7-17　天气指标对交通事故影响机制

（二）能见度对特大交通事故影响分析

能见度是反映大气透明度的一个指标，是指具有正常视力的人在当时的天气条件下还能够看清楚目标轮廓的最大水平距离，其划分标准如表7-7所示。能见度和当时的天气情况密切相关。当出现降雨、雾、霾、沙尘暴等天气时，大气透明度较低，因此能见度较差。本章研究区域是贵州省，由于特殊的地理位置与气候类型，霾、沙尘暴等天气状况较为少见，因此影响交通的天气主要为雾和雨。

总体上，特大交通事故死伤人数与能见度呈负线性相关关系（R^2=0.4824），即能见度为0.4km，死伤人数达379人；能见度为0.5km，死伤人数达337人；而能见度为10km，死伤人数下降到78人（见图7-18）。其模型可表达为：y=364.44-26.585x。一般情况下，能见度为3km时，司机驾车时的良好观测距离大约为600-800m，不良能见度对司机的视野具有一定影响，但对市内交通车辆正常行驶影响不大；当能见度为1km时，司机行车时的可观测距离仅为200-300m，对行车速度有较为明显的影响；当能见度为200m时，司机行车时的可观测距离大约为50-70m，司机必须低速慢行、谨慎驾驶。因此，在能见度小于2km的天气情况下，视野极差，容易发生特大交通事故。

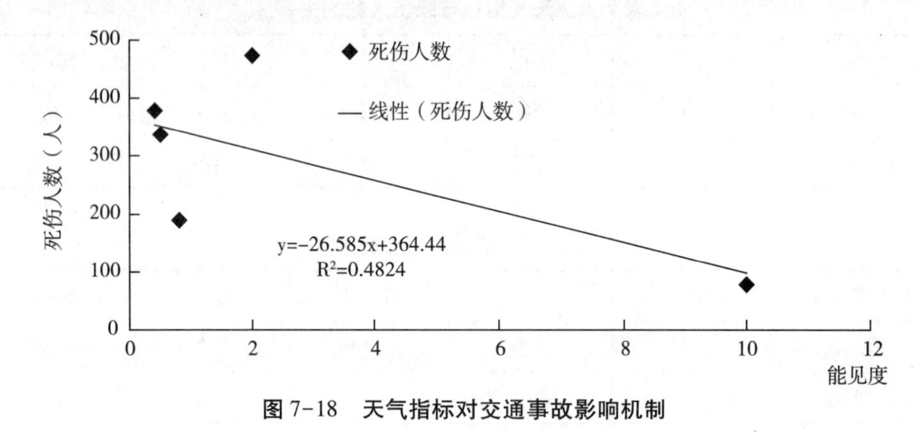

图7-18　天气指标对交通事故影响机制

（三）温度对特大交通事故影响分析

温度变化对交通的影响主要表现在高温和低温两个相对条件下，对车辆性能的影响和对长时间驾驶车辆驾驶人员的身体状况的影响。从图7-19可知，月平均气温越低，重特大交通事故发生率越高，即重特大交通事故与月平均气温呈负相关关系（R^2=0.2097）（见图7-19）。其中，2月平均气温7.8℃、特大交通事故发生31起，11月平均气温12.3℃、特大交通事故发生21起，8月平均气温24.3℃、特大交通事故发生9起。总而言之，特大交通事故死伤人数逐月呈递减变化趋势，其中，1月与2月死伤人数最多，分别为245人、240人，12月最少，为44人。在夏季室外温度达到27℃时，水泥路面或者柏油路面的温度在40℃以上，此时路面由于温度过高而变得软和粘，摩擦系数增大，进而影响车辆的速度；车辆长时间行驶在高温路面易造成爆胎并引发交通事故。同时，气温过高会损害驾驶员中枢神经系统的功能，表现出的症状有粗心大意和反应迟钝；如果气温过低，会使驾驶员增加身体热能消耗，手脚不灵活，动作迟缓。较低气温对路面摩擦系数也有一定的影响，在冬季当气温在0℃附近时，路面易形成霜，使路面摩擦系数减小。另外，在降雨或潮湿路段气温骤降会使路面形成一层较薄的冰层，降低路面的摩擦系数，从而增加车辆的刹车距离，易导致特大交通事故。

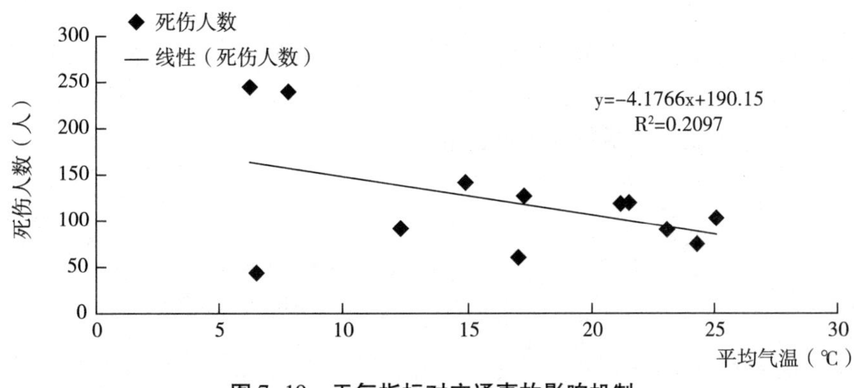

图 7-19 天气指标对交通事故影响机制

（四）降雨对特大交通事故影响分析

由图 7-20 可知，随着降雨量的增加，重特大道路交通事故发生率呈增长趋势。当降雨量增加至 25. 15mm 时，交通事故发生次数最多，为 31 起，死伤人数为 240 人。其后，随着降雨量继续增加，事故发生率及死伤人数呈下降趋势。一方面可能是降雨量增大，道路被冲刷干净后增大摩擦；另一方面可能是降雨量增大、视线不清，迫使驾驶员靠边停车，有利于减少交通事故的发生。总体上，降雨对重特大交

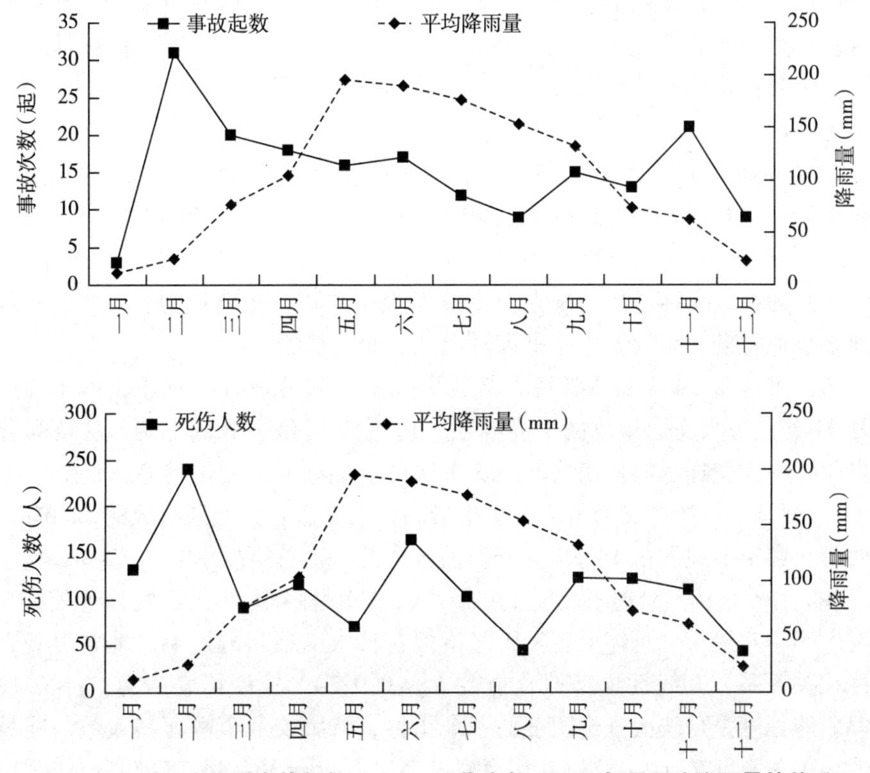

图 7-20 重特大交通事故起数（上）、死伤人数（下）与月平均降雨量的关系

通事故也呈现负的影响，且 $R^2=0.0449$（见图 7-21）。降水对交通的影响主要表现在两个方面，一方面是在降雨天气过程当中，由于降雨天气使道路状况以及道路前方能见度发生了显著变化，因此对交通产生了较大影响；另一方面是降雨后，降雨产生的积水对路况和交通造成的不良影响。

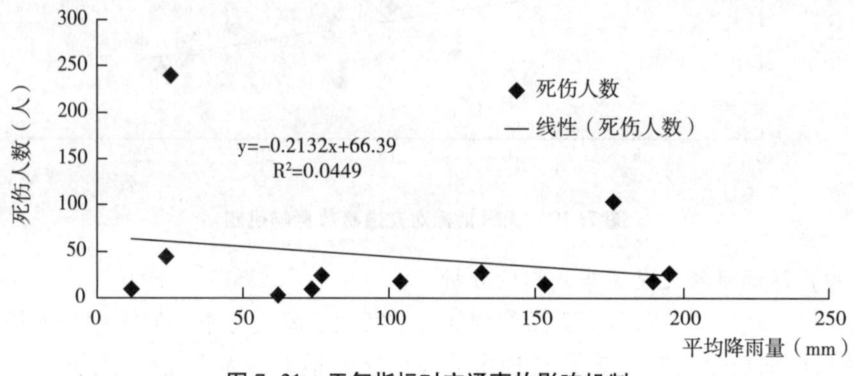

图 7-21　天气指标对交通事故影响机制

四、结论

众所周知，道路交通事故是人、车、路、环境共同作用的结果。贵州省地处西南山区，地势高低差异较大，因此垂直气候变化显著，从而对道路交通影响较大。因此，通过分析贵州省特殊天气分布特征及其对道路交通事故影响机制，得出以下几点结论：

1. 2011 年至 2014 年贵州省特大交通事故总体呈下降趋势，且 2013 年交通事故年内差异最大（$Cv=0.615$），其次是 2012 年（$Cv=0.596$）、2014 年（$Cv=0.527$），而 2011 年最小（Cv=0. 0. 373）；贵州省特大道路交通事故可划分为两个时期：9 月至次年 2 月为特大交通事故高发期，事故发生率总体呈上升趋势；3 月至 8 月为特大交通事故低发期，事故发生率呈逐月递减的变化趋势。

2. 2011 年至 2014 年贵州省特大交通事故呈“两峰一谷”现象，即 11 月 21 起和 2 月 31 起是特大交通事故两个高峰期、12 月 9 起是一个低谷期。从空间分布上看，贵州省特大交通事故从南往北、从东往西呈逐渐递增变化趋势。其中，2011 年至 2014 年遵义地区特大交通事故发生率最高，占全省特大交通事故的 22.6%，其次是黔西南州和毕节地区占 14.2%，安顺地区最低，占总事故率的 4.7%。

3. 雾/阴天气特大交通事故发生率最高，其次是阵雨/小雨天气，晴天特大交通事故发生率相对最小；总体上各种天气指标对特大交通事故影响均非常显著，且呈正线性相关关系，其线性模型拟合指数 $R^2=0.9224$，模型可表达为：$y=6.1037x+49.893$。能见度是反映大气透明度的一个指标，特大交通事故死伤人数与能见度呈负线性相关关系（$R^2=0.4824$），其模型可表达为：$y=364.44-26.585x$。

4. 温度变化对交通的影响主要表现为对车辆性能和人精神状况的影响。表现为月平均气温越低，特大交通事故发生率越高，即特大交通事故与月平均气温呈负相关关系（$R^2=0.2097$）；降雨对特大交通事故也呈现负的影响，且 $R^2=0.0449$，随着降雨量的增加，特大道路交通事故发生率呈增长趋势。但当降雨量增加至 25.15mm 时，交通事故发生次数达到最大值。其后，随着降雨量继续增加，事故发生率及死伤人数呈下降趋势。

第五节 道路分形对贵州省道路交通事故影响机制

道路交通事故是世界性的一大难题。近年来，交通事故仍居高不下，呈逐年上升趋势，对人们的生命和财产构成了极大的威胁。因此，研究道路交通事故发生因素及其规律具有十分重要的意义，是保障人类生命和财产安全的有效途径。交通事故是在特定的交通环境影响因素下，由于人、车、路、环境等多种因素耦合的结果。就道路因素而言，道路的等级、线形、坡度、视距、车道宽度、转弯半径、路基松软度等状况，道路的管理与维护水平等对道路交通安全运行都有着极其重要的影响，道路状况差、管理与维护水平低极有可能导致交通事故。贵州是典型喀斯特地貌分布区，其中 92.5%的面积为山地和丘陵，是全国唯一没有平原支撑的省份；较低经济发展水平和特殊地理条件造成贵州修路难的局面，形成遇山凿洞、逢水搭桥的修路常态。因此，贵州大部分公路等级低、路窄、弯急、坡陡、路况差；众多路段是临崖、临水、路窄、弯急等的外砂石路，部分连续急转弯陡坡的盘山公路会出现 20 公里以上，致使贵州道路交通事故持续增长。

众所周知，道路因素对交通事故影响研究是目前国内外研究的热点问题。王宏伟、韦勇球从道路条件出发对道路线性、路基、路面、桥涵、隧道、道路类型、视距、交叉等方面进行了研究，分析其对交通安全产生的影响，但未研究道路分形分维。刘承良、余瑞林等，应用长度半径分维理论模型构建了武汉市道路分形特征，分析道路时空分布及其扩展状况；但也仅从长度半径考虑，分析交通网络密度和复杂度，未曾考虑其他相关指标，未对交通事故影响进行深入分析。因此，利用分形理论对道路分形分维研究将是道路交通事故影响机制研究的新课题。分形理论经历了三个阶段的发展，1975 年至今，是分形理论发展的第三个阶段，也是分形几何在各领域的应用取得全面发展的阶段。而今，分形理论已被初步应用到道路交通事故研究中，利用分形理论在对交通事故预测方面也进行了初次尝试，使道路交通事故研究不再局限于原来的研究方法，为道路交通事故监测与预测开辟了新的途径。

本章将在贵州省选取 9 个行政区为研究区，首先利用 GIS 技术对贵州省道路交通图进行矢量化处理，提取不同类型、不同级别的贵州道路网；其次利用分形理论，分析贵州道路网的分形分维特征，如道路分维、密度、曲率、比降；最后利用多元数学分析，探讨道路分形特征对道路交通事故影响机制、建立影响机制模型。因此，通过本章的研究，将有助于为道路交通事故监测与预测奠定理论基础。

一、数据与方法

（一）交通事故与道路数据

1. 交通事故数据。从 2009 年至 2014 年《贵州省道路交通事故年鉴》中选取贵州省 9 个行政区道路交通事故数据，计算不同区域、不同道路等级的交通事故发生次数。

2. 道路数据。一是以贵州省 2014 年道路交通图为基础，利用 GIS 技术进行投影校正、几何校正及矢量化处理，提取贵州省道路等级（高速公路、一级公路、二级公路等）；二是利用数学方法，计算不同类型、不同等级道路的密度、曲率、比降特征值（见表 7-8）。

表 7-8 贵州省道路密度、曲率及比降特征值

行政区	密度（km/km^2）	曲率	比降特征值
贵阳市	0. 25	0. 82	0. 003
六盘水市	0. 24	0. 79	0. 067
遵义市	0. 19	0. 84	0. 005
铜仁地区	0. 18	0. 32	0. 105
黔西南州	0. 16	0. 84	0. 031
毕节地区	0. 19	0. 85	0. 017
安顺市	0. 22	0. 87	0. 003
黔东南州	0. 16	0. 84	0. 004
黔南州	0. 17	0. 84	0. 041

（二）分形分维

“分形”一词译于英文 fractal，是分形几何的创始人美籍法国数学家曼德尔布罗特（B. B. Mandelbrot）于 1975 年由拉丁语 frangere 一词创造而成。Mandelbrot 创立的分形几何为人们从局部认识整体、从有限认识无限提供了一种新的方法，为研究自然界中的不规则现象提供了一种定量描述手段。分形是指一类体型复杂的体系，其局部与整体具有相似性，基于测量对象体形上的自相似性标度不变性，曼德尔布罗特提出了分形理论。分形的研究领域应用广泛，如今在交通路线的分布上也被普遍应用。

（三）道路分形原理

Horton 第一定律（水道数定律）：

$$R_b = N_w / N_{w+1} \quad （式 7-9）$$

式7-9中：w 为道路级别；N_w 为第 w 级道路的数目；N_{w+1} 为低一级别道路数目，R_b 为道路分支比。

第二定律（水道长度定律）：

$$R_L = N_w / N_{w-1} \quad \text{（式 7-10）}$$

式7-10中：N_w 为第 w 级道路的平均长度；N_{w-1} 为高一级别道路的平均长度；R_L 为道路平均长度比。

道路分形计算：

$$D_0 = \lg R_b / \lg R_L \quad \text{（式 7-11）}$$

道路的分形分维与水系的分形类似，具有自相似、自组织结构，体现了分形分维的特征。道路等级分级为由高级到低级道路数目逐级递减，而水系的分级是由低级到高级河流数目逐级递减，刚好和道路的分级方法相反。由此本文采用Horton定律计算道路分维特征值（见表7-9）。

表7-9　贵州省道路分维特征值

行政区	分支比 R_b	累积平均长度 R_L	D_0（$\lg R_b/\lg R_L$）
安顺市	5.81	2.00	2.54
毕节地区	19.33	2.61	3.09
贵阳市	2.95	1.28	4.34
六盘水市	9.40	2.17	2.90
黔东南州	6.75	2.66	1.95
黔南州	9.17	4.39	1.50
黔西南州	7.35	1.82	3.34
铜仁地区	12.15	2.23	3.11
遵义市	8.78	1.78	3.78

二、结果与分析

（一）道路分形基本特征

1. 密度特征。由表7-8可知，贵州省9个行政区的道路密度都相当低，一方面可能因为贵州省是典型喀斯特地貌分布区，山地多、平地少，修建道路较为困难；另一方面可能因为贵州省是经济欠发达地区，道路建设总投资较大，致使贵州省道路交通网通达性落后于其他经济发达省市地区。

2. 曲率特征。由表7-8可知，贵州省道路曲率相对较高，平均值达0.78，最大值达0.87。不言而喻，为了适应多山的地形条件，而选择绕山修道是贵州省道路弯曲的重要原因。铜仁地区道路曲率最小为 0. 32，这可能是因为铜仁地区东邻湖南、北靠重庆、西接遵义，是西部大开发前沿投资环境最具优势的地方，道路相对发达。

3. 比降特征。从表 7-8 可以看出，贵州省道路比降总体较小、不同区域间差异也较小。仅铜仁地区道路比降值达 0. 105，可能是由于铜仁地区山地面积占 73. 1%，道路修建由于多山的因素，而导致道路坡度相对较大。

4. 分维特征。从表 7-9 可知，贵州省道路分支比 R_b 均大于 1，说明贵州省道路等级中，四级道路最多，其次是三级道路、二级道路、一级道路，高速路最少。而毕节地区的分支比达到了 19. 33，说明较低一级道路占很大比重，表明毕节地区属于贵州省经济欠发达地区；贵阳市道路分支比最小，仅有 2. 95，说明贵阳市高等级道路发展较快，道路扩建迅速，城市化水平快速发展；道路累积平均长度比 R_L 都大于 1，说明贵州省每个行政区域内每一等级道路平均长度是依据道路等级逐级递减，反映了高等级道路逐渐覆盖整个行政区，促进区域经济快速发展。

表 7-9 中的 D_0 为反映道路分维值，即 D_0 越大、道路分维值越大、路网越复杂，区域经济发展水平就越高。贵阳市作为贵州省的省会城市，经济发展最快，城市化水平最高，其交通路网最复杂，高等级道路最多，道路分维值达到 4. 34；其次是遵义地区（3. 78）、黔西南州（3. 34），黔南州（1. 5）和黔东南州（1. 95）最小。因此，道路分维值的大小与交通路网的复杂程度成正比，与城市发展水平成正相关。

（二）交通事故基本特征

1. 时间分布特征。图 7-22 反映了贵州省 9 个行政区 2009 年至 2014 年道路交通事故时空分布。根据平均交通事故发生次数为 500 起，可将 2011 年至 2014 年道路交通事故划分为两个时期，即 2009 年至 2011 年为事故低发期、2012 年至 2014 年为事故高发期。

针对事故低发期，2009 年至 2011 年交通事故发生率总体上呈下降趋势，但下降不明显；贵州省 9 个行政区 2009 年至 2011 年交通事故发生次数较少，平均事故发生率 169 起；2009 年至 2011 年交通事故发生率差值较小，其中，贵阳市和黔西南州 2010 年至 2011 年差值最大为-70，铜仁地区、黔西南州和毕节地区 2009 年至 2010 年差值最小为-1；2009 年至 2011 年道路交通事故发生率变异系数呈上升趋势，即 Cv_{2009}（0. 56）<Cv_{2010}（0. 57）<Cv_{2011}（0. 62），说明贵州省 9 个行政区道路交通事故率年际差异逐渐增大。针对事故高发期，贵州省 9 个行政区 2012 年至 2014 年平均交通事故发生率在 500 起以上，且随着年份的增加，交通事故发生率呈上升趋势，即年平均交通事故发生率 2012 年为 817 起、2013 年为 870 起、2014 年为 1025 起；2012 年至 2014 年交通事故发生率总体呈上升趋势，且毕节地区交通事故发生率 2013 年至 2014 年差值最大是 474 起，其次是贵阳 434 起，安顺地区 2012 年至 2013 年最小为 5 起。2012 年至 2014 年道路交通事故发生率呈下降趋势，即 Cv_{2012}（0. 42）>Cv_{2013}（0. 37）>Cv_{2014}（0. 35），说明贵州省 9 个行政区道路交通事故发生率年际差异逐渐减小。2011 年至 2012 年暂称为突变期，其交通事故发生率相差较大，遵义市差值最大为 1636 起，其次是六盘水（844 起）和安顺地区（756 起），贵阳市最少（307 起）。

2. 空间分布特征。贵州省交通事故空间分布特征与时间分布特征较为相似（见图 7-22）。2009 年至 2011 年贵州省 9 个行政区道路交通事故发生率总体较低（小于 500 起），不同区域的交通事故空间分布大致平行；事故发生率相对较高的区域分别是：2009 年贵阳市 412 起、2011 年黔东南州 295 起和 2010 年黔南州 285 起；2009 年至 2011 年贵州省 9 个行政区平均道路交通事故发生率为 169. 5 起、2011 年安顺市相对最小为 62 起，区域间最大差值为 350 起。2012 年至 2014 年贵州省 9 个行政区道路交通事故发生率总体较大（大于 500 起），不同区域的交通事故空间分布也大致平行，但区域间交通事故发生率差异相对较大。2012 年至 2014 年遵义地区交通事故发生率相对最大，分别为 1702 起、1668 起、1912 起；其次是 2014 年贵阳市 1122 起、2014 年毕节地区 1173 起，而 2013 年黔西南州（470 起）和 2012 年毕节地区（550 起）相对最小。2012 年至 2014 年区域间交通事故发生率最大差值达 1442 起。

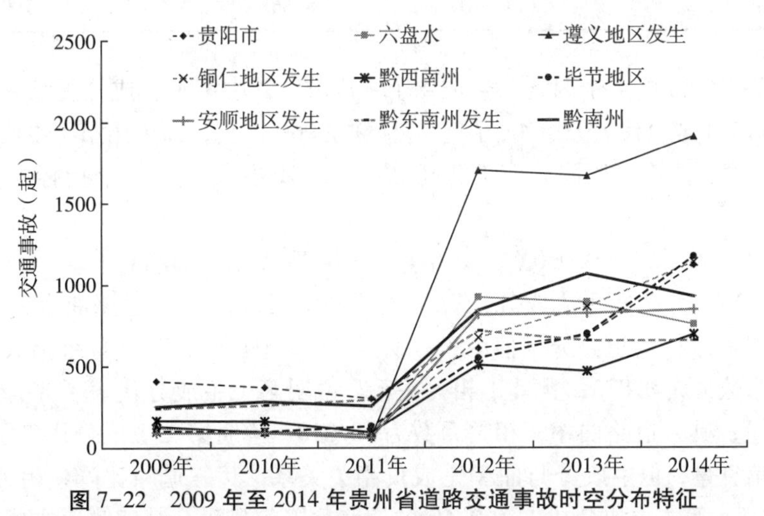

图 7-22　2009 年至 2014 年贵州省道路交通事故时空分布特征

综上所述，近年来贵州省经济的发展，带动了道路交通的发展，尤其是高等级公路的快速发展，已形成了以贵阳市为中心，分别向黔南、黔西南、黔西等 8 个方向辐射的交通网络。道路交通快速发展给人们带来便利的同时，也使得道路交通事故发生愈加频繁。

（三）综合指标与交通事故分析

1. 主成分分析。主成分分析也称主分量分析，旨在利用降维的思想，把原来多个指标化为少数几个综合指标的一种统计方法。其中每个主成分都能够反映原始变量的大部分信息，且所含信息互不重复。这种方法在引进多方面变量的同时将复杂因素归结为几个主成分，使问题简单化，同时有效地解决了变量信息重叠，多重共线性等诸多问题，使分析结果更加合理、科学和有效。

道路交通事故是由多种因素导致的，在实际问题研究中，为了全面、系统地分析问题，我们必须考虑众多因素，但势必会导致因素间的重叠与共线。本章从道路的因素出发，考虑道路密度、曲率、比降及分维 4 个指标。但从因素相关系数矩阵上看，因素间相关性较高，为了使每个因素对交通事故影响是独立的，本章运用主成分分析法对密度、曲率、比降、分维 4 个指标进行主成分分析。利用 Spss 软件计算 4 个因素的主成分、特征值、贡献率和累积贡献率（见表 7-10）。

表 7-10　贵州省道路因素主成分的特征值、贡献率和累积贡献率

因子	特征值	贡献率%	累积贡献率%
1	0.761	96.087	96.087
2	0.031	3.872	99.959
3	0	0.041	100
4	7.02E-10	8.86E-08	100

从表 7-10 可知，4 个因素共生成 4 个主成分。其中第 1 主成分贡献率在 96%以上，说明第 1 主成分代表原始 4 个因素信息量在 96%以上，即可用第 1 主成分代替原始的道路密度、曲率、比降、分维 4 个指标。第 1 主成分与 4 个指标的关系可表达为：

$$Z_1 = 0.000X_1 - 0.018X_2 - 0.004X_3 + 0.872X_4 \qquad (式 7-12)$$

式 7-12 中 Z_1 为第 1 主成分，X_1 为道路密度因素，X_2 为道路曲率因素，X_3 为道路比降因素，X_4 为道路分维值因素；从式 7-12 中可知，其一分维指数与第 1 主成分相关系数最大 0.872，且呈正相关关系，说明第 1 主成分代表了 87.2%的道路分维信息量；其二道路曲率，相关系数为-0.018，说明第 1 主成分代表了 1.8%的道路曲率信息量，但主成分与曲率是成负相关关系；其三道路比降，相关系数为-0.004，同理，第 1 主成分代表了 0.4%的道路比降信息量；其四第 1 主成分与道路密度的相关系数为 0，说明第 1 主成分未赋含道路密度信息。

通过式 7-12，可以计算出 4 个因素的主成分得分：贵阳市主成分得分为 3.772、六盘水市为 2.512、遵义市为 3.277、铜仁地区为 2.704、黔西南州为 2.894、毕节市为 2.676、安顺市为 2.201、黔东南州为 1.688、黔南州为 1.291。其中，贵阳最高，综合指标对贵阳市的影响最大，其次是遵义地区，黔南州最小。

2. 回归分析。根据回归分析原理，利用交通事故数据作为因变量 y，道路因素 4 个指标的第 1 主成分得分作为自变量 z，绘制散点图，添加拟合曲线、回归方程及拟合系数 R^2（见图 7-23）。

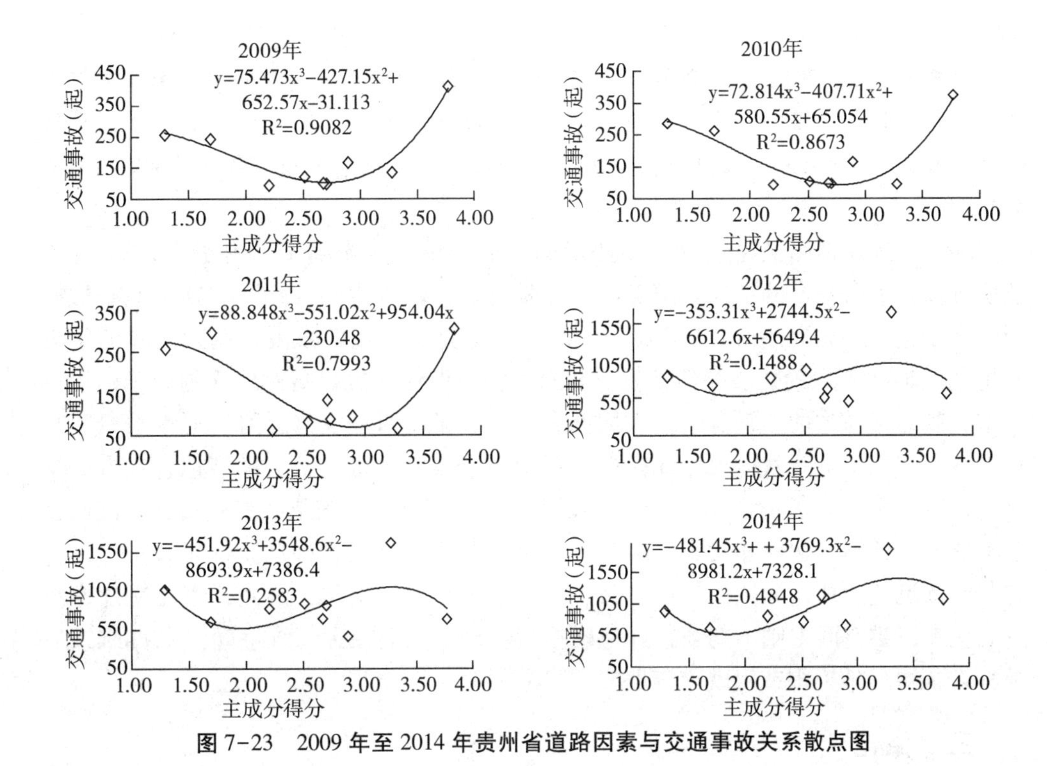

图 7-23　2009 年至 2014 年贵州省道路因素与交通事故关系散点图

根据图 7-23 可知，道路交通事故与道路因素主成分成非线性相关关系。根据非线性拟合系数 R^2 及道路交通事故时空分布特征，2009 年至 2014 年道路交通事故也划分为两个时期，即 2009 年至 2011 年为事故低发期、2012 年至 2014 年为事故高发期。

从图 7-23 可知，贵州省道路交通事故受道路的因素影响较为复杂，影响关系呈现非线性相关（三次拟合非线性相关）。2009 年至 2011 年事故低发期，道路因素对事故发生率影响最为显著，且拟合系数 $R^2>0.79$，说明道路交通事故的发生率可由道路因素（密度、曲率、比降、分维）的主成分通过三次非线性拟合表达。2011 年至 2012 年形成一个突变，R^2 由 0.7993 锐减为 0.1488，拟合曲线发生了明显变化。这可能是随着贵州省经济的发展，有车一族越来越多，而城市的快速发展也使交通越来越发达、路网越来越复杂，而交通安全管理措施没有得到很好的实施，致使交通事故突发猛增。2012 年至 2014 年事故高发期，道路交通事故回归模型拟合系数逐渐增大，即 R^2_{2012}（0.15）$<R^2_{2013}$（0.26）$<R^2_{2014}$（0.48），说明利用道路因素（密度、曲率、比降、分维）对道路交通事故发生率拟合效果越来越好。

从回归模型系数上分析，2009 年至 2014 年贵州省道路交通事故拟合模型均是三次非线性拟合，说明道路交通事故是在时间、空间、道路因素的影响下发生的，而二次项表示交通事故是在时间、空间的影响下发生的，一次项表示交通事故是在道路因素影响下发生的（见图 7-23）。2009 年至 2011 年三次项系数都为正，二次项系数都为负，一次项系数都为正，说明道路因素对交通事故影响在三维空间为正影响、二维空间为负影响，而一维空间为正影响，拟合模型复相关系数逐渐减小 $0.894<R<0.953$。2012 年至 2014 年正好相反，说明道路因素对交通事故影响在三维空间为负影响、二维空间为正影响，而一维空间为负影响，拟合模型复相关系数逐渐增大 $0.386<R<0.696$。2011 年至 2012 年是突变期，拟合模型复相关系数 R^2 差值为 0.508。

综上所述，道路交通事故是在特定的交通环境因素影响下，由于人、车、路、环境等多种因素耦合的结果。随着经济的发展、道路因素的变化，道路交通事故机制随之变化。正如上述分析，2011 年至 2012 年是贵州经济发展、道路发展的重大转折期。2011 年以前，贵州经济发展相对平稳或滞后，贵州高速公路网处于建设过程中，则道路通达性非常有限，人均拥有汽车数量相对较少，道路交通事故机制相对单一，在三维空间就能很好地模拟道路交通事故发生机制，且模型拟合效果非常显著，且显著性概率 $p<0.01$。2012 年以后，贵州经济快速发展，贵州高速公路网已基本建成，道路通达性非常高；同时，政府部分相继出台各种购车优惠政策，使得有车一族迅速增加，导致人、车、路、环境关系更加复杂化，因此，道路交通事故机制仅在三维空间中则不能被很好地模拟或体现，可能在更高维空间（如四维或五维）才能更好地模拟或反映出道路交通事故机制。

三、结论

道路交通事故的发生影响因素错综复杂，研究交通事故发生因素及其规律对预防或减少交通事故发生尤其重要。本章通过对道路密度、曲率、比降、分维 4 个指标进行提取与分析，探讨道路因素等级、分形特征，研究道路因素对道路交通事故的影响机制。因此，通过上述分析与研究，得出如下结论：

1. 贵州省道路发展水平总体相对滞后，主要表现为道路密度低、平均密度为 $0.2km/km^2$，导致道路比降也较小；受地形地貌影响，贵州省道路曲率相对较大（0.78）、道路分支比较高（9.1）；道路平均分维指数为 2.95，其中，贵阳市道路分维值最大为 4.34，其次是遵义地区 3.78、黔西南州 3.34，黔南州 1.5、黔东南州最小为 1.95。

2. 2009 年至 2014 年贵州省道路交通事故可划分为两个时期，即事故低发期和事故高发期。2009 年至 2011 年事故低发期，贵州省交通事故发生率呈下降趋势，但下降不明显；道路交通事故发生率在不同时期差异显著，且变异系数呈上升趋势，即 Cv_{2009}（0.56）$<Cv_{2010}$（0.57）$<Cv_{2011}$（0.62）；2012 年至 2014 年事故高发期，贵州省交通事故发生率总体呈上升趋势，且交通事故率变异系数呈下降趋势，即 Cv_{2012}（0.42）$>Cv_{2013}$（0.37）$>Cv_{2014}$（0.35），说明贵州 9 个行政区道路交通事故发生率年际差异逐渐减小。

3. 贵州省交通事故空间分布特征与时间分布较为相似。2009 年至 2011 年贵州省 9 个行政区道路交通事故发生率总体较低（小于 500 起），不同区域的交通事故空间分布大致平行，且交通事故发生率区际差异相对较小；2012年至2014年贵州省9个行政区道路交通事故发生率总体较大（大于500起），不同区域的交通事故空间分布也大致平行，但交通事故发生率区际差异相对较大。

4. 贵州省道路密度、曲率、比降、分维4个指标与第1主成分可表达为：

$$Z_1 = 0.000X_1 - 0.018X_2 - 0.004X_3 + 0.872X_4$$

公式表明：其一分维指数与第1主成分相关系数最大为0.872，且成正相关关系，说明第1主成分代表了87.2%的道路分维信息量；其二是道路曲率，相关系数为-0.018，说明第1主成分代表了1.8%的道路曲率信息量，但主成分与曲率是成负相关关系；其三是道路比降，相关系数为-0.004，同理，第1主成分代表了0.4%的道路比降信息量；而第1主成分与道路密度的相关系数为0，说明第1主成分未赋含道路密度信息。

5. 贵州省道路交通事故受道路的因素影响较为复杂，影响关系呈现非线性相关（三次拟合非线性相关）。2009年至2011年的事故低发期，道路因素对事故发生率影响最为显著，且拟合系数$R^2>0.79$；2012年至2014年的事故高发期，道路交通事故回归模型拟合系数逐渐增大，即R^2_{2012}（0.15）$<R^2_{2013}$（0.26）$<R^2_{2014}$（0.48），说明利用道路因素（密度、曲率、比降、分维）对道路交通事故发生率拟合效果越来越好。

第六节 贵州省地貌组合特征对道路交通事故影响机制

一、数据与方法

（一）交通与地貌数据

1. 交通事故数据。交通事故数据来源于2009年至2014年《贵州省道路交通事故年鉴》。

2. 地貌类型提取。以1∶50万贵州省综合地貌图为基础，首先，进行几何校正和投影校正，提取研究样区，与TM影像进行融合；其次，根据贵州省综合地貌图，将喀斯特地貌划分为六种类型，即峰丛洼地、峰丛谷地、峰林溶原（盆地）、峰林谷地、丘陵洼地和喀斯特低中山；再次，利用面向对象技术的监督分类方法，提取典型喀斯特地貌类型遥感信息；最后，统计地貌类型的面积、计算面积百分比。

（二）研究方法

根据概率论贝叶斯公式的定义：如果事件组B_1，B_2，…，B_n满足$B_i \cap B_j = \Phi$（$i \neq j$）（Φ为不可能事件）且$P(\bigcup_{i=1}^{n}) = 1, P(B_i) > 0, (i = 1, 2, \cdots, n)$，则对于任意A［$P(A) > 0$］，有：

$$P(B_k \mid A) = \frac{P(B_k)P(A \mid B_k)}{\sum_{k=1}^{c} P(B_k)P(A \mid B_k)} \quad (式 7-13)$$

式中，$P(B_k)$ 为试验前的假设概率，$P(B_k \mid A)$ 为试验后的假设概率。

令实测道路交通事故矩阵为 $X = (x_{ij})_{m\times n}$，地貌信息矩阵为 $Y = (y_{ik})_{m\times c}$，其中 x_{ij} 表示第 j 年、第 i 研究区的交通事故起数，y_{ik} 表示第 k 类地貌指标、第 i 研究区的面积百分比，$i = 1, 2, \cdots, m$；$j = 1, 2, \cdots, n$；$k = 1, 2, \cdots, c$。

设 B_k 表示交通事故 x_{ij} 受第 k 类地貌因素影响的事件，则道路交通事故发生的不确定性可由条件概率 $P(B_k \mid x_{ij})$ 来表示，它指出在第 j 年、第 i 研究区发生的道路交通事故 x_{ij} 受第 k 类地貌因素影响的概率。条件概率 $P(B_k \mid x_{ij})$：

$$P(B_k \mid x_{ij}) = \frac{P(B_k)P(x_{ij} \mid B_k)}{\sum_{k=1}^{c} P(B_k)P(x_{ij} \mid B_k)} \quad (式 7-14)$$

在一个最大似然分类中，如果 $P(B_k \mid x_{ij}) > P(B_r \mid x_{ij})$，对于所有 $k \neq r$，则 $\{P(B_k \mid x_{ij}), k = 1, 2, \cdots, c\}$ 中的最大值将被选中，即该道路交通事故属于类别 B_k。在最大似然分类中，每一个地貌类型指标对道路交通事故影响的所有概率值 $P(B_k \mid x_{ij})$ 称为概率矢量，将被用作描述地貌类型指标属性的不确定性。

二、贵州省地貌特征

（一）全省地貌类型分布特征

贵州地貌以高原山地为主，平均海拔在 1100m 左右，是一个海拔较高、纬度较低、喀斯特地貌典型发育的山区。贵州地势西高东低，自中部向北、东、南三面倾斜，呈三级阶梯分布。第一级阶梯平均海拔在 1500m 以上；第二级阶梯海拔为 800-1500m；第三级阶梯平均海拔在 800m 以下。贵州地势起伏较大。从面上来看，最高地区是西部的威宁，平均海拔为 2166m；最低地区是东部的玉屏，平均海拔为 541m；两地相差 1625m。而从点上来看，最高点在赫章县的韭菜坪，海拔为 2901m；最低点在黎平县水口河出省处，海拔只有 148m。最高点与最低点海拔相差达到 2753m。贵州地貌主要以喀斯特地貌分布为主（见图 7-24 上），其中，喀斯特地貌出露面积为 10.91 万平方公里，占全省总面积的 61.9%。喀斯特地貌类型分布主要有峰丛洼地（占全省总面积的 9.81%）、峰丛谷地（18.84%）、峰林溶原（10.58%）、峰林谷地（7.29%）、丘陵洼地（3.1%）、中山谷地（21.8%）、低山谷地（2.1%）、浅切低山（4.07%）、深切低山（4.69%）、浅切中山（7.45%）、深切中山（10.28%）。

（二）各地区地貌分布特征

从各地区地貌类型分布上看（见图 7-24 下），中山谷地地貌类型在贵州全省均有分布，峰丛洼地主要分布于黔西南和六盘水大部分地区，分别占全区总面积的

27.59%、28.39%，以及黔南的西南部地区（12.38%），而贵阳、遵义、毕节和安顺地区也有少量分布。峰丛谷地贵州全省也均有分布，其中，遵义地区面积分布最大，占全区总面积的35.1%，其次是安顺地区（39.1%）、毕节地区（27.55%）和贵阳地区（22.77%），而黔东南地区面积分布最小（9.7%）。峰林溶原主要分布于贵阳地区（21.87%），其次是铜仁地区（17.68%），六盘水地区（4.79%）和黔西南地区（3.88%）面积分布最少。

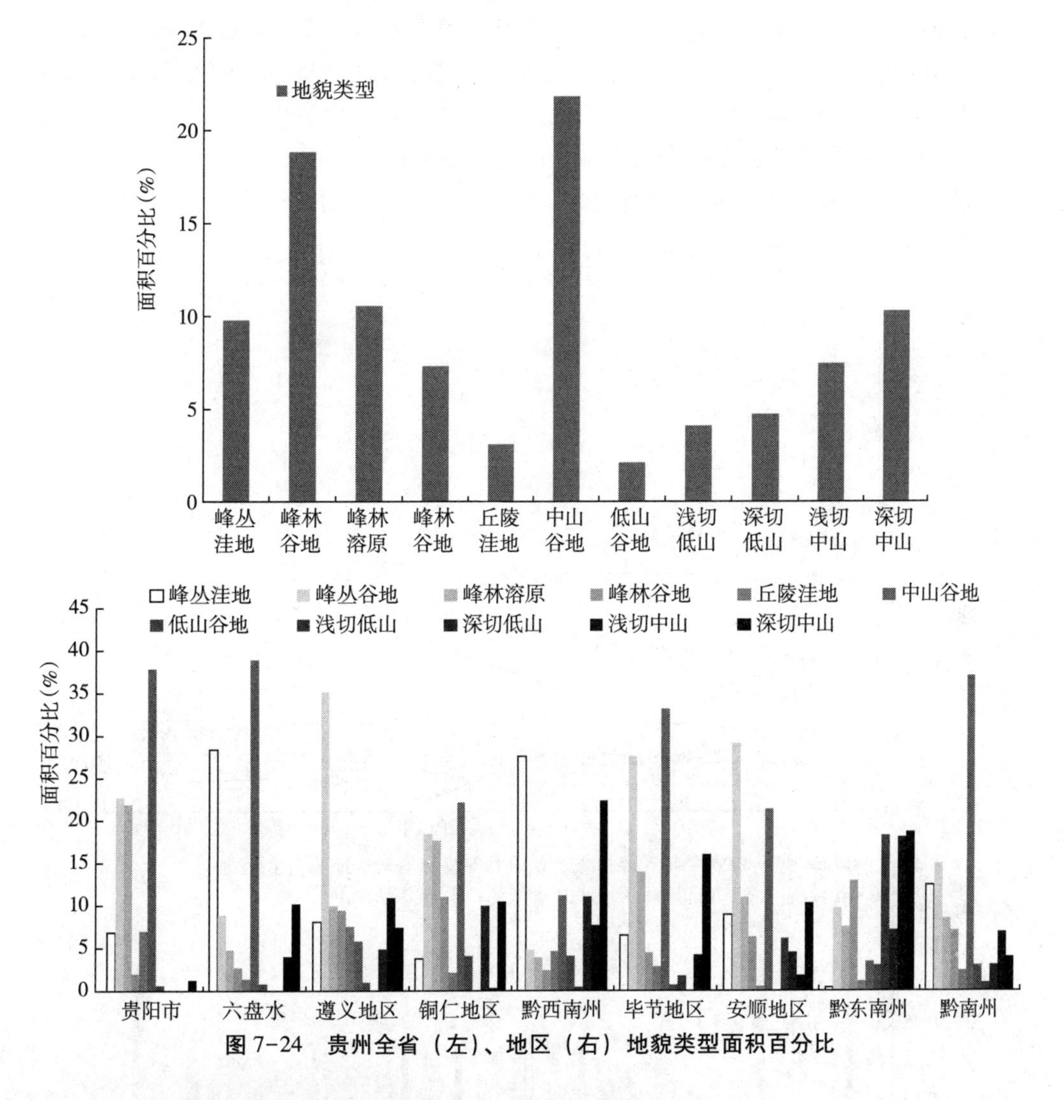

图7-24　贵州全省（左）、地区（右）地貌类型面积百分比

三、地貌类型组合对道路交通事故影响机制

（一）全省地貌类型组合对道路交通事故影响机制

从全省地貌类型分布对道路交通事故影响分析（见图7-25上），中山谷地地貌类型分布区交通事故发生概率最高，概率均值为0.258；其次是峰丛谷地地貌类型

分布区（概率均值为 0.182）、峰丛溶原地貌类型分布区（0.11）和峰丛洼地地貌类型分布区（0.104），而低山谷地（0.02）、丘陵洼地（0.034）、浅切低山（0.034）等地貌类型分布区交通事故发生的概率相对较低。从 2009 年至 2014 年道路交通事故年际变化上分析，浅切低山地貌类型分布区交通事故发生概率年际变化最大，离散系数 Cv=0.529，深切低山地貌类型分布区交通事故 *Cv* 值为 0.438；其次是深切中山地貌类型分布区（*Cv*=0.225）、中山谷地地貌类型分布区（*Cv*=0.2）、低山谷地地貌类型分布区（*Cv*=0.2）、丘陵洼地地貌类型分布区（*Cv*=0.15）、峰丛谷地地貌类型分布区（*Cv*=0.132）；而峰林谷地地貌类型分布区（*Cv*=0.08）、浅切中山地貌类型分布区（*Cv*=0.08）道路交通事故发生概率年际变化最小。

（二）区域性地貌类型组合对道路交通事故影响机制

从区域性地貌类型分布对道路交通事故影响分析（见图 7-25 下），六盘水、贵

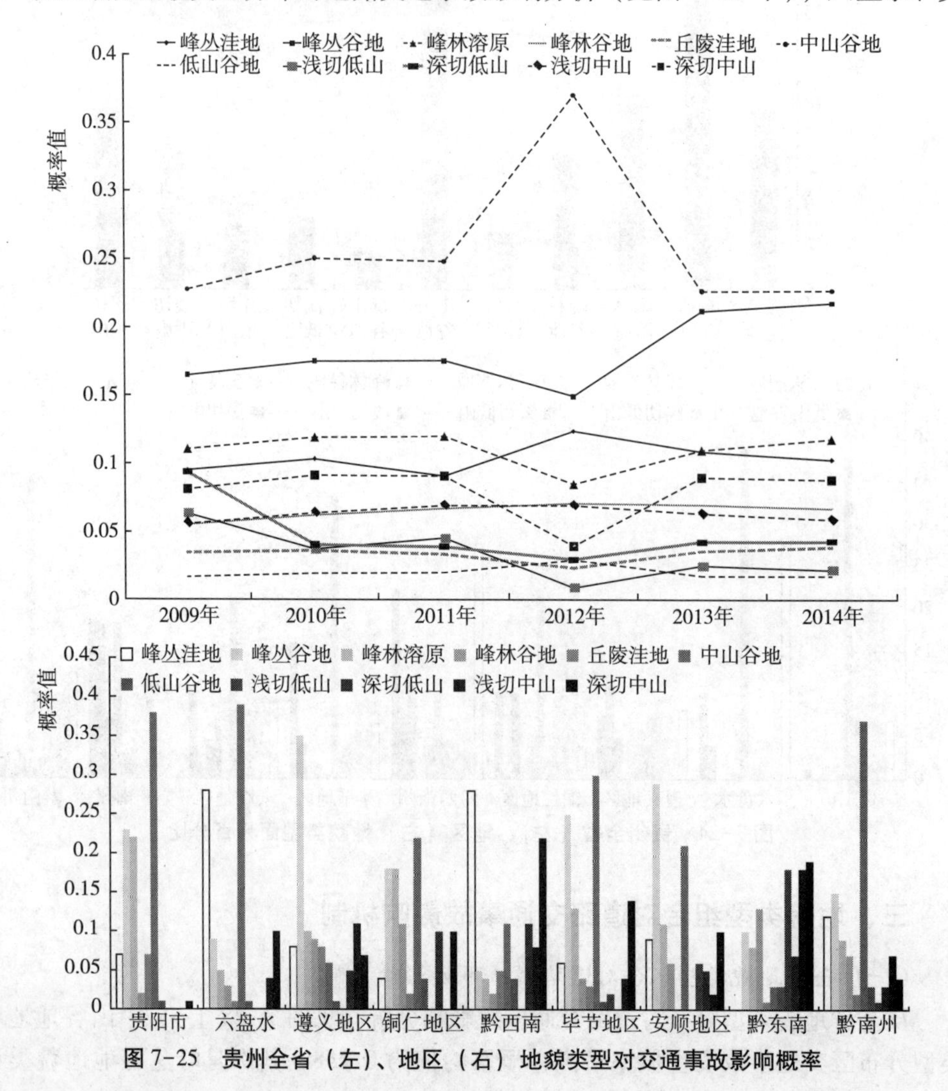

图 7-25 贵州全省（左）、地区（右）地貌类型对交通事故影响概率

阳市、黔南州、毕节地区和铜仁地区中山谷地地貌类型分布区交通事故发生概率最高；其次是遵义地区、安顺地区、毕节地区、贵阳市、铜仁地区和黔南州峰丛谷地地貌类型分布区。针对黔西南地区，峰丛洼地地貌类型分布区道路交通事故发生概率最高（0.28），其次是深切中山地貌类型分布区（0.22）；黔东南地区，深切中山地貌类型分布区道路交通事故发生概率最高（0.19），其次是浅切低山地貌类型分布区（0.18）和浅切中山地貌类型分布区（0.18）。低山谷地地貌类型分布区和浅切低山地貌类型分布区在9个行政区中交通事故发生概率均最小。

综上所述，贵州省是典型喀斯特分布区，喀斯特出露面积占国土总面积的61.9%。在喀斯特分布区，地表常发育峰丛洼地、峰丛谷地、峰林溶原、峰林谷地等地貌类型，形成崎岖、破碎的地貌景观；其地下多发育溶沟、管道、暗河、廊道、溶洞等空间，导致喀斯特地表与地下处处相连、节节相通，大大增加了山区道路修建的难度，也增加了桥梁架接、隧道施工的技术难度。在保证道路修建的同时，也要考虑地层岩性稳固性以及道路修建成本，道路修建常会绕山而修、低空架桥、避其穿洞，建成的道路常会路面不平、弯度大、离心力高、道路分形分维复杂，严重影响驾驶员的视线距离。山区道路路基以裸露岩石为主，其岩石比热容小，路表昼夜温差变化大，尤其是冬季，空气中的水蒸气常在路表积成薄冰，即冻雨，导致道路湿滑，易发生交通事故。加上山区小气候影响，易形成大雾天气、水雾环绕，能见度低，将进一步导致交通事故频繁发生。

四、结论

贵州省是典型喀斯特分布区，地貌类型复杂多样。喀斯特山区地表崎岖、破碎，地下洞穴、管道纵横交错，严重影响山区道路修建、桥梁架接、隧道施工。建成的道路路面不平、弯度大、离心力高、道路分形分维复杂，导致道路交通事故频繁发生。因此，本章采用贝叶斯概率公式，讨论在不同地貌类型空间组合下的交通事故发生机制。通过上述分析，得出以下几点结论：

1. 贵州省地貌主要以喀斯特地貌分布为主，其中，喀斯特地貌类型主要表现为峰丛洼地（占全省总面积的9.81%）、峰丛谷地（18.84%）、峰林溶原（10.58%）、峰林谷地（7.29%）、丘陵洼地（3.1%）、中山谷地（21.8%）、低山谷地（2.1%）、浅切低山（4.07%）、深切低山（4.69%）、浅切中山（7.45%）、深切中山（10.28%）。

2. 从全省地貌类型分布对道路交通事故影响分析，中山谷地地貌类型分布区交通事故发生概率最高，概率均值为0.258；其次是峰丛谷地地貌类型分布区（概率均值为0.182）、峰从溶原地貌类型分布区（0.11）和峰丛洼地地貌类型分布区（0.104），而低山谷地（0.02）、丘陵洼地（0.034）、浅切低山（0.034）等地貌类型分布区道路交通事故发生的概率相对较低。从2009年至2014年《贵州省道路交通事故年鉴》变化上分析，浅切低山地貌类型分布区交通事故发生概率年际变化最大，离散系数 Cv=0. 529，深切低山地貌类型分布区交通事故 Cv 值为 0. 438。

3. 从区域性地貌类型分布对道路交通事故影响分析，六盘水、贵阳市、黔南州、毕节地区和铜仁地区中山谷地地貌类型分布区交通事故发生概率最高；其次是遵义地区、安顺地区、毕节地区、贵阳市、铜仁地区和黔南州峰丛谷地地貌类型分布区。

主要参考文献

[1] 过秀成．道路交通安全学．东南大学出版社，2011.

[2] 裴玉龙，王炜．道路交通事故成因分析及预防对策．人民交通出版社，2004.

[3] 魏郎，刘浩学．汽车安全技术概论．人民交通出版社，1999.

[4] 杨佩昆．智能交通．同济大学出版社，2007.

[5] 杨兆升．智能运输系统概论．人民交通出版社，2003.

[6] 余志生．汽车理论．机械工业出版社，2004.

[7] 赵恩棠，刘稀柏．道路交通安全．人民交通出版社，1998.

[8] 郑安文，等．道路交通安全与管理——事故成因分析和预防策略．机械工业出版社 . 2008.

[9] Aberg L，Rimmo P E R A. Dimensions of Aberrant Driver Behaviour. Ergonomics. 1998 (1).

[10] Bullas J C. Accident analysis and prevention 37. Accident Analysis & Prevention，2005 (5).

[11] Economic Commission for Europe Intersecretariat Working Group on Transport Statistics. Glossary of transport statistics，3rd ed. New York，NY，United Nations Economic and Social Council，2003.

[12] European Commission. Annual accident report. [2015 - 06 - 01]. Brussels：Directorate General for Transport.

[13] HU J W，Flannagan C A，BAO S，et al. Integration of active and passive safety technologies a method to study and estimate field capability. Stapp Car Crash J，2015 (59).

[14] Nie B B，Zhou Q. Can new passenger cars reduce pedestrian lower extremity injury? A review of geometrical changes of front-end design before and after regulatory efforts. Traffic Inj Prev，2016 (7).

[15] NHTSA - 200727662，Federal motor vehicle safety standards；electronic stability control systems；controls and displays. Washington DC：National Highway Traffic Safety Administration，2007.

[16] Otte D，Jansch M，Haasper C. Injury protection and accident causation parameters for vulnerable road users based on German In-Depth Accident Study GIDAS. Accid A-

nal Prev, 2012 (44).

[17] Philip P, Sagaspe P, Moore N, et al. Fatigue, Sleep Restriction and Roads and traffic authority of NSW. Speed Problem Definition and Counter measure Summary. Australia, 2000.

[18] SHI X N, CAO L B, Reed M P, et al. Effects of obesity on occupant responses in frontal crashes: a simulation analysis using human body models. Comput Methods Biomech Biomed Eng, 2015 (18).

[19] Swain A D, Guttmann H E. Handbook of human reliability analysis with emphasis on nuclear power plant applications, 1983, NUREGPCR-1278.

[20] Taylor B, Irving H M, Kanteres F, et al. The more you drink, the harder you fall: A systematic review and meta-analysis of how acute alcohol consumption and injury or collision risk increase together. Drug & Alcohol Dependence, 2010 (1-2).

[21] Thomas M. Development of fatigue symptoms during simulated driving. Accid. Anal. and Frev., 1997 (4).

[22] WHO. The world report on road traffic injury prevention. Geneva; World Health Organization, 2004.

[23] WHO. Global status report on road safety: time for action. Geneva; World Health Organization, 2009.

[24] WHO. Global status report on road safety 2013: supporting a decade of action. Geneva; World Health Organization, 2013.

[25] WHO. Global status report on road safety 2015. Geneva, United Nations, 2015.

[26] WHO. Global status report on road safety 2018. Geneva, World Health Organization, 2018.

[27] YUAN Q, LI Y B, ZHANG Y. The analysis on the human-vehicle-road characteristics of vehicle rear-end impact accidents//IEEE Intel Conf Vehi Electro and Safe, Yokohama, 2005.

[28] 陈国华，程文．美国道路交通事故黑点鉴别的历史发展及未来走向//中国职业安全健康协会首届年会暨职业安全健康论坛论文集，2004.

[29] 陈帅锋，李文君，陈桂勇．我国吸毒后驾驶问题研究．中国人民公安大学学报（社会科学版），2012（1）.

[30] 陈利．由“毒驾”车辆查控说开去．公安教育，2011（2）.

[31] 陈沙麦，朱萍．社会转型期福建省女性吸毒的调查报告．福州大学学报（哲学社会科学版），2008（4）.

[32] 段蕾蕾，吴春眉，邓晓，等．2006-2008年中国道路交通伤害状况分析．公共卫生与预防医学，2010（3）.

[33] 公安部交通管理局．中华人民共和国道路交通事故统计年报（2014）．公

安部交通管理科学研究所，2015.

[34] 郝红霞，陈新明．我国毒品泛滥的新动向．刑事技术，2013（1）.

[35] 贾常明．驾驶员酒后血液酒精含量与时间关系研究．刑事技术，2009（2）.

[36] 马佳．道路运输行业驾驶员“毒驾”问题的规范．交通与港航，2015（5）.

[37] 胡艳，周凯，余平．“三三查缉毒驾工作法”．现代世界警察，2016（6）.

[38] 马璐．道路因素对道路交通安全的影响分析．长安大学硕士学位论文，2005.

[39] 马壮林．高速公路交通事故时空分析模型及其预防方法．北京交通大学硕士学位论文，2010.

[40] 李一兵，孙岳霆，徐成亮．基于交通事故数据的汽车安全技术发展趋势分析．汽车安全与节能学报，2016（3）.

[41] 李庚凭．基于有序 Logit 和多项 Logit 模型的高速公路交通事故严重程度预测．长安大学硕士学位论文，2018.

[42] 李锦棠，城市道路交通安全管理措施研究．陕西师范大学硕士学位论文，2013.

[43] 李云鹏．“毒驾”与道路交通安全研究．政法学刊，2011（5）.

[44] 李瑾，陈桂勇，张超，等．毒品唾液快速检测试剂及其应用．警察技术，2013（4）.

[45] 李文君，续磊．论道路交通安全领域中的吸毒驾驶行为．中国人民公安大学学报（社会科学版），2010（4）.

[46] 刘香云．基于灰色关联度的道路交通事故组合预测方法研究．北京交通大学硕士学位论文，2015.

[47] 刘青．轮胎非稳态侧偏特性的分析、建模与仿真．吉林工业大学硕士学位论文，1996.

[48] 刘伟明．毒驾的检验鉴定．科技资讯，2014（11）.

[49] 欧阳涛，柯良栋．吸毒、贩毒现状分析．社会学研究，1993（3）.

[50] 时秋娜．我国“毒驾”的现状及管控对策研究．广西警官高等专科学校学报，2015（5）.

[51] 徐炜烽，张恩．不同保存条件对血液酒精浓度检测的影响．临床检验杂志，2006（3）.

[52] 谢春，钟方前，吴敬杰，等．储存容器对血液乙醇浓度的影响．环境与职业医学，2012（7）.

[53] 孙福成，王亚力，邓博．“毒驾”入刑与公安交通管理对策研究．交通企业管理，2013（11）.

[54] 钱田梓，道路交叉口行人不安全行为影响因素研究．北京交通大学硕士学位论文，2015.

[55] 裴玉龙，冯树民．城市行人过街速度研究．公路交通科技，2006（9）．

[56] 舒晓兵．城市交通失范行为的原因探析．城市规划，2000（3）．

[57] 宋博，考虑环境影响的高速公路限速值研究．长安大学硕士学位论文，2017．

[58] 叶新凤，李新春．安全氛围对安全行为的影响：有调节的中介模型．科学决策，2014（10）．

[59] 许士丽．基于生理信号的驾驶疲劳判别方法研究．北京工业大学硕士学位论文，2012．

[60] 许洪国，周立，鲁光泉．中国道路交通安全现状、成因及其对策．中国安全科学学报，2004（8）．

[61] 杨黎华．中国吸毒驾车管制问题及其对策．广西警官高等专科学校学报，2012（1）．

[62] 闫惠，崔艳华，王元凤．毒品对于驾驶行为影响的研究进展．中国司法鉴定，2015（1）．

[63] 袁伟，付锐，郭应时，等．我国道路交通安全形势与事故特征分析．山西交通科技，2004（3）．

[64] 王宏伟．道路条件对公路交通安全的影响研究．西南交通大学硕士学位论文，2010．

[65] 王若素，肖寒，白涛，等．全国机动车保有量——《2013 年中国机动车污染防治年报》（第 I 部分）．环境与可持续发展，2014（1）．

[66] 张祥浩，王学中，李金胜．汽车驾驶员饮酒对反应时的影响．中华劳动卫生职业病杂志，1996（3）．

[67] 张振宇，单晓梅，梅利华．驾驶员酒后呼出气和血中乙醇浓度、时间—反应关系的研究．劳动医学，1999（4）．

[68] 张鹏辉．道路交通事故规律分析及预防对策研究．合肥工业大学硕士学位论文，2008．

[69] 张灵聪，王正国，朱佩芳，等．汽车驾驶疲劳研究综述．人类工效学，2003（1）．

[70] 甄广怀．不同浓度、不同放置保存方式对测定血液乙醇浓度的影响．重庆医学，2010（12）．

[71] 钟岩．新时期中国毒品禁而不绝的原因及对策探析．行政与法（吉林省行政学院学报），2005（7）．

[72] 赵国朋，何文斌．毒驾行为的法律适用及查处实务．道路交通管理，2014（11）．

[73] 智研咨询集团．2021-2027 年中国交通事故现场勘查救援设备行业市场运行格局及战略咨询研究报告，2021．

[74] 朱嘉珺，李晓明．美国“毒驾”的法律规制及对我国的借鉴作用．南京社会科学，2014（11）．
[75] 朱俊强．当代中国毒品犯罪群体之分析与社会控制．江苏社会科学，1996（1）．
[76] 朱萍，陈沙麦．福建省吸毒群体的性别差异比较．中华女子学院学报，2008（5）．

附 录

附录一

《中华人民共和国道路交通安全法》

(2003 年 10 月 28 日，第十届全国人民代表大会常务委员会第五次会议通过 根据 2007 年 12 月 29 日第十届全国人民代表大会常务委员会第三十一次会议《关于修改〈中华人民共和国道路交通安全法〉的决定》第一次修正，根据 2011 年 4 月 22 日第十一届全国人民代表大会常务委员会第二十次会议《关于修改〈中华人民共和国道路交通安全法〉的决定》第二次修正，根据 2021 年 4 月 29 日第十三届全国人民代表大会常务委员会第二十八次会议《关于修改〈中华人民共和国道路交通安全法〉等八部法律的决定》第三次修正)

目 录

第一章 总 则

第一条 为了维护道路交通秩序，预防和减少交通事故，保护人身安全，保护公民、法人和其他组织的财产安全及其他合法权益，提高通行效率，制定本法。

第二条 中华人民共和国境内的车辆驾驶人、行人、乘车人以及与道路交通活动有关的单位和个人，都应当遵守本法。

第三条 道路交通安全工作，应当遵循依法管理、方便群众的原则，保障道路交通有序、安全、畅通。

第四条 各级人民政府应当保障道路交通安全管理工作与经济建设和社会发展相适应。

县级以上地方各级人民政府应当适应道路交通发展的需要，依据道路交通安全法律、法规和国家有关政策，制定道路交通安全管理规划，并组织实施。

第五条 国务院公安部门负责全国道路交通安全管理工作。县级以上地方各级人民政府公安机关交通管理部门负责本行政区域内的道路交通安全管理工作。

县级以上各级人民政府交通、建设管理部门依据各自职责，负责有关的道路交通工作。

第六条 各级人民政府应当经常进行道路交通安全教育，提高公民的道路交通安全意识。

公安机关交通管理部门及其交通警察执行职务时，应当加强道路交通安全法律、法规的宣传，并模范遵守道路交通安全法律、法规。

机关、部队、企业事业单位、社会团体以及其他组织，应当对本单位的人员进行道路交通安全教育。

教育行政部门、学校应当将道路交通安全教育纳入法制教育的内容。

新闻、出版、广播、电视等有关单位，有进行道路交通安全教育的义务。

第七条 对道路交通安全管理工作，应当加强科学研究，推广、使用先进的管理方法、技术、设备。

第二章 车辆和驾驶人

第一节 机动车、非机动车

第八条 国家对机动车实行登记制度。机动车经公安机关交通管理部门登记后，方可上道路行驶。尚未登记的机动车，需要临时上道路行驶的，应当取得临时通行牌证。

第九条 申请机动车登记，应当提交以下证明、凭证：

（一）机动车所有人的身份证明；

（二）机动车来历证明；

（三）机动车整车出厂合格证明或者进口机动车进口凭证；

（四）车辆购置税的完税证明或者免税凭证；

（五）法律、行政法规规定应当在机动车登记时提交的其他证明、凭证。

公安机关交通管理部门应当自受理申请之日起五个工作日内完成机动车登记审查工作，对符合前款规定条件的，应当发放机动车登记证书、号牌和行驶证；对不符合前款规定条件的，应当向申请人说明不予登记的理由。

公安机关交通管理部门以外的任何单位或者个人不得发放机动车号牌或者要求机动车悬挂其他号牌，本法另有规定的除外。

机动车登记证书、号牌、行驶证的式样由国务院公安部门规定并监制。

第十条 准予登记的机动车应当符合机动车国家安全技术标准。申请机动车登记时，应当接受对该机动车的安全技术检验。但是，经国家机动车产品主管部门依据机动车国家安全技术标准认定的企业生产的机动车型，该车型的新车在出厂时经检验符合机动车国家安全技术标准，获得检验合格证的，免予安全技术检验。

第十一条 驾驶机动车上道路行驶，应当悬挂机动车号牌，放置检验合格标志、保险标志，并随车携带机动车行驶证。

机动车号牌应当按照规定悬挂并保持清晰、完整，不得故意遮挡、污损。

任何单位和个人不得收缴、扣留机动车号牌。

第十二条 有下列情形之一的，应当办理相应的登记：

（一）机动车所有权发生转移的；

（二）机动车登记内容变更的；

（三）机动车用作抵押的；

（四）机动车报废的。

第十三条 对登记后上道路行驶的机动车，应当依照法律、行政法规的规定，根据车辆用途、载客载货数量、使用年限等不同情况，定期进行安全技术检验。对提供机动车行驶证和机动车第三者责任强制保险单的，机动车安全技术检验机构应当予以检验，任何单位不得附加其他条件。对符合机动车国家安全技术标准的，公安机关交通管理部门应当发给检验合格标志。

对机动车的安全技术检验实行社会化。具体办法由国务院规定。

机动车安全技术检验实行社会化的地方，任何单位不得要求机动车到指定的场所进行检验。

公安机关交通管理部门、机动车安全技术检验机构不得要求机动车到指定的场所进行维修、保养。

机动车安全技术检验机构对机动车检验收取费用，应当严格执行国务院价格主管部门核定的收费标准。

第十四条 国家实行机动车强制报废制度，根据机动车的安全技术状况和不同用途，规定不同的报废标准。

应当报废的机动车必须及时办理注销登记。

达到报废标准的机动车不得上道路行驶。报废的大型客、货车及其他营运车辆应当在公安机关交通管理部门的监督下解体。

第十五条 警车、消防车、救护车、工程救险车应当按照规定喷涂标志图案，安装警报器、标志灯具。其他机动车不得喷涂、安装、使用上述车辆专用的或者与其相类似的标志图案、警报器或者标志灯具。

警车、消防车、救护车、工程救险车应当严格按照规定的用途和条件使用。

公路监督检查的专用车辆，应当依照公路法的规定，设置统一的标志和示警灯。

第十六条 任何单位或者个人不得有下列行为：

（一）拼装机动车或者擅自改变机动车已登记的结构、构造或者特征；

（二）改变机动车型号、发动机号、车架号或者车辆识别代号；

（三）伪造、变造或者使用伪造、变造的机动车登记证书、号牌、行驶证、检验合格标志、保险标志；

（四）使用其他机动车的登记证书、号牌、行驶证、检验合格标志、保险标志。

第十七条 国家实行机动车第三者责任强制保险制度，设立道路交通事故社会救助基金。具体办法由国务院规定。

第十八条 依法应当登记的非机动车，经公安机关交通管理部门登记后，方可上道路行驶。

依法应当登记的非机动车的种类，由省、自治区、直辖市人民政府根据当地实际情况规定。

非机动车的外形尺寸、质量、制动器、车铃和夜间反光装置，应当符合非机动车安全技术标准。

第二节 机动车驾驶人

第十九条 驾驶机动车，应当依法取得机动车驾驶证。

申请机动车驾驶证，应当符合国务院公安部门规定的驾驶许可条件；经考试合格后，由公安机关交通管理部门发给相应类别的机动车驾驶证。

持有境外机动车驾驶证的人，符合国务院公安部门规定的驾驶许可条件，经公安机关交通管理部门考核合格的，可以发给中国的机动车驾驶证。

驾驶人应当按照驾驶证载明的准驾车型驾驶机动车；驾驶机动车时，应当随身携带机动车驾驶证。

公安机关交通管理部门以外的任何单位或者个人，不得收缴、扣留机动车驾驶证。

第二十条 机动车的驾驶培训实行社会化，由交通运输主管部门对驾驶培训学校、驾驶培训班实行备案管理，并对驾驶培训活动加强监督，其中专门的拖拉机驾驶培训学校、驾驶培训班由农业（农业机械）主管部门实行监督管理。

驾驶培训学校、驾驶培训班应当严格按照国家有关规定，对学员进行道路交通安全法律、法规、驾驶技能的培训，确保培训质量。

任何国家机关以及驾驶培训和考试主管部门不得举办或者参与举办驾驶培训学

校、驾驶培训班。

第二十一条 驾驶人驾驶机动车上道路行驶前，应当对机动车的安全技术性能进行认真检查；不得驾驶安全设施不全或者机件不符合技术标准等具有安全隐患的机动车。

第二十二条 机动车驾驶人应当遵守道路交通安全法律、法规的规定，按照操作规范安全驾驶、文明驾驶。

饮酒、服用国家管制的精神药品或者麻醉药品，或者患有妨碍安全驾驶机动车的疾病，或者过度疲劳影响安全驾驶的，不得驾驶机动车。

任何人不得强迫、指使、纵容驾驶人违反道路交通安全法律、法规和机动车安全驾驶要求驾驶机动车。

第二十三条 公安机关交通管理部门依照法律、行政法规的规定，定期对机动车驾驶证实施审验。

第二十四条 公安机关交通管理部门对机动车驾驶人违反道路交通安全法律、法规的行为，除依法给予行政处罚外，实行累积记分制度。公安机关交通管理部门对累积记分达到规定分值的机动车驾驶人，扣留机动车驾驶证，对其进行道路交通安全法律、法规教育，重新考试；考试合格的，发还其机动车驾驶证。

对遵守道路交通安全法律、法规，在一年内无累积记分的机动车驾驶人，可以延长机动车驾驶证的审验期。具体办法由国务院公安部门规定。

第三章 道路通行条件

第二十五条 全国实行统一的道路交通信号。

交通信号包括交通信号灯、交通标志、交通标线和交通警察的指挥。

交通信号灯、交通标志、交通标线的设置应当符合道路交通安全、畅通的要求和国家标准，并保持清晰、醒目、准确、完好。

根据通行需要，应当及时增设、调换、更新道路交通信号。增设、调换、更新限制性的道路交通信号，应当提前向社会公告，广泛进行宣传。

第二十六条 交通信号灯由红灯、绿灯、黄灯组成。红灯表示禁止通行，绿灯表示准许通行，黄灯表示警示。

第二十七条 铁路与道路平面交叉的道口，应当设置警示灯、警示标志或者安全防护设施。无人看守的铁路道口，应当在距道口一定距离处设置警示标志。

第二十八条 任何单位和个人不得擅自设置、移动、占用、损毁交通信号灯、交通标志、交通标线。

道路两侧及隔离带上种植的树木或者其他植物，设置的广告牌、管线等，应当与交通设施保持必要的距离，不得遮挡路灯、交通信号灯、交通标志，不得妨碍安全视距，不得影响通行。

第二十九条 道路、停车场和道路配套设施的规划、设计、建设，应当符合道路交通安全、畅通的要求，并根据交通需求及时调整。

公安机关交通管理部门发现已经投入使用的道路存在交通事故频发路段，或者停车场、道路配套设施存在交通安全严重隐患的，应当及时向当地人民政府报告，并提出防范交通事故、消除隐患的建议，当地人民政府应当及时作出处理决定。

第三十条 道路出现坍塌、坑漕、水毁、隆起等损毁或者交通信号灯、交通标志、交通标线等交通设施损毁、灭失的，道路、交通设施的养护部门或者管理部门应当设置警示标志并及时修复。

公安机关交通管理部门发现前款情形，危及交通安全，尚未设置警示标志的，应当及时采取安全措施，疏导交通，并通知道路、交通设施的养护部门或者管理部门。

第三十一条 未经许可，任何单位和个人不得占用道路从事非交通活动。

第三十二条 因工程建设需要占用、挖掘道路，或者跨越、穿越道路架设、增设管线设施，应当事先征得道路主管部门的同意；影响交通安全的，还应当征得公安机关交通管理部门的同意。

施工作业单位应当在经批准的路段和时间内施工作业，并在距离施工作业地点来车方向安全距离处设置明显的安全警示标志，采取防护措施；施工作业完毕，应当迅速清除道路上的障碍物，消除安全隐患，经道路主管部门和公安机关交通管理部门验收合格，符合通行要求后，方可恢复通行。

对未中断交通的施工作业道路，公安机关交通管理部门应当加强交通安全监督检查，维护道路交通秩序。

第三十三条 新建、改建、扩建的公共建筑、商业街区、居住区、大（中）型建筑等，应当配建、增建停车场；停车泊位不足的，应当及时改建或者扩建；投入使用的停车场不得擅自停止使用或者改作他用。

在城市道路范围内，在不影响行人、车辆通行的情况下，政府有关部门可以施划停车泊位。

第三十四条 学校、幼儿园、医院、养老院门前的道路没有行人过街设施的，应当施划人行横道线，设置提示标志。

城市主要道路的人行道，应当按照规划设置盲道。盲道的设置应当符合国家标准。

第四章 道路通行规定

第一节 一般规定

第三十五条 机动车、非机动车实行右侧通行。

第三十六条 根据道路条件和通行需要，道路划分为机动车道、非机动车道和人行道的，机动车、非机动车、行人实行分道通行。没有划分机动车道、非机动车道和人行道的，机动车在道路中间通行，非机动车和行人在道路两侧通行。

第三十七条 道路划设专用车道的，在专用车道内，只准许规定的车辆通行，其他车辆不得进入专用车道内行驶。

第三十八条 车辆、行人应当按照交通信号通行；遇有交通警察现场指挥时，应当按照交通警察的指挥通行；在没有交通信号的道路上，应当在确保安全、畅通的原则下通行。

第三十九条 公安机关交通管理部门根据道路和交通流量的具体情况，可以对机动车、非机动车、行人采取疏导、限制通行、禁止通行等措施。遇有大型群众性活动、大范围施工等情况，需要采取限制交通的措施，或者作出与公众的道路交通活动直接有关的决定，应当提前向社会公告。

第四十条 遇有自然灾害、恶劣气象条件或者重大交通事故等严重影响交通安全的情形，采取其他措施难以保证交通安全时，公安机关交通管理部门可以实行交通管制。

第四十一条 有关道路通行的其他具体规定，由国务院规定。

第二节 机动车通行规定

第四十二条 机动车上道路行驶，不得超过限速标志标明的最高时速。在没有限速标志的路段，应当保持安全车速。

夜间行驶或者在容易发生危险的路段行驶，以及遇有沙尘、冰雹、雨、雪、雾、结冰等气象条件时，应当降低行驶速度。

第四十三条 同车道行驶的机动车，后车应当与前车保持足以采取紧急制动措施的安全距离。有下列情形之一的，不得超车：

（一）前车正在左转弯、掉头、超车的；

（二）与对面来车有会车可能的；

（三）前车为执行紧急任务的警车、消防车、救护车、工程救险车的；

（四）行经铁路道口、交叉路口、窄桥、弯道、陡坡、隧道、人行横道、市区交通流量大的路段等没有超车条件的。

第四十四条 机动车通过交叉路口，应当按照交通信号灯、交通标志、交通标线或者交通警察的指挥通过；通过没有交通信号灯、交通标志、交通标线或者交通警察指挥的交叉路口时，应当减速慢行，并让行人和优先通行的车辆先行。

第四十五条 机动车遇有前方车辆停车排队等候或者缓慢行驶时，不得借道超车或者占用对面车道，不得穿插等候的车辆。

在车道减少的路段、路口，或者在没有交通信号灯、交通标志、交通标线或者交通警察指挥的交叉路口遇到停车排队等候或者缓慢行驶时，机动车应当依次交替通行。

第四十六条 机动车通过铁路道口时，应当按照交通信号或者管理人员的指挥通行；没有交通信号或者管理人员的，应当减速或者停车，在确认安全后通过。

第四十七条 机动车行经人行横道时，应当减速行驶；遇行人正在通过人行横道，应当停车让行。

机动车行经没有交通信号的道路时，遇行人横过道路，应当避让。

第四十八条 机动车载物应当符合核定的载质量，严禁超载；载物的长、宽、高不得违反装载要求，不得遗洒、飘散载运物。

机动车运载超限的不可解体的物品，影响交通安全的，应当按照公安机关交通管理部门指定的时间、路线、速度行驶，悬挂明显标志。在公路上运载超限的不可解体的物品，并应当依照公路法的规定执行。

机动车载运爆炸物品、易燃易爆化学物品以及剧毒、放射性等危险物品，应当经公安机关批准后，按指定的时间、路线、速度行驶，悬挂警示标志并采取必要的安全措施。

第四十九条 机动车载人不得超过核定的人数，客运机动车不得违反规定载货。

第五十条 禁止货运机动车载客。

货运机动车需要附载作业人员的，应当设置保护作业人员的安全措施。

第五十一条 机动车行驶时，驾驶人、乘坐人员应当按规定使用安全带，摩托车驾驶人及乘坐人员应当按规定戴安全头盔。

第五十二条 机动车在道路上发生故障，需要停车排除故障时，驾驶人应当立即开启危险报警闪光灯，将机动车移至不妨碍交通的地方停放；难以移动的，应当持续开启危险报警闪光灯，并在来车方向设置警告标志等措施扩大示警距离，必要时迅速报警。

第五十三条 警车、消防车、救护车、工程救险车执行紧急任务时，可以使用警报器、标志灯具；在确保安全的前提下，不受行驶路线、行驶方向、行驶速度和信号灯的限制，其他车辆和行人应当让行。

警车、消防车、救护车、工程救险车非执行紧急任务时，不得使用警报器、标志灯具，不享有前款规定的道路优先通行权。

第五十四条 道路养护车辆、工程作业车进行作业时，在不影响过往车辆通行的前提下，其行驶路线和方向不受交通标志、标线限制，过往车辆和人员应当注意避让。

洒水车、清扫车等机动车应当按照安全作业标准作业；在不影响其他车辆通行的情况下，可以不受车辆分道行驶的限制，但是不得逆向行驶。

第五十五条 高速公路、大中城市中心城区内的道路，禁止拖拉机通行。其他禁止拖拉机通行的道路，由省、自治区、直辖市人民政府根据当地实际情况规定。

在允许拖拉机通行的道路上，拖拉机可以从事货运，但是不得用于载人。

第五十六条 机动车应当在规定地点停放。禁止在人行道上停放机动车；但是，依照本法第三十三条规定施划的停车泊位除外。

在道路上临时停车的，不得妨碍其他车辆和行人通行。

第三节 非机动车通行规定

第五十七条 驾驶非机动车在道路上行驶应当遵守有关交通安全的规定。非机动车应当在非机动车道内行驶；在没有非机动车道的道路上，应当靠车行道的右侧行驶。

第五十八条 残疾人机动轮椅车、电动自行车在非机动车道内行驶时，最高时速不得超过十五公里。

第五十九条 非机动车应当在规定地点停放。未设停放地点的，非机动车停放不得妨碍其他车辆和行人通行。

第六十条 驾驭畜力车，应当使用驯服的牲畜；驾驭畜力车横过道路时，驾驭人应当下车牵引牲畜；驾驭人离开车辆时，应当拴系牲畜。

第四节 行人和乘车人通行规定

第六十一条 行人应当在人行道内行走，没有人行道的靠路边行走。

第六十二条 行人通过路口或者横过道路，应当走人行横道或者过街设施；通过有交通信号灯的人行横道，应当按照交通信号灯指示通行；通过没有交通信号灯、人行横道的路口，或者在没有过街设施的路段横过道路，应当在确认安全后通过。

第六十三条 行人不得跨越、倚坐道路隔离设施，不得扒车、强行拦车或者实施妨碍道路交通安全的其他行为。

第六十四条 学龄前儿童以及不能辨认或者不能控制自己行为的精神疾病患者、智力障碍者在道路上通行，应当由其监护人、监护人委托的人或者对其负有管理、保护职责的人带领。

盲人在道路上通行，应当使用盲杖或者采取其他导盲手段，车辆应当避让盲人。

第六十五条 行人通过铁路道口时，应当按照交通信号或者管理人员的指挥通行；没有交通信号和管理人员的，应当在确认无火车驶临后，迅速通过。

第六十六条 乘车人不得携带易燃易爆等危险物品，不得向车外抛洒物品，不得有影响驾驶人安全驾驶的行为。

第五节 高速公路的特别规定

第六十七条 行人、非机动车、拖拉机、轮式专用机械车、铰接式客车、全挂拖斗车以及其他设计最高时速低于七十公里的机动车，不得进入高速公路。高速公路限速标志标明的最高时速不得超过一百二十公里。

第六十八条 机动车在高速公路上发生故障时，应当依照本法第五十二条的有关规定办理；但是，警告标志应当设置在故障车来车方向一百五十米以外，车上人员应当迅速转移到右侧路肩上或者应急车道内，并且迅速报警。

机动车在高速公路上发生故障或者交通事故，无法正常行驶的，应当由救援车、清障车拖曳、牵引。

第六十九条 任何单位、个人不得在高速公路上拦截检查行驶的车辆，公安机关的人民警察依法执行紧急公务除外。

第五章 交通事故处理

第七十条 在道路上发生交通事故，车辆驾驶人应当立即停车，保护现场；造成人身伤亡的，车辆驾驶人应当立即抢救受伤人员，并迅速报告执勤的交通警察或者公安机关交通管理部门。因抢救受伤人员变动现场的，应当标明位置。乘车人、过往车辆驾驶人、过往行人应当予以协助。

在道路上发生交通事故，未造成人身伤亡，当事人对事实及成因无争议的，可以即行撤离现场，恢复交通，自行协商处理损害赔偿事宜；不即行撤离现场的，应当迅速报告执勤的交通警察或者公安机关交通管理部门。

在道路上发生交通事故，仅造成轻微财产损失，并且基本事实清楚的，当事人应当先撤离现场再进行协商处理。

第七十一条 车辆发生交通事故后逃逸的，事故现场目击人员和其他知情人员应当向公安机关交通管理部门或者交通警察举报。举报属实的，公安机关交通管理部门应当给予奖励。

第七十二条 公安机关交通管理部门接到交通事故报警后，应当立即派交通警察赶赴现场，先组织抢救受伤人员，并采取措施，尽快恢复交通。

交通警察应当对交通事故现场进行勘验、检查，收集证据；因收集证据的需要，可以扣留事故车辆，但是应当妥善保管，以备核查。

对当事人的生理、精神状况等专业性较强的检验，公安机关交通管理部门应当委托专门机构进行鉴定。鉴定结论应当由鉴定人签名。

第七十三条 公安机关交通管理部门应当根据交通事故现场勘验、检查、调查情况和有关的检验、鉴定结论，及时制作交通事故认定书，作为处理交通事故的证据。交通事故认定书应当载明交通事故的基本事实、成因和当事人的责任，并送达当事人。

第七十四条 对交通事故损害赔偿的争议，当事人可以请求公安机关交通管理部门调解，也可以直接向人民法院提起民事诉讼。

经公安机关交通管理部门调解，当事人未达成协议或者调解书生效后不履行的，当事人可以向人民法院提起民事诉讼。

第七十五条 医疗机构对交通事故中的受伤人员应当及时抢救，不得因抢救费用未及时支付而拖延救治。肇事车辆参加机动车第三者责任强制保险的，由保险公司在责任限额范围内支付抢救费用；抢救费用超过责任限额的，未参加机动车第三者责任强制保险或者肇事后逃逸的，由道路交通事故社会救助基金先行垫付部分或者全部抢救费用，道路交通事故社会救助基金管理机构有权向交通事故责任人追偿。

第七十六条 机动车发生交通事故造成人身伤亡、财产损失的，由保险公司在机动车第三者责任强制保险责任限额范围内予以赔偿；不足的部分，按照下列规定承担赔偿责任：

（一）机动车之间发生交通事故的，由有过错的一方承担赔偿责任；双方都有过错的，按照各自过错的比例分担责任。

（二）机动车与非机动车驾驶人、行人之间发生交通事故，非机动车驾驶人、行人没有过错的，由机动车一方承担赔偿责任；有证据证明非机动车驾驶人、行人有过错的，根据过错程度适当减轻机动车一方的赔偿责任；机动车一方没有过错的，承担不超过百分之十的赔偿责任。

交通事故的损失是由非机动车驾驶人、行人故意碰撞机动车造成的，机动车一方不承担赔偿责任。

第七十七条 车辆在道路以外通行时发生的事故，公安机关交通管理部门接到报案的，参照本法有关规定办理。

第六章 执法监督

第七十八条 公安机关交通管理部门应当加强对交通警察的管理，提高交通警察的素质和管理道路交通的水平。

公安机关交通管理部门应当对交通警察进行法制和交通安全管理业务培训、考核。交通警察经考核不合格的，不得上岗执行职务。

第七十九条 公安机关交通管理部门及其交通警察实施道路交通安全管理，应当依据法定的职权和程序，简化办事手续，做到公正、严格、文明、高效。

第八十条 交通警察执行职务时，应当按照规定着装，佩带人民警察标志，持有人民警察证件，保持警容严整，举止端庄，指挥规范。

第八十一条 依照本法发放牌证等收取工本费，应当严格执行国务院价格主管部门核定的收费标准，并全部上缴国库。

第八十二条 公安机关交通管理部门依法实施罚款的行政处罚，应当依照有关法律、行政法规的规定，实施罚款决定与罚款收缴分离；收缴的罚款以及依法没收的违法所得，应当全部上缴国库。

第八十三条 交通警察调查处理道路交通安全违法行为和交通事故，有下列情形之一的，应当回避：

（一）是本案的当事人或者当事人的近亲属；

（二）本人或者其近亲属与本案有利害关系；

（三）与本案当事人有其他关系，可能影响案件的公正处理。

第八十四条 公安机关交通管理部门及其交通警察的行政执法活动，应当接受行政监察机关依法实施的监督。

公安机关督察部门应当对公安机关交通管理部门及其交通警察执行法律、法规和遵守纪律的情况依法进行监督。

上级公安机关交通管理部门应当对下级公安机关交通管理部门的执法活动进行监督。

第八十五条 公安机关交通管理部门及其交通警察执行职务，应当自觉接受社会和公民的监督。

任何单位和个人都有权对公安机关交通管理部门及其交通警察不严格执法以及违法违纪行为进行检举、控告。收到检举、控告的机关，应当依据职责及时查处。

第八十六条 任何单位不得给公安机关交通管理部门下达或者变相下达罚款指标；公安机关交通管理部门不得以罚款数额作为考核交通警察的标准。

公安机关交通管理部门及其交通警察对超越法律、法规规定的指令，有权拒绝执行，并同时向上级机关报告。

第七章 法律责任

第八十七条 公安机关交通管理部门及其交通警察对道路交通安全违法行为，应当及时纠正。

公安机关交通管理部门及其交通警察应当依据事实和本法的有关规定对道路交通安全违法行为予以处罚。对于情节轻微，未影响道路通行的，指出违法行为，给予口头警告后放行。

第八十八条 对道路交通安全违法行为的处罚种类包括：警告、罚款、暂扣或者吊销机动车驾驶证、拘留。

第八十九条 行人、乘车人、非机动车驾驶人违反道路交通安全法律、法规关于道路通行规定的，处警告或者五元以上五十元以下罚款；非机动车驾驶人拒绝接受罚款处罚的，可以扣留其非机动车。

第九十条 机动车驾驶人违反道路交通安全法律、法规关于道路通行规定的，处警告或者二十元以上二百元以下罚款。本法另有规定的，依照规定处罚。

第九十一条 饮酒后驾驶机动车的，处暂扣六个月机动车驾驶证，并处一千元以上二千元以下罚款。因饮酒后驾驶机动车被处罚，再次饮酒后驾驶机动车的，处十日以下拘留，并处一千元以上二千元以下罚款，吊销机动车驾驶证。

醉酒驾驶机动车的，由公安机关交通管理部门约束至酒醒，吊销机动车驾驶证，依法追究刑事责任；五年内不得重新取得机动车驾驶证。

饮酒后驾驶营运机动车的，处十五日拘留，并处五千元罚款，吊销机动车驾驶证，五年内不得重新取得机动车驾驶证。

醉酒驾驶营运机动车的，由公安机关交通管理部门约束至酒醒，吊销机动车驾驶证，依法追究刑事责任；十年内不得重新取得机动车驾驶证，重新取得机动车驾驶证后，不得驾驶营运机动车。

饮酒后或者醉酒驾驶机动车发生重大交通事故，构成犯罪的，依法追究刑事责任，并由公安机关交通管理部门吊销机动车驾驶证，终生不得重新取得机动车驾驶证。

第九十二条 公路客运车辆载客超过额定乘员的，处二百元以上五百元以下罚款；超过额定乘员百分之二十或者违反规定载货的，处五百元以上二千元以下罚款。

货运机动车超过核定载质量的，处二百元以上五百元以下罚款；超过核定载质量百分之三十或者违反规定载客的，处五百元以上二千元以下罚款。

有前两款行为的，由公安机关交通管理部门扣留机动车至违法状态消除。

运输单位的车辆有本条第一款、第二款规定的情形，经处罚不改的，对直接负责的主管人员处二千元以上五千元以下罚款。

第九十三条 对违反道路交通安全法律、法规关于机动车停放、临时停车规定的，可以指出违法行为，并予以口头警告，令其立即驶离。

机动车驾驶人不在现场或者虽在现场但拒绝立即驶离，妨碍其他车辆、行人通行的，处二十元以上二百元以下罚款，并可以将该机动车拖移至不妨碍交通的地点或者公安机关交通管理部门指定的地点停放。公安机关交通管理部门拖车不得向当事人收取费用，并应当及时告知当事人停放地点。

因采取不正确的方法拖车造成机动车损坏的，应当依法承担补偿责任。

第九十四条 机动车安全技术检验机构实施机动车安全技术检验超过国务院价格主管部门核定的收费标准收取费用的，退还多收取的费用，并由价格主管部门依照《中华人民共和国价格法》的有关规定给予处罚。

机动车安全技术检验机构不按照机动车国家安全技术标准进行检验，出具虚假检验结果的，由公安机关交通管理部门处所收检验费用五倍以上十倍以下罚款，并依法撤销其检验资格；构成犯罪的，依法追究刑事责任。

第九十五条 上道路行驶的机动车未悬挂机动车号牌，未放置检验合格标志、保险标志，或者未随车携带行驶证、驾驶证的，公安机关交通管理部门应当扣留机动车，通知当事人提供相应的牌证、标志或者补办相应手续，并可以依照本法第九十条的规定予以处罚。当事人提供相应的牌证、标志或者补办相应手续的，应当及时退还机动车。

故意遮挡、污损或者不按规定安装机动车号牌的，依照本法第九十条的规定予以处罚。

第九十六条 伪造、变造或者使用伪造、变造的机动车登记证书、号牌、行驶证、驾驶证的，由公安机关交通管理部门予以收缴，扣留该机动车，处十五日以下拘留，并处二千元以上五千元以下罚款；构成犯罪的，依法追究刑事责任。

伪造、变造或者使用伪造、变造的检验合格标志、保险标志的，由公安机关交通管理部门予以收缴，扣留该机动车，处十日以下拘留，并处一千元以上三千元以下罚款；构成犯罪的，依法追究刑事责任。

使用其他车辆的机动车登记证书、号牌、行驶证、检验合格标志、保险标志的，由公安机关交通管理部门予以收缴，扣留该机动车，处二千元以上五千元以下罚款。

当事人提供相应的合法证明或者补办相应手续的，应当及时退还机动车。

第九十七条 非法安装警报器、标志灯具的，由公安机关交通管理部门强制拆除，予以收缴，并处二百元以上二千元以下罚款。

第九十八条 机动车所有人、管理人未按照国家规定投保机动车第三者责任强制保险的，由公安机关交通管理部门扣留车辆至依照规定投保后，并处依照规定投保最低责任限额应缴纳的保险费的二倍罚款。

依照前款缴纳的罚款全部纳入道路交通事故社会救助基金。具体办法由国务院规定。

第九十九条 有下列行为之一的，由公安机关交通管理部门处二百元以上二千元以下罚款：

（一）未取得机动车驾驶证、机动车驾驶证被吊销或者机动车驾驶证被暂扣期间驾驶机动车的；

（二）将机动车交由未取得机动车驾驶证或者机动车驾驶证被吊销、暂扣的人驾驶的；

（三）造成交通事故后逃逸，尚不构成犯罪的；

（四）机动车行驶超过规定时速百分之五十的；

（五）强迫机动车驾驶人违反道路交通安全法律、法规和机动车安全驾驶要求驾驶机动车，造成交通事故，尚不构成犯罪的；

（六）违反交通管制的规定强行通行，不听劝阻的；

（七）故意损毁、移动、涂改交通设施，造成危害后果，尚不构成犯罪的；

（八）非法拦截、扣留机动车辆，不听劝阻，造成交通严重阻塞或者较大财产损失的。

行为人有前款第二项、第四项情形之一的，可以并处吊销机动车驾驶证；有第一项、第三项、第五项至第八项情形之一的，可以并处十五日以下拘留。

第一百条 驾驶拼装的机动车或者已达到报废标准的机动车上道路行驶的，公安机关交通管理部门应当予以收缴，强制报废。

对驾驶前款所列机动车上道路行驶的驾驶人，处二百元以上二千元以下罚款，并吊销机动车驾驶证。

出售已达到报废标准的机动车的，没收违法所得，处销售金额等额的罚款，对该机动车依照本条第一款的规定处理。

第一百零一条 违反道路交通安全法律、法规的规定，发生重大交通事故，构成犯罪的，依法追究刑事责任，并由公安机关交通管理部门吊销机动车驾驶证。

造成交通事故后逃逸的，由公安机关交通管理部门吊销机动车驾驶证，且终生不得重新取得机动车驾驶证。

第一百零二条 对六个月内发生二次以上特大交通事故负有主要责任或者全部责任的专业运输单位，由公安机关交通管理部门责令消除安全隐患，未消除安全隐患的机动车，禁止上道路行驶。

第一百零三条 国家机动车产品主管部门未按照机动车国家安全技术标准严格

审查，许可不合格机动车型投入生产的，对负有责任的主管人员和其他直接责任人员给予降级或者撤职的行政处分。

机动车生产企业经国家机动车产品主管部门许可生产的机动车型，不执行机动车国家安全技术标准或者不严格进行机动车成品质量检验，致使质量不合格的机动车出厂销售的，由质量技术监督部门依照《中华人民共和国产品质量法》的有关规定给予处罚。

擅自生产、销售未经国家机动车产品主管部门许可生产的机动车型的，没收非法生产、销售的机动车成品及配件，可以并处非法产品价值三倍以上五倍以下罚款；有营业执照的，由工商行政管理部门吊销营业执照，没有营业执照的，予以查封。

生产、销售拼装的机动车或者生产、销售擅自改装的机动车的，依照本条第三款的规定处罚。

有本条第二款、第三款、第四款所列违法行为，生产或者销售不符合机动车国家安全技术标准的机动车，构成犯罪的，依法追究刑事责任。

第一百零四条 未经批准，擅自挖掘道路、占用道路施工或者从事其他影响道路交通安全活动的，由道路主管部门责令停止违法行为，并恢复原状，可以依法给予罚款；致使通行的人员、车辆及其他财产遭受损失的，依法承担赔偿责任。

有前款行为，影响道路交通安全活动的，公安机关交通管理部门可以责令停止违法行为，迅速恢复交通。

第一百零五条 道路施工作业或者道路出现损毁，未及时设置警示标志、未采取防护措施，或者应当设置交通信号灯、交通标志、交通标线而没有设置或者应当及时变更交通信号灯、交通标志、交通标线而没有及时变更，致使通行的人员、车辆及其他财产遭受损失的，负有相关职责的单位应当依法承担赔偿责任。

第一百零六条 在道路两侧及隔离带上种植树木、其他植物或者设置广告牌、管线等，遮挡路灯、交通信号灯、交通标志，妨碍安全视距的，由公安机关交通管理部门责令行为人排除妨碍；拒不执行的，处二百元以上二千元以下罚款，并强制排除妨碍，所需费用由行为人负担。

第一百零七条 对道路交通违法行为人予以警告、二百元以下罚款，交通警察可以当场作出行政处罚决定，并出具行政处罚决定书。

行政处罚决定书应当载明当事人的违法事实、行政处罚的依据、处罚内容、时间、地点以及处罚机关名称，并由执法人员签名或者盖章。

第一百零八条 当事人应当自收到罚款的行政处罚决定书之日起十五日内，到指定的银行缴纳罚款。

对行人、乘车人和非机动车驾驶人的罚款，当事人无异议的，可以当场予以收缴罚款。

罚款应当开具省、自治区、直辖市财政部门统一制发的罚款收据；不出具财政部门统一制发的罚款收据的，当事人有权拒绝缴纳罚款。

第一百零九条　当事人逾期不履行行政处罚决定的，作出行政处罚决定的行政机关可以采取下列措施：

（一）到期不缴纳罚款的，每日按罚款数额的百分之三加处罚款；

（二）申请人民法院强制执行。

第一百一十条　执行职务的交通警察认为应当对道路交通违法行为人给予暂扣或者吊销机动车驾驶证处罚的，可以先予扣留机动车驾驶证，并在二十四小时内将案件移交公安机关交通管理部门处理。

道路交通违法行为人应当在十五日内到公安机关交通管理部门接受处理。无正当理由逾期未接受处理的，吊销机动车驾驶证。

公安机关交通管理部门暂扣或者吊销机动车驾驶证的，应当出具行政处罚决定书。

第一百一十一条　对违反本法规定予以拘留的行政处罚，由县、市公安局、公安分局或者相当于县一级的公安机关裁决。

第一百一十二条　公安机关交通管理部门扣留机动车、非机动车，应当当场出具凭证，并告知当事人在规定期限内到公安机关交通管理部门接受处理。

公安机关交通管理部门对被扣留的车辆应当妥善保管，不得使用。

逾期不来接受处理，并且经公告三个月仍不来接受处理的，对扣留的车辆依法处理。

第一百一十三条　暂扣机动车驾驶证的期限从处罚决定生效之日起计算；处罚决定生效前先予扣留机动车驾驶证的，扣留一日折抵暂扣期限一日。

吊销机动车驾驶证后重新申请领取机动车驾驶证的期限，按照机动车驾驶证管理规定办理。

第一百一十四条　公安机关交通管理部门根据交通技术监控记录资料，可以对违法的机动车所有人或者管理人依法予以处罚。对能够确定驾驶人的，可以依照本法的规定依法予以处罚。

第一百一十五条　交通警察有下列行为之一的，依法给予行政处分：

（一）为不符合法定条件的机动车发放机动车登记证书、号牌、行驶证、检验合格标志的；

（二）批准不符合法定条件的机动车安装、使用警车、消防车、救护车、工程救险车的警报器、标志灯具，喷涂标志图案的；

（三）为不符合驾驶许可条件、未经考试或者考试不合格人员发放机动车驾驶证的；

（四）不执行罚款决定与罚款收缴分离制度或者不按规定将依法收取的费用、收缴的罚款及没收的违法所得全部上缴国库的；

（五）举办或者参与举办驾驶学校或者驾驶培训班、机动车修理厂或者收费停车场等经营活动的；

（六）利用职务上的便利收受他人财物或者谋取其他利益的；

（七）违法扣留车辆、机动车行驶证、驾驶证、车辆号牌的；

（八）使用依法扣留的车辆的；

（九）当场收取罚款不开具罚款收据或者不如实填写罚款额的；

（十）徇私舞弊，不公正处理交通事故的；

（十一）故意刁难，拖延办理机动车牌证的；

（十二）非执行紧急任务时使用警报器、标志灯具的；

（十三）违反规定拦截、检查正常行驶的车辆的；

（十四）非执行紧急公务时拦截搭乘机动车的；

（十五）不履行法定职责的。

公安机关交通管理部门有前款所列行为之一的，对直接负责的主管人员和其他直接责任人员给予相应的行政处分。

第一百一十六条 依照本法第一百一十五条的规定，给予交通警察行政处分的，在作出行政处分决定前，可以停止其执行职务；必要时，可以予以禁闭。

依照本法第一百一十五条的规定，交通警察受到降级或者撤职行政处分的，可以予以辞退。

交通警察受到开除处分或者被辞退的，应当取消警衔；受到撤职以下行政处分的交通警察，应当降低警衔。

第一百一十七条 交通警察利用职权非法占有公共财物，索取、收受贿赂，或者滥用职权、玩忽职守，构成犯罪的，依法追究刑事责任。

第一百一十八条 公安机关交通管理部门及其交通警察有本法第一百一十五条所列行为之一，给当事人造成损失的，应当依法承担赔偿责任。

第八章 附 则

第一百一十九条 本法中下列用语的含义：

（一）“道路”，是指公路、城市道路和虽在单位管辖范围但允许社会机动车通行的地方，包括广场、公共停车场等用于公众通行的场所。

（二）“车辆”，是指机动车和非机动车。

（三）“机动车”，是指以动力装置驱动或者牵引，上道路行驶的供人员乘用或者用于运送物品以及进行工程专项作业的轮式车辆。

（四）“非机动车”，是指以人力或者畜力驱动，上道路行驶的交通工具，以及虽有动力装置驱动但设计最高时速、空车质量、外形尺寸符合有关国家标准的残疾人机动轮椅车、电动自行车等交通工具。

（五）“交通事故”，是指车辆在道路上因过错或者意外造成的人身伤亡或者财产损失的事件。

第一百二十条 中国人民解放军和中国人民武装警察部队在编机动车牌证、在编机动车检验以及机动车驾驶人考核工作，由中国人民解放军、中国人民武装警察部队有关部门负责。

第一百二十一条　对上道路行驶的拖拉机，由农业（农业机械）主管部门行使本法第八条、第九条、第十三条、第十九条、第二十三条规定的公安机关交通管理部门的管理职权。

农业（农业机械）主管部门依照前款规定行使职权，应当遵守本法有关规定，并接受公安机关交通管理部门的监督；对违反规定的，依照本法有关规定追究法律责任。

本法施行前由农业（农业机械）主管部门发放的机动车牌证，在本法施行后继续有效。

第一百二十二条　国家对入境的境外机动车的道路交通安全实施统一管理。

第一百二十三条　省、自治区、直辖市人民代表大会常务委员会可以根据本地区的实际情况，在本法规定的罚款幅度内，规定具体的执行标准。

第一百二十四条　本法自 2004 年 5 月 1 日起施行。

附录二

《中华人民共和国民法典》（节选）

《中华人民共和国民法典》共 7 编、1260 条，各编依次为总则、物权、合同、人格权、婚姻家庭、继承、侵权责任，以及附则。2020 年 5 月 28 日，十三届全国人大三次会议表决通过了《中华人民共和国民法典》，自 2021 年 1 月 1 日起施行。婚姻法、继承法、民法通则、收养法、担保法、合同法、物权法、侵权责任法、民法总则同时废止

第七编　侵权责任

第五章　机动车交通事故责任

第一千二百零八条　机动车发生交通事故造成损害的，依照道路交通安全法律和本法的有关规定承担赔偿责任。

第一千二百零九条　因租赁、借用等情形机动车所有人、管理人与使用人不是同一人时，发生交通事故造成损害，属于该机动车一方责任的，由机动车使用人承担赔偿责任；机动车所有人、管理人对损害的发生有过错的，承担相应的赔偿责任。

第一千二百一十条　当事人之间已经以买卖或者其他方式转让并交付机动车但是未办理登记，发生交通事故造成损害，属于该机动车一方责任的，由受让人承担赔偿责任。

第一千二百一十一条　以挂靠形式从事道路运输经营活动的机动车，发生交通事故造成损害，属于该机动车一方责任的，由挂靠人和被挂靠人承担连带责任。

第一千二百一十二条　未经允许驾驶他人机动车，发生交通事故造成损害，属于该机动车一方责任的，由机动车使用人承担赔偿责任；机动车所有人、管理人对损害的发生有过错的，承担相应的赔偿责任，但是本章另有规定的除外。

第一千二百一十三条　机动车发生交通事故造成损害，属于该机动车一方责任的，先由承保机动车强制保险的保险人在强制保险责任限额范围内予以赔偿；不足部分，由承保机动车商业保险的保险人按照保险合同的约定予以赔偿；仍然不足或者没有投保机动车商业保险的，由侵权人赔偿。

第一千二百一十四条　以买卖或者其他方式转让拼装或者已经达到报废标准的机动车，发生交通事故造成损害的，由转让人和受让人承担连带责任。

第一千二百一十五条　盗窃、抢劫或者抢夺的机动车发生交通事故造成损害的，由盗窃人、抢劫人或者抢夺人承担赔偿责任。盗窃人、抢劫人或者抢夺人与机动车使用人不是同一人，发生交通事故造成损害，属于该机动车一方责任的，由盗窃人、抢劫人或者抢夺人与机动车使用人承担连带责任。

保险人在机动车强制保险责任限额范围内垫付抢救费用的，有权向交通事故责任人追偿。

第一千二百一十六条　机动车驾驶人发生交通事故后逃逸，该机动车参加强制保险的，由保险人在机动车强制保险责任限额范围内予以赔偿；机动车不明、该机动车未参加强制保险或者抢救费用超过机动车强制保险责任限额，需要支付被侵权人人身伤亡的抢救、丧葬等费用的，由道路交通事故社会救助基金垫付。道路交通事故社会救助基金垫付后，其管理机构有权向交通事故责任人追偿。

第一千二百一十七条　非营运机动车发生交通事故造成无偿搭乘人损害，属于该机动车一方责任的，应当减轻其赔偿责任，但是机动车使用人有故意或者重大过失的除外。

附录三

《道路交通事故处理程序规定》

中华人民共和国公安部令　第146号

《道路交通事故处理程序规定》已经2017年6月15日公安部部长办公会议通过，现予发布，自2018年5月1日起施行。

公安部部长　郭声琨

二〇一七年七月二十二日

《道路交通事故处理程序规定》

第一章　总　则

第一条　为了规范道路交通事故处理程序，保障公安机关交通管理部门依法履行职责，保护道路交通事故当事人的合法权益，根据《中华人民共和国道路交通安全法》及其实施条例等有关法律、行政法规，制定本规定。

第二条　处理道路交通事故，应当遵循合法、公正、公开、便民、效率的原则，尊重和保障人权，保护公民的人格尊严。

第三条　道路交通事故分为财产损失事故、伤人事故和死亡事故。

财产损失事故是指造成财产损失，尚未造成人员伤亡的道路交通事故。

伤人事故是指造成人员受伤，尚未造成人员死亡的道路交通事故。

死亡事故是指造成人员死亡的道路交通事故。

第四条　道路交通事故的调查处理应当由公安机关交通管理部门负责。

财产损失事故可以由当事人自行协商处理，但法律法规及本规定另有规定的除外。

第五条　交通警察经过培训并考试合格，可以处理适用简易程序的道路交通事故。

处理伤人事故，应当由具有道路交通事故处理初级以上资格的交通警察主办。

处理死亡事故，应当由具有道路交通事故处理中级以上资格的交通警察主办。

第六条　公安机关交通管理部门处理道路交通事故应当使用全国统一的交通管理信息系统。

鼓励应用先进的科技装备和先进技术处理道路交通事故。

第七条 交通警察处理道路交通事故，应当按照规定使用执法记录设备。

第八条 公安机关交通管理部门应当建立与司法机关、保险机构等有关部门间的数据信息共享机制，提高道路交通事故处理工作信息化水平。

第二章 管 辖

第九条 道路交通事故由事故发生地的县级公安机关交通管理部门管辖。未设立县级公安机关交通管理部门的，由设区的市公安机关交通管理部门管辖。

第十条 道路交通事故发生在两个以上管辖区域的，由事故起始点所在地公安机关交通管理部门管辖。

对管辖权有争议的，由共同的上一级公安机关交通管理部门指定管辖。指定管辖前，最先发现或者最先接到报警的公安机关交通管理部门应当先行处理。

第十一条 上级公安机关交通管理部门在必要的时候，可以处理下级公安机关交通管理部门管辖的道路交通事故，或者指定下级公安机关交通管理部门限时将案件移送其他下级公安机关交通管理部门处理。

案件管辖权发生转移的，处理时限从案件接收之日起计算。

第十二条 中国人民解放军、中国人民武装警察部队人员、车辆发生道路交通事故的，按照本规定处理。依法应当吊销、注销中国人民解放军、中国人民武装警察部队核发的机动车驾驶证以及对现役军人实施行政拘留或者追究刑事责任的，移送中国人民解放军、中国人民武装警察部队有关部门处理。

上道路行驶的拖拉机发生道路交通事故的，按照本规定处理。公安机关交通管理部门对拖拉机驾驶人依法暂扣、吊销、注销驾驶证或者记分处理的，应当将决定书和记分情况通报有关的农业（农业机械）主管部门。吊销、注销驾驶证的，还应当将驾驶证送交有关的农业（农业机械）主管部门。

第三章 报警和受案

第十三条 发生死亡事故、伤人事故的，或者发生财产损失事故且有下列情形之一的，当事人应当保护现场并立即报警：

（一）驾驶人无有效机动车驾驶证或者驾驶的机动车与驾驶证载明的准驾车型不符的；

（二）驾驶人有饮酒、服用国家管制的精神药品或者麻醉药品嫌疑的；

（三）驾驶人有从事校车业务或者旅客运输，严重超过额定乘员载客，或者严重超过规定时速行驶嫌疑的；

（四）机动车无号牌或者使用伪造、变造的号牌的；

（五）当事人不能自行移动车辆的；

（六）一方当事人离开现场的；

（七）有证据证明事故是由一方故意造成的。

驾驶人必须在确保安全的原则下，立即组织车上人员疏散到路外安全地点，避免发生次生事故。驾驶人已因道路交通事故死亡或者受伤无法行动的，车上其他人员应当自行组织疏散。

第十四条 发生财产损失事故且有下列情形之一，车辆可以移动的，当事人应当组织车上人员疏散到路外安全地点，在确保安全的原则下，采取现场拍照或者标划事故车辆现场位置等方式固定证据，将车辆移至不妨碍交通的地点后报警：

（一）机动车无检验合格标志或者无保险标志的；

（二）碰撞建筑物、公共设施或者其他设施的。

第十五条 载运爆炸性、易燃性、毒害性、放射性、腐蚀性、传染病病原体等危险物品车辆发生事故的，当事人应当立即报警，危险物品车辆驾驶人、押运人应当按照危险物品安全管理法律、法规、规章以及有关操作规程的规定，采取相应的应急处置措施。

第十六条 公安机关及其交通管理部门接到报警的，应当受理，制作受案登记表并记录下列内容：

（一）报警方式、时间，报警人姓名、联系方式，电话报警的，还应当记录报警电话；

（二）发生或者发现道路交通事故的时间、地点；

（三）人员伤亡情况；

（四）车辆类型、车辆号牌号码，是否载有危险物品以及危险物品的种类、是否发生泄漏等；

（五）涉嫌交通肇事逃逸的，还应当询问并记录肇事车辆的车型、颜色、特征及其逃逸方向、逃逸驾驶人的体貌特征等有关情况。

报警人不报姓名的，应当记录在案。报警人不愿意公开姓名的，应当为其保密。

第十七条 接到道路交通事故报警后，需要派员到现场处置，或者接到出警指令的，公安机关交通管理部门应当立即派交通警察赶赴现场。

第十八条 发生道路交通事故后当事人未报警，在事故现场撤除后，当事人又报警请求公安机关交通管理部门处理的，公安机关交通管理部门应当按照本规定第十六条规定的记录内容予以记录，并在三日内作出是否接受案件的决定。

经核查道路交通事故事实存在的，公安机关交通管理部门应当受理，制作受案登记表；经核查无法证明道路交通事故事实存在，或者不属于公安机关交通管理部门管辖的，应当书面告知当事人，并说明理由。

第四章 自行协商

第十九条 机动车与机动车、机动车与非机动车发生财产损失事故，当事人应当在确保安全的原则下，采取现场拍照或者标划事故车辆现场位置等方式固定证据后，立即撤离现场，将车辆移至不妨碍交通的地点，再协商处理损害赔偿事宜，但有本规定第十三条第一款情形的除外。

非机动车与非机动车或者行人发生财产损失事故，当事人应当先撤离现场，再协商处理损害赔偿事宜。

对应当自行撤离现场而未撤离的，交通警察应当责令当事人撤离现场；造成交通堵塞的，对驾驶人处以200元罚款。

第二十条　发生可以自行协商处理的财产损失事故，当事人可以通过互联网在线自行协商处理；当事人对事实及成因有争议的，可以通过互联网共同申请公安机关交通管理部门在线确定当事人的责任。

当事人报警的，交通警察、警务辅助人员可以指导当事人自行协商处理。当事人要求交通警察到场处理的，应当指派交通警察到现场调查处理。

第二十一条　当事人自行协商达成协议的，制作道路交通事故自行协商协议书，并共同签名。道路交通事故自行协商协议书应当载明事故发生的时间、地点、天气、当事人姓名、驾驶证号或者身份证号、联系方式、机动车种类和号牌号码、保险公司、保险凭证号、事故形态、碰撞部位、当事人的责任等内容。

第二十二条　当事人自行协商达成协议的，可以按照下列方式履行道路交通事故损害赔偿：

（一）当事人自行赔偿；

（二）到投保的保险公司或者道路交通事故保险理赔服务场所办理损害赔偿事宜。

当事人自行协商达成协议后未履行的，可以申请人民调解委员会调解或者向人民法院提起民事诉讼。

第五章　简易程序

第二十三条　公安机关交通管理部门可以适用简易程序处理以下道路交通事故，但有交通肇事、危险驾驶犯罪嫌疑的除外：

（一）财产损失事故；

（二）受伤当事人伤势轻微，各方当事人一致同意适用简易程序处理的伤人事故。

适用简易程序的，可以由一名交通警察处理。

第二十四条　交通警察适用简易程序处理道路交通事故时，应当在固定现场证据后，责令当事人撤离现场，恢复交通。拒不撤离现场的，予以强制撤离。当事人无法及时移动车辆影响通行和交通安全的，交通警察应当将车辆移至不妨碍交通的地点。具有本规定第十三条第一款第一项、第二项情形之一的，按照《中华人民共和国道路交通安全法实施条例》第一百零四条规定处理。

撤离现场后，交通警察应当根据现场固定的证据和当事人、证人陈述等，认定并记录道路交通事故发生的时间、地点、天气、当事人姓名、驾驶证号或者身份证号、联系方式、机动车种类和号牌号码、保险公司、保险凭证号、道路交通事故形态、碰撞部位等，并根据本规定第六十条确定当事人的责任，当场制作道路交通事故认定书。不具备当场制作条件的，交通警察应当在三日内制作道路交通事故认定书。

道路交通事故认定书应当由当事人签名，并现场送达当事人。当事人拒绝签名或者接收的，交通警察应当在道路交通事故认定书上注明情况。

第二十五条 当事人共同请求调解的，交通警察应当当场进行调解，并在道路交通事故认定书上记录调解结果，由当事人签名，送达当事人。

第二十六条 有下列情形之一的，不适用调解，交通警察可以在道路交通事故认定书上载明有关情况后，将道路交通事故认定书送达当事人：

（一）当事人对道路交通事故认定有异议的；

（二）当事人拒绝在道路交通事故认定书上签名的；

（三）当事人不同意调解的。

第六章 调 查

第一节 一般规定

第二十七条 除简易程序外，公安机关交通管理部门对道路交通事故进行调查时，交通警察不得少于二人。

交通警察调查时应当向被调查人员出示《人民警察证》，告知被调查人依法享有的权利和义务，向当事人发送联系卡。联系卡载明交通警察姓名、办公地址、联系方式、监督电话等内容。

第二十八条 交通警察调查道路交通事故时，应当合法、及时、客观、全面地收集证据。

第二十九条 对发生一次死亡三人以上道路交通事故的，公安机关交通管理部门应当开展深度调查；对造成其他严重后果或者存在严重安全问题的道路交通事故，可以开展深度调查。具体程序另行规定。

第二节 现场处置和调查

第三十条 交通警察到达事故现场后，应当立即进行下列工作：

（一）按照事故现场安全防护有关标准和规范的要求划定警戒区域，在安全距离位置放置发光或者反光锥筒和警告标志，确定专人负责现场交通指挥和疏导。因道路交通事故导致交通中断或者现场处置、勘查需要采取封闭道路等交通管制措施的，还应当视情在事故现场来车方向提前组织分流，放置绕行提示标志；

（二）组织抢救受伤人员；

（三）指挥救护、勘查等车辆停放在安全和便于抢救、勘查的位置，开启警灯，夜间还应当开启危险报警闪光灯和示廓灯；

（四）查找道路交通事故当事人和证人，控制肇事嫌疑人；

（五）其他需要立即开展的工作。

第三十一条 道路交通事故造成人员死亡的，应当经急救、医疗人员或者法医确认，并由具备资质的医疗机构出具死亡证明。尸体应当存放在殡葬服务单位或者医疗机构等有停尸条件的场所。

第三十二条 交通警察应当对事故现场开展下列调查工作：

（一）勘查事故现场，查明事故车辆、当事人、道路及其空间关系和事故发生时的天气情况；

（二）固定、提取或者保全现场证据材料；

（三）询问当事人、证人并制作询问笔录；现场不具备制作询问笔录条件的，可以通过录音、录像记录询问过程；

（四）其他调查工作。

第三十三条 交通警察勘查道路交通事故现场，应当按照有关法规和标准的规定，拍摄现场照片，绘制现场图，及时提取、采集与案件有关的痕迹、物证等，制作现场勘查笔录。现场勘查过程中发现当事人涉嫌利用交通工具实施其他犯罪的，应当妥善保护犯罪现场和证据，控制犯罪嫌疑人，并立即报告公安机关主管部门。

发生一次死亡三人以上事故的，应当进行现场摄像，必要时可以聘请具有专门知识的人参加现场勘验、检查。

现场图、现场勘查笔录应当由参加勘查的交通警察、当事人和见证人签名。当事人、见证人拒绝签名或者无法签名以及无见证人的，应当记录在案。

第三十四条 痕迹、物证等证据可能因时间、地点、气象等原因导致改变、毁损、灭失的，交通警察应当及时固定、提取或者保全。

对涉嫌饮酒或者服用国家管制的精神药品、麻醉药品驾驶车辆的人员，公安机关交通管理部门应当按照《道路交通安全违法行为处理程序规定》及时抽血或者提取尿样等检材，送交有检验鉴定资质的机构进行检验。

车辆驾驶人员当场死亡的，应当及时抽血检验。不具备抽血条件的，应当由医疗机构或者鉴定机构出具证明。

第三十五条 交通警察应当核查当事人的身份证件、机动车驾驶证、机动车行驶证、检验合格标志、保险标志等。

对交通肇事嫌疑人可以依法传唤。对在现场发现的交通肇事嫌疑人，经出示《人民警察证》，可以口头传唤，并在询问笔录中注明嫌疑人到案经过、到案时间和离开时间。

第三十六条 勘查事故现场完毕后，交通警察应当清点并登记现场遗留物品，迅速组织清理现场，尽快恢复交通。

现场遗留物品能够当场发还的，应当当场发还并做记录；当场无法确定所有人的，应当登记，并妥善保管，待所有人确定后，及时发还。

第三十七条 因调查需要，公安机关交通管理部门可以向有关单位、个人调取汽车行驶记录仪、卫星定位装置、技术监控设备的记录资料以及其他与事故有关的证据材料。

第三十八条 因调查需要，公安机关交通管理部门可以组织道路交通事故当事人、证人对肇事嫌疑人、嫌疑车辆等进行辨认。

辨认应当在交通警察的主持下进行。主持辨认的交通警察不得少于二人。多名辨认人对同一辨认对象进行辨认时，应当由辨认人个别进行。

辨认时，应当将辨认对象混杂在特征相类似的其他对象中，不得给辨认人任何暗示。辨认肇事嫌疑人时，被辨认的人数不得少于七人；对肇事嫌疑人照片进行辨认的，不得少于十人的照片。辨认嫌疑车辆时，同类车辆不得少于五辆；对肇事嫌疑车辆照片进行辨认时，不得少于十辆的照片。

对尸体等特定辨认对象进行辨认，或者辨认人能够准确描述肇事嫌疑人、嫌疑车辆独有特征的，不受数量的限制。

对肇事嫌疑人的辨认，辨认人不愿意公开进行时，可以在不暴露辨认人的情况下进行，并应当为其保守秘密。

对辨认经过和结果，应当制作辨认笔录，由交通警察、辨认人、见证人签名。必要时，应当对辨认过程进行录音或者录像。

第三十九条 因收集证据的需要，公安机关交通管理部门可以扣留事故车辆，并开具行政强制措施凭证。扣留的车辆应当妥善保管。

公安机关交通管理部门不得扣留事故车辆所载货物。对所载货物在核实重量、体积及货物损失后，通知机动车驾驶人或者货物所有人自行处理。无法通知当事人或者当事人不自行处理的，按照《公安机关办理行政案件程序规定》的有关规定办理。

严禁公安机关交通管理部门指定停车场停放扣留的事故车辆。

第四十条 当事人涉嫌犯罪的，因收集证据的需要，公安机关交通管理部门可以依据《中华人民共和国刑事诉讼法》《公安机关办理刑事案件程序规定》，扣押机动车驾驶证等与事故有关的物品、证件，并按照规定出具扣押法律文书。扣押的物品应当妥善保管。

对扣押的机动车驾驶证等物品、证件，作为证据使用的，应当随案移送，并制作随案移送清单一式两份，一份留存，一份交人民检察院。对于实物不宜移送的，应当将其清单、照片或者其他证明文件随案移送。待人民法院作出生效判决后，按照人民法院的通知，依法作出处理。

第四十一条 经过调查，不属于公安机关交通管理部门管辖的，应当将案件移送有关部门并书面通知当事人，或者告知当事人处理途径。

公安机关交通管理部门在调查过程中，发现当事人涉嫌交通肇事、危险驾驶犯罪的，应当按照《中华人民共和国刑事诉讼法》《公安机关办理刑事案件程序规定》

立案侦查。发现当事人有其他违法犯罪嫌疑的，应当及时移送有关部门，移送不影响事故的调查和处理。

第四十二条　投保机动车交通事故责任强制保险的车辆发生道路交通事故，因抢救受伤人员需要保险公司支付抢救费用的，公安机关交通管理部门应当书面通知保险公司。

抢救受伤人员需要道路交通事故社会救助基金垫付费用的，公安机关交通管理部门应当书面通知道路交通事故社会救助基金管理机构。

道路交通事故造成人员死亡需要救助基金垫付丧葬费用的，公安机关交通管理部门应当在送达尸体处理通知书的同时，告知受害人亲属向道路交通事故社会救助基金管理机构提出书面垫付申请。

第三节　交通肇事逃逸查缉

第四十三条　公安机关交通管理部门应当根据管辖区域和道路情况，制定交通肇事逃逸案件查缉预案，并组织专门力量办理交通肇事逃逸案件。

发生交通肇事逃逸案件后，公安机关交通管理部门应当立即启动查缉预案，布置警力堵截，并通过全国机动车缉查布控系统查缉。

第四十四条　案发地公安机关交通管理部门可以通过发协查通报、向社会公告等方式要求协查、举报交通肇事逃逸车辆或者侦破线索。发出协查通报或者向社会公告时，应当提供交通肇事逃逸案件基本事实、交通肇事逃逸车辆情况、特征及逃逸方向等有关情况。

中国人民解放军和中国人民武装警察部队车辆涉嫌交通肇事逃逸的，公安机关交通管理部门应当通报中国人民解放军、中国人民武装警察部队有关部门。

第四十五条　接到协查通报的公安机关交通管理部门，应当立即布置堵截或者排查。发现交通肇事逃逸车辆或者嫌疑车辆的，应当予以扣留，依法传唤交通肇事逃逸人或者与协查通报相符的嫌疑人，并及时将有关情况通知案发地公安机关交通管理部门。案发地公安机关交通管理部门应当立即派交通警察前往办理移交。

第四十六条　公安机关交通管理部门查获交通肇事逃逸车辆或者交通肇事逃逸嫌疑人后，应当按原范围撤销协查通报，并通过全国机动车缉查布控系统撤销布控。

第四十七条　公安机关交通管理部门侦办交通肇事逃逸案件期间，交通肇事逃逸案件的受害人及其家属向公安机关交通管理部门询问案件侦办情况的，除依法不应当公开的内容外，公安机关交通管理部门应当告知并做好记录。

第四十八条　道路交通事故社会救助基金管理机构已经为受害人垫付抢救费用或者丧葬费用的，公安机关交通管理部门应当在交通肇事逃逸案件侦破后及时书面告知道路交通事故社会救助基金管理机构交通肇事逃逸驾驶人的有关情况。

第四节　检验、鉴定

第四十九条　需要进行检验、鉴定的，公安机关交通管理部门应当按照有关规定，自事故现场调查结束之日起三日内委托具备资质的鉴定机构进行检验、鉴定。

尸体检验应当在死亡之日起三日内委托。对交通肇事逃逸车辆的检验、鉴定自查获肇事嫌疑车辆之日起三日内委托。

对现场调查结束之日起三日后需要检验、鉴定的，应当报经上一级公安机关交通管理部门批准。

对精神疾病的鉴定，由具有精神病鉴定资质的鉴定机构进行。

第五十条 检验、鉴定费用由公安机关交通管理部门承担，但法律法规另有规定或者当事人自行委托伤残评定、财产损失评估的除外。

第五十一条 公安机关交通管理部门应当与鉴定机构确定检验、鉴定完成的期限，确定的期限不得超过三十日。超过三十日的，应当报经上一级公安机关交通管理部门批准，但最长不得超过六十日。

第五十二条 尸体检验不得在公众场合进行。为了确定死因需要解剖尸体的，应当征得死者家属同意。死者家属不同意解剖尸体的，经县级以上公安机关或者上一级公安机关交通管理部门负责人批准，可以解剖尸体，并且通知死者家属到场，由其在解剖尸体通知书上签名。

死者家属无正当理由拒不到场或者拒绝签名的，交通警察应当在解剖尸体通知书上注明。对身份不明的尸体，无法通知死者家属的，应当记录在案。

第五十三条 尸体检验报告确定后，应当书面通知死者家属在十日内办理丧葬事宜。无正当理由逾期不办理的应记录在案，并经县级以上公安机关或者上一级公安机关交通管理部门负责人批准，由公安机关或者上一级公安机关交通管理部门处理尸体，逾期存放的费用由死者家属承担。

对于没有家属、家属不明或者因自然灾害等不可抗力导致无法通知或者通知后家属拒绝领回的，经县级以上公安机关或者上一级公安机关交通管理部门负责人批准，可以及时处理。

对身份不明的尸体，由法医提取人身识别检材，并对尸体拍照、采集相关信息后，由公安机关交通管理部门填写身份不明尸体信息登记表，并在设区的市级以上报纸刊登认尸启事。登报后三十日仍无人认领的，经县级以上公安机关或者上一级公安机关交通管理部门负责人批准，可以及时处理。

因宗教习俗等原因对尸体处理期限有特殊需要的，经县级以上公安机关或者上一级公安机关交通管理部门负责人批准，可以紧急处理。

第五十四条 鉴定机构应当在规定的期限内完成检验、鉴定，并出具书面检验报告、鉴定意见，由鉴定人签名，鉴定意见还应当加盖机构印章。检验报告、鉴定意见应当载明以下事项：

（一）委托人；

（二）委托日期和事项；

（三）提交的相关材料；

（四）检验、鉴定的时间；

（五）依据和结论性意见，通过分析得出结论性意见的，应当有分析证明过程。

检验报告、鉴定意见应当附有鉴定机构、鉴定人的资质证明或者其他证明文件。

第五十五条 公安机关交通管理部门应当对检验报告、鉴定意见进行审核，并在收到检验报告、鉴定意见之日起五日内，将检验报告、鉴定意见复印件送达当事人，但有下列情形之一的除外：

（一）检验、鉴定程序违法或者违反相关专业技术要求，可能影响检验报告、鉴定意见公正、客观的；

（二）鉴定机构、鉴定人不具备鉴定资质和条件的；

（三）检验报告、鉴定意见明显依据不足的；

（四）故意作虚假鉴定的；

（五）鉴定人应当回避而没有回避的；

（六）检材虚假或者检材被损坏、不具备鉴定条件的；

（七）其他可能影响检验报告、鉴定意见公正、客观的情形。

检验报告、鉴定意见有前款规定情形之一的，经县级以上公安机关交通管理部门负责人批准，应当在收到检验报告、鉴定意见之日起三日内重新委托检验、鉴定。

第五十六条 当事人对检验报告、鉴定意见有异议，申请重新检验、鉴定的，应当自公安机关交通管理部门送达之日起三日内提出书面申请，经县级以上公安机关交通管理部门负责人批准，原办案单位应当重新委托检验、鉴定。检验报告、鉴定意见不具有本规定第五十五条第一款情形的，经县级以上公安机关交通管理部门负责人批准，由原办案单位作出不准予重新检验、鉴定的决定，并在作出决定之日起三日内书面通知申请人。

同一交通事故的同一检验、鉴定事项，重新检验、鉴定以一次为限。

第五十七条 重新检验、鉴定应当另行委托鉴定机构。

第五十八条 自检验报告、鉴定意见确定之日起五日内，公安机关交通管理部门应当通知当事人领取扣留的事故车辆。

因扣留车辆发生的费用由作出决定的公安机关交通管理部门承担，但公安机关交通管理部门通知当事人领取，当事人逾期未领取产生的停车费用由当事人自行承担。

经通知当事人三十日后不领取的车辆，经公告三个月仍不领取的，对扣留的车辆依法处理。

第七章 认定与复核

第一节 道路交通事故认定

第五十九条 道路交通事故认定应当做到事实清楚、证据确实充分、适用法律正确、责任划分公正、程序合法。

第六十条 公安机关交通管理部门应当根据当事人的行为对发生道路交通事故

所起的作用以及过错的严重程度，确定当事人的责任。

（一）因一方当事人的过错导致道路交通事故的，承担全部责任；

（二）因两方或者两方以上当事人的过错发生道路交通事故的，根据其行为对事故发生的作用以及过错的严重程度，分别承担主要责任、同等责任和次要责任；

（三）各方均无导致道路交通事故的过错，属于交通意外事故的，各方均无责任。

一方当事人故意造成道路交通事故的，他方无责任。

第六十一条 当事人有下列情形之一的，承担全部责任：

（一）发生道路交通事故后逃逸的；

（二）故意破坏、伪造现场、毁灭证据的。

为逃避法律责任追究，当事人弃车逃逸以及潜逃藏匿的，如有证据证明其他当事人也有过错，可以适当减轻责任，但同时有证据证明逃逸当事人有第一款第二项情形的，不予减轻。

第六十二条 公安机关交通管理部门应当自现场调查之日起十日内制作道路交通事故认定书。交通肇事逃逸案件在查获交通肇事车辆和驾驶人后十日内制作道路交通事故认定书。对需要进行检验、鉴定的，应当在检验报告、鉴定意见确定之日起五日内制作道路交通事故认定书。

有条件的地方公安机关交通管理部门可以试行在互联网公布道路交通事故认定书，但对涉及的国家秘密、商业秘密或者个人隐私，应当保密。

第六十三条 发生死亡事故以及复杂、疑难的伤人事故后，公安机关交通管理部门应当在制作道路交通事故认定书或者道路交通事故证明前，召集各方当事人到场，公开调查取得的证据。

证人要求保密或者涉及国家秘密、商业秘密以及个人隐私的，按照有关法律法规的规定执行。

当事人不到场的，公安机关交通管理部门应当予以记录。

第六十四条 道路交通事故认定书应当载明以下内容：

（一）道路交通事故当事人、车辆、道路和交通环境等基本情况；

（二）道路交通事故发生经过；

（三）道路交通事故证据及事故形成原因分析；

（四）当事人导致道路交通事故的过错及责任或者意外原因；

（五）作出道路交通事故认定的公安机关交通管理部门名称和日期。

道路交通事故认定书应当由交通警察签名或者盖章，加盖公安机关交通管理部门道路交通事故处理专用章。

第六十五条 道路交通事故认定书应当在制作后三日内分别送达当事人，并告知申请复核、调解和提起民事诉讼的权利、期限。

当事人收到道路交通事故认定书后，可以查阅、复制、摘录公安机关交通管理部门处理道路交通事故的证据材料，但证人要求保密或者涉及国家秘密、商业秘密以及个人隐私的，按照有关法律法规的规定执行。公安机关交通管理部门对当事人复制的证据材料应当加盖公安机关交通管理部门事故处理专用章。

第六十六条 交通肇事逃逸案件尚未侦破，受害一方当事人要求出具道路交通事故认定书的，公安机关交通管理部门应当在接到当事人书面申请后十日内，根据本规定第六十一条确定各方当事人责任，制作道路交通事故认定书，并送达受害方当事人。道路交通事故认定书应当载明事故发生的时间、地点、受害人情况及调查得到的事实，以及受害方当事人的责任。

交通肇事逃逸案件侦破后，已经按照前款规定制作道路交通事故认定书的，应当按照本规定第六十一条重新确定责任，制作道路交通事故认定书，分别送达当事人。重新制作的道路交通事故认定书除应当载明本规定第六十四条规定的内容外，还应当注明撤销原道路交通事故认定书。

第六十七条 道路交通事故基本事实无法查清、成因无法判定的，公安机关交通管理部门应当出具道路交通事故证明，载明道路交通事故发生的时间、地点、当事人情况及调查得到的事实，分别送达当事人，并告知申请复核、调解和提起民事诉讼的权利、期限。

第六十八条 由于事故当事人、关键证人处于抢救状态或者因其他客观原因导致无法及时取证，现有证据不足以认定案件基本事实的，经上一级公安机关交通管理部门批准，道路交通事故认定的时限可中止计算，并书面告知各方当事人或者其代理人，但中止的时间最长不得超过六十日。

当中止认定的原因消失，或者中止期满受伤人员仍然无法接受调查的，公安机关交通管理部门应当在五日内，根据已经调查取得的证据制作道路交通事故认定书或者出具道路交通事故证明。

第六十九条 伤人事故符合下列条件，各方当事人一致书面申请快速处理的，经县级以上公安机关交通管理部门负责人批准，可以根据已经取得的证据，自当事人申请之日起五日内制作道路交通事故认定书：

（一）当事人不涉嫌交通肇事、危险驾驶犯罪的；

（二）道路交通事故基本事实及成因清楚，当事人无异议的。

第七十条 对尚未查明身份的当事人，公安机关交通管理部门应当在道路交通事故认定书或者道路交通事故证明中予以注明，待身份信息查明以后，制作书面补充说明送达各方当事人。

第二节 复 核

第七十一条 当事人对道路交通事故认定或者出具道路交通事故证明有异议的，可以自道路交通事故认定书或者道路交通事故证明送达之日起三日内提出书面复核申请。当事人逾期提交复核申请的，不予受理，并书面通知申请人。

复核申请应当载明复核请求及其理由和主要证据。同一事故的复核以一次为限。

第七十二条 复核申请人通过作出道路交通事故认定的公安机关交通管理部门提出复核申请的，作出道路交通事故认定的公安机关交通管理部门应当自收到复核申请之日起二日内将复核申请连同道路交通事故有关材料移送上一级公安机关交通管理部门。

复核申请人直接向上一级公安机关交通管理部门提出复核申请的，上一级公安机关交通管理部门应当通知作出道路交通事故认定的公安机关交通管理部门自收到通知之日起五日内提交案卷材料。

第七十三条 除当事人逾期提交复核申请的情形外，上一级公安机关交通管理部门收到复核申请之日即为受理之日。

第七十四条 上一级公安机关交通管理部门自受理复核申请之日起三十日内，对下列内容进行审查，并作出复核结论：

（一）道路交通事故认定的事实是否清楚、证据是否确实充分、适用法律是否正确、责任划分是否公正；

（二）道路交通事故调查及认定程序是否合法；

（三）出具道路交通事故证明是否符合规定。

复核原则上采取书面审查的形式，但当事人提出要求或者公安机关交通管理部门认为有必要时，可以召集各方当事人到场，听取各方意见。

办理复核案件的交通警察不得少于二人。

第七十五条 复核审查期间，申请人提出撤销复核申请的，公安机关交通管理部门应当终止复核，并书面通知各方当事人。

受理复核申请后，任何一方当事人就该事故向人民法院提起诉讼并经人民法院受理的，公安机关交通管理部门应当将受理当事人复核申请的有关情况告知相关人民法院。

受理复核申请后，人民检察院对交通肇事犯罪嫌疑人作出批准逮捕决定的，公安机关交通管理部门应当将受理当事人复核申请的有关情况告知相关人民检察院。

第七十六条 上一级公安机关交通管理部门认为原道路交通事故认定事实清楚、证据确实充分、适用法律正确、责任划分公正、程序合法的，应当作出维持原道路交通事故认定的复核结论。

上一级公安机关交通管理部门认为调查及认定程序存在瑕疵，但不影响道路交通事故认定的，在责令原办案单位补正或者作出合理解释后，可以作出维持原道路交通事故认定的复核结论。

上一级公安机关交通管理部门认为原道路交通事故认定有下列情形之一的，应当作出责令原办案单位重新调查、认定的复核结论：

（一）事实不清的；

（二）主要证据不足的；

（三）适用法律错误的；

（四）责任划分不公正的；

（五）调查及认定违反法定程序可能影响道路交通事故认定的。

第七十七条 上一级公安机关交通管理部门审查原道路交通事故证明后，按下列规定处理：

（一）认为事故成因确属无法查清，应当作出维持原道路交通事故证明的复核结论；

（二）认为事故成因仍需进一步调查的，应当作出责令原办案单位重新调查、认定的复核结论。

第七十八条 上一级公安机关交通管理部门应当在作出复核结论后三日内将复核结论送达各方当事人。公安机关交通管理部门认为必要的，应当召集各方当事人，当场宣布复核结论。

第七十九条 上一级公安机关交通管理部门作出责令重新调查、认定的复核结论后，原办案单位应当在十日内依照本规定重新调查，重新作出道路交通事故认定，撤销原道路交通事故认定书或者原道路交通事故证明。

重新调查需要检验、鉴定的，原办案单位应当在检验报告、鉴定意见确定之日起五日内，重新作出道路交通事故认定。

重新作出道路交通事故认定的，原办案单位应当送达各方当事人，并报上一级公安机关交通管理部门备案。

第八十条 上一级公安机关交通管理部门可以设立道路交通事故复核委员会，由办理复核案件的交通警察会同相关行业代表、社会专家学者等人员共同组成，负责案件复核，并以上一级公安机关交通管理部门的名义作出复核结论。

第八章 处罚执行

第八十一条 公安机关交通管理部门应当按照《道路交通安全违法行为处理程序规定》，对当事人的道路交通安全违法行为依法作出处罚。

第八十二条 对发生道路交通事故构成犯罪，依法应当吊销驾驶人机动车驾驶证的，应当在人民法院作出有罪判决后，由设区的市公安机关交通管理部门依法吊销机动车驾驶证。同时具有逃逸情形的，公安机关交通管理部门应当同时依法作出终生不得重新取得机动车驾驶证的决定。

第八十三条 专业运输单位六个月内两次发生一次死亡三人以上事故，且单位或者车辆驾驶人对事故承担全部责任或者主要责任的，专业运输单位所在地的公安机关交通管理部门应当报经设区的市公安机关交通管理部门批准后，作出责令限期消除安全隐患的决定，禁止未消除安全隐患的机动车上道路行驶，并通报道路交通事故发生地及运输单位所在地的人民政府有关行政管理部门。

第九章　损害赔偿调解

第八十四条　当事人可以采取以下方式解决道路交通事故损害赔偿争议：

（一）申请人民调解委员会调解；

（二）申请公安机关交通管理部门调解；

（三）向人民法院提起民事诉讼。

第八十五条　当事人申请人民调解委员会调解，达成调解协议后，双方当事人认为有必要的，可以根据《中华人民共和国人民调解法》共同向人民法院申请司法确认。

当事人申请人民调解委员会调解，调解未达成协议的，当事人可以直接向人民法院提起民事诉讼，或者自人民调解委员会作出终止调解之日起三日内，一致书面申请公安机关交通管理部门进行调解。

第八十六条　当事人申请公安机关交通管理部门调解的，应当在收到道路交通事故认定书、道路交通事故证明或者上一级公安机关交通管理部门维持原道路交通事故认定的复核结论之日起十日内一致书面申请。

当事人申请公安机关交通管理部门调解，调解未达成协议的，当事人可以依法向人民法院提起民事诉讼，或者申请人民调解委员会进行调解。

第八十七条　公安机关交通管理部门应当按照合法、公正、自愿、及时的原则进行道路交通事故损害赔偿调解。

道路交通事故损害赔偿调解应当公开进行，但当事人申请不予公开的除外。

第八十八条　公安机关交通管理部门应当与当事人约定调解的时间、地点，并于调解时间三日前通知当事人。口头通知的，应当记入调解记录。

调解参加人因故不能按期参加调解的，应当在预定调解时间一日前通知承办的交通警察，请求变更调解时间。

第八十九条　参加损害赔偿调解的人员包括：

（一）道路交通事故当事人及其代理人；

（二）道路交通事故车辆所有人或者管理人；

（三）承保机动车保险的保险公司人员；

（四）公安机关交通管理部门认为有必要参加的其他人员。

委托代理人应当出具由委托人签名或者盖章的授权委托书。授权委托书应当载明委托事项和权限。

参加损害赔偿调解的人员每方不得超过三人。

第九十条　公安机关交通管理部门受理调解申请后，应当按照下列规定日期开始调解：

（一）造成人员死亡的，从规定的办理丧葬事宜时间结束之日起；

（二）造成人员受伤的，从治疗终结之日起；

（三）因伤致残的，从定残之日起；

（四）造成财产损失的，从确定损失之日起。

公安机关交通管理部门受理调解申请时已超过前款规定的时间，调解自受理调解申请之日起开始。

公安机关交通管理部门应当自调解开始之日起十日内制作道路交通事故损害赔偿调解书或者道路交通事故损害赔偿调解终结书。

第九十一条　交通警察调解道路交通事故损害赔偿，按照下列程序实施：

（一）告知各方当事人权利、义务；

（二）听取各方当事人的请求及理由；

（三）根据道路交通事故认定书认定的事实以及《中华人民共和国道路交通安全法》第七十六条的规定，确定当事人承担的损害赔偿责任；

（四）计算损害赔偿的数额，确定各方当事人承担的比例，人身损害赔偿的标准按照《中华人民共和国侵权责任法》《最高人民法院关于审理人身损害赔偿案件适用法律若干问题的解释》《最高人民法院关于审理道路交通事故损害赔偿案件适用法律若干问题的解释》等有关规定执行，财产损失的修复费用、折价赔偿费用按照实际价值或者评估机构的评估结论计算；

（五）确定赔偿履行方式及期限。

第九十二条　因确定损害赔偿的数额，需要进行伤残评定、财产损失评估的，由各方当事人协商确定有资质的机构进行，但财产损失数额巨大涉嫌刑事犯罪的，由公安机关交通管理部门委托。

当事人委托伤残评定、财产损失评估的费用，由当事人承担。

第九十三条　经调解达成协议的，公安机关交通管理部门应当当场制作道路交通事故损害赔偿调解书，由各方当事人签字，分别送达各方当事人。

调解书应当载明以下内容：

（一）调解依据；

（二）道路交通事故认定书认定的基本事实和损失情况；

（三）损害赔偿的项目和数额；

（四）各方的损害赔偿责任及比例；

（五）赔偿履行方式和期限；

（六）调解日期。

经调解各方当事人未达成协议的，公安机关交通管理部门应当终止调解，制作道路交通事故损害赔偿调解终结书，送达各方当事人。

第九十四条　有下列情形之一的，公安机关交通管理部门应当终止调解，并记录在案：

（一）调解期间有一方当事人向人民法院提起民事诉讼的；

（二）一方当事人无正当理由不参加调解的；

（三）一方当事人调解过程中退出调解的。

第九十五条 有条件的地方公安机关交通管理部门可以联合有关部门，设置道路交通事故保险理赔服务场所。

第十章 涉外道路交通事故处理

第九十六条 外国人在中华人民共和国境内发生道路交通事故的，除按照本规定执行外，还应当按照办理涉外案件的有关法律、法规、规章的规定执行。

公安机关交通管理部门处理外国人发生的道路交通事故，应当告知当事人我国法律、法规、规章规定的当事人在处理道路交通事故中的权利和义务。

第九十七条 外国人发生道路交通事故有下列情形之一的，不准其出境：

（一）涉嫌犯罪的；

（二）有未了结的道路交通事故损害赔偿案件，人民法院决定不准出境的；

（三）法律、行政法规规定不准出境的其他情形。

第九十八条 外国人发生道路交通事故并承担全部责任或者主要责任的，公安机关交通管理部门应当告知道路交通事故损害赔偿权利人可以向人民法院提出采取诉前保全措施的请求。

第九十九条 公安机关交通管理部门在处理道路交通事故过程中，使用中华人民共和国通用的语言文字。对不通晓我国语言文字的，应当为其提供翻译；当事人通晓我国语言文字而不需要他人翻译的，应当出具书面声明。

经公安机关交通管理部门批准，外国人可以自行聘请翻译，翻译费由当事人承担。

第一百条 享有外交特权与豁免的人员发生道路交通事故时，应当主动出示有效身份证件，交通警察认为应当给予暂扣或者吊销机动车驾驶证处罚的，可以扣留其机动车驾驶证。需要对享有外交特权与豁免的人员进行调查的，可以约谈，谈话时仅限于与道路交通事故有关的内容。需要检验、鉴定车辆的，公安机关交通管理部门应当征得其同意，并在检验、鉴定后立即发还。

公安机关交通管理部门应当根据收集的证据，制作道路交通事故认定书送达当事人，当事人拒绝接收的，送达至其所在机构；没有所在机构或者所在机构不明确的，由当事人所属国家的驻华使领馆转交送达。

享有外交特权与豁免的人员应当配合公安机关交通管理部门的调查和检验、鉴定。对于经核查确实享有外交特权与豁免但不同意接受调查或者检验、鉴定的，公安机关交通管理部门应当将有关情况记录在案，损害赔偿事宜通过外交途径解决。

第一百零一条 公安机关交通管理部门处理享有外交特权与豁免的外国人发生人员死亡事故的，应当将其身份、证件及事故经过、损害后果等基本情况记录在案，并将有关情况迅速通报省级人民政府外事部门和该外国人所属国家的驻华使馆或者领馆。

第一百零二条 外国驻华领事机构、国际组织、国际组织驻华代表机构享有特权与豁免的人员发生道路交通事故的，公安机关交通管理部门参照本规定第一百条、第一百零一条规定办理，但《中华人民共和国领事特权与豁免条例》、中国已参加的国际公约以及我国与有关国家或者国际组织缔结的协议有不同规定的除外。

第十一章 执法监督

第一百零三条 公安机关警务督察部门可以依法对公安机关交通管理部门及其交通警察处理道路交通事故工作进行现场督察，查处违纪违法行为。

上级公安机关交通管理部门对下级公安机关交通管理部门处理道路交通事故工作进行监督，发现错误应当及时纠正，造成严重后果的，依纪依法追究有关人员的责任。

第一百零四条 公安机关交通管理部门及其交通警察处理道路交通事故，应当公开办事制度、办事程序，建立警风警纪监督员制度，并自觉接受社会和群众的监督。

任何单位和个人都有权对公安机关交通管理部门及其交通警察不依法严格公正处理道路交通事故、利用职务上的便利收受他人财物或者谋取其他利益、徇私舞弊、滥用职权、玩忽职守以及其他违纪违法行为进行检举、控告。收到检举、控告的机关，应当依据职责及时查处。

第一百零五条 在调查处理道路交通事故时，交通警察或者公安机关检验、鉴定人员有下列情形之一的，应当回避：

（一）是本案的当事人或者是当事人的近亲属的；

（二）本人或者其近亲属与本案有利害关系的；

（三）与本案当事人有其他关系，可能影响案件公正处理的。

交通警察或者公安机关检验、鉴定人员需要回避的，由本级公安机关交通管理部门负责人或者检验、鉴定人员所属的公安机关决定。公安机关交通管理部门负责人需要回避的，由公安机关或者上一级公安机关交通管理部门负责人决定。

对当事人提出的回避申请，公安机关交通管理部门应当在二日内作出决定，并通知申请人。

第一百零六条 人民法院、人民检察院审理、审查道路交通事故案件，需要公安机关交通管理部门提供有关证据的，公安机关交通管理部门应当在接到调卷公函之日起三日内，或者按照其时限要求，将道路交通事故案件调查材料正本移送人民法院或者人民检察院。

第一百零七条 公安机关交通管理部门对查获交通肇事逃逸车辆及人员提供有效线索或者协助的人员、单位，应当给予表彰和奖励。

公安机关交通管理部门及其交通警察接到协查通报不配合协查并造成严重后果的，由公安机关或者上级公安机关交通管理部门追究有关人员和单位主管领导的责任。

第十二章　附　则

第一百零八条　道路交通事故处理资格等级管理规定由公安部另行制定，资格证书式样全国统一。

第一百零九条　公安机关交通管理部门应当在邻省、市（地）、县交界的国、省、县道上，以及辖区内交通流量集中的路段，设置标有管辖地公安机关交通管理部门名称及道路交通事故报警电话号码的提示牌。

第一百一十条　车辆在道路以外通行时发生的事故，公安机关交通管理部门接到报案的，参照本规定处理。涉嫌犯罪的，及时移送有关部门。

第一百一十一条　执行本规定所需要的法律文书式样，由公安部制定。公安部没有制定式样，执法工作中需要的其他法律文书，省级公安机关可以制定式样。

当事人自行协商处理损害赔偿事宜的，可以自行制作协议书，但应当符合本规定第二十一条关于协议书内容的规定。

第一百一十二条　本规定中下列用语的含义是：

（一）“交通肇事逃逸”，是指发生道路交通事故后，当事人为逃避法律责任，驾驶或者遗弃车辆逃离道路交通事故现场以及潜逃藏匿的行为。

（二）“深度调查”，是指以有效防范道路交通事故为目的，对道路交通事故发生的深层次原因以及道路交通安全相关因素开展延伸调查，分析查找安全隐患及管理漏洞，并提出从源头解决问题的意见和建议的活动。

（三）“检验报告、鉴定意见确定”，是指检验报告、鉴定意见复印件送达当事人之日起三日内，当事人未申请重新检验、鉴定的，以及公安机关交通管理部门批准重新检验、鉴定，鉴定机构出具检验报告、鉴定意见的。

（四）“外国人”，是指不具有中国国籍的人。

（五）本规定所称的“一日”、“二日”、“三日”、“五日”、“十日”，是指工作日，不包括节假日。

（六）本规定所称的“以上”、“以下”均包括本数在内。

（七）“县级以上公安机关交通管理部门”，是指县级以上人民政府公安机关交通管理部门或者相当于同级的公安机关交通管理部门。

（八）“设区的市公安机关交通管理部门”，是指设区的市人民政府公安机关交通管理部门或者相当于同级的公安机关交通管理部门。

（九）“设区的市公安机关”，是指设区的市人民政府公安机关或者相当于同级的公安机关。

第一百一十三条　本规定没有规定的道路交通事故案件办理程序，依照《公安机关办理行政案件程序规定》《公安机关办理刑事案件程序规定》的有关规定执行。

第一百一十四条　本规定自 2018 年 5 月 1 日起施行。2008 年 8 月 17 日发布的《道路交通事故处理程序规定》（公安部令第 104 号）同时废止。

附录四

《贵州省道路交通安全条例》

（2007 年 3 月 30 日贵州省第十届人民代表大会常务委员会
第二十六次会议通过　自 2007 年 6 月 1 日起施行）

第一章　总　则

第一条　根据《中华人民共和国道路交通安全法》、《中华人民共和国道路交通安全法实施条例》等法律、法规的规定，结合本省实际，制定本条例。

第二条　本省行政区域内的车辆驾驶人、车辆所有人、行人、乘车人以及与道路交通安全活动有关的单位和个人，应当遵守本条例。

第三条　县级以上人民政府应当建立健全道路交通安全工作协调机制，实行道路交通安全责任制，保障道路交通安全基础设施的建设和维护，开展道路交通安全教育，组织道路交通安全综合评价，制定并组织实施道路交通安全管理规划。

乡镇人民政府、街道办事处应当督促辖区内单位落实道路交通安全责任，及时消除安全隐患，教育公民遵守道路交通安全法律、法规。

第四条　省人民政府公安机关交通管理部门负责全省道路交通安全管理工作。县级以上人民政府公安机关交通管理部门负责本行政区域内的道路交通安全管理工作。道路交通安全管理工作经费由省级财政统一管理。

县级人民政府公安机关交通管理部门可以委托边远乡、镇派出所履行部分道路交通安全管理职责，并对其进行监督指导。

交通运输、住房城乡建设、教育、农业农村、市城监管、应急、生态环境等部门依据各自职责，负责有关的道路交通安全工作。

第五条　机关、企业事业单位、社会团体以及其他组织，应当落实道路交通安全责任，做好道路交通安全管理相关工作。

新闻出版、广电等有关单位，应当加强对社会公众的道路交通安全宣传，普及道路交通安全知识，及时发布公安机关交通管理部门提供的道路交通管理措施和信息。

第二章　机动车和驾驶人

第六条　单位和个人购买的机动车，应当自购买之日起 30 日内申请注册登记。

非本省注册登记的机动车，在本省驻点经营道路货物运输30日以上的，应当到营运地的县级以上道路运输管理机构和公安机关交通管理部门进行登记，并接受管理。

第七条 有下列情形之一的，机动车不得上道路行驶：

（一）倒置号牌或者非法安装两副以上号牌的；

（二）使用残缺号牌或者在号牌上自行安装、喷涂、粘贴反光材料的；

（三）擅自增加搭乘人员座位的；

（四）使用镜面反光遮阳膜的；

（五）擅自安装和使用干扰道路交通技术监控设备装置的。

第八条 载运爆炸物品、易燃易爆化学物品以及剧毒、放射性危险物品的车辆，应当有警示标志，必须安装、使用符合国家标准的汽车行驶记录仪。

按照国家规定或者前款规定安装的汽车行驶记录仪，必须保持完好、有效。

第九条 用于营运的载货汽车和大、中型载客汽车（城市公交车除外），驾驶室两侧应当喷涂营运单位名称、准载人数、核载质量，车厢后部应当喷涂放大的牌号。

第十条 用于接送幼儿园儿童、中小学校学生的专车，经县级以上人民政府教育行政主管部门和公安机关交通管理部门认可后，在车身喷涂或者粘贴统一设计的标志和准载人数；在接送学生时，交通警察应当为其提供特殊通行便利。

机动车驾驶人在实习期内，不得驾驶接送幼儿园儿童、中小学校学生的专车。

第十一条 机动车的安全技术检验，应当按照国家机动车安全技术标准和规定的项目、方法进行。

在机动车安全技术检验前，有道路交通安全违法记录未接受处理的，应当先行接受处理。

第十二条 任何单位或者个人不得擅自改变机动车已登记结构、构造或者特征，不得使用擅自改变已登记结构、构造或者特征的机动车；不得改变机动车型号、发动机号、车架号或者车辆识别代号，不得使用已改变型号、发动机号、车架号或者车辆识别代号的机动车。

第十三条 机动车回收企业必须对拼装、报废机动车的主要部件进行破坏性拆解，并将车辆拆解、报废情况及时反馈公安机关交通管理部门。

任何单位或者个人不得销售、使用报废机动车及其零部件。

第十四条 在暂住地初次申领机动车驾驶证，可以办理与常住人员相同准驾车型种类的机动车驾驶证。

第十五条 省公安机关交通管理部门应当建立完善机动车及驾驶人道路交通安全信息管理制度，并组织实施。

第十六条 机关、企业事业单位、社会团体以及其他组织应当经常组织本单位机动车驾驶人进行交通安全知识学习。

个体营运车辆所有人及其驾驶人，应当参加当地交通安全群众组织开展的交通安全学习和教育活动。

第三章 道路通行条件

第十七条 县级以上人民政府应当制定和实施公共交通发展规划，优先发展公共交通。

新建、改建、扩建城市道路，应当根据公共交通发展规划，设置公交专用车道和港湾式停靠站。

第十八条 道路管理部门或者道路经营单位应当保障道路完好，根据道路等级、交通流量、行人流量、安全状况以及交通安全需要，按照国家标准在道路上设置和完善交通安全设施。

新建、改建、扩建道路时，应当按照国家标准同步规划、设计并设置交通信号灯、交通标志、交通标线、安全防护栏等交通安全设施，按照国家有关规定进行验收，未经验收或者验收不合格的，不得交付使用。

增设、调换、变更限制性的道路交通信号灯、交通标志、交通标线，应当经交通运输、公安、住房城乡建设等部门共同论证，并在实施前7日向社会公告。

第十九条 规划部门审批城市道路沿线的大型建筑以及其他重大建设项目，应当就是否影响交通安全组织相关部门进行论证。

第二十条 机关、企业事业单位、社会团体以及其他组织应当按照规划和标准建设停车场或者配置专门的场地停放车辆，不得占用单位外的道路停放车辆。

鼓励单位内部的停车场向社会开放，任何单位或者个人不得擅自改变停车场的用途。

第二十一条 在停车泊位不足的城市道路范围内，县级以上人民政府有关部门在不影响道路交通安全、畅通的情况下，可以根据公共停车场建设规划施划道路停车泊位，并规定道路停车泊位的使用时间、机动车停放方向，设置警示标志。

道路停车泊位施划、管理办法由省人民政府制定。

第二十二条 公安机关交通管理部门、城市公共客运交通主管部门可以根据交通状况，在城市道路范围内设置出租车、单位交通车临时停靠站和出租车入厕点，其他车辆不得占用临时停靠站、入厕点。

出租车、单位交通车在临时停靠站临时停车上下乘客后，应当立即驶离。

第二十三条 对道路进行维修、养护等作业时，应当遵守下列规定：

（一）避开交通流量高峰期；

（二）划出作业区，并设置路栏，白天在作业区来车方向不少于50米、夜间在不少于100米的地点设置反光的施工标志或者危险警告标志；

（三）作业人员穿戴反光服饰。

第二十四条 在城市道路上发生交通事故造成车辆损坏或者物品散落，妨碍其他车辆正常通行的，当事人应当按照公安机关交通管理部门的要求及时清除障碍；当事人无法及时清除的，公安机关交通管理部门应当通知城市道路主管部门予以清除。

第二十五条 禁止占用道路从事集市贸易、摆摊设点、打谷晒粮等妨碍交通安全的行为。

第二十六条 道路管理部门对在道路上开设道口进行审批，影响交通安全的，应当事先征求公安机关交通管理部门的意见。

第四章 道路通行规定

第二十七条 机动车通行应当遵守下列规定：

（一）在同方向划有 2 条以上机动车道的道路上，大型载客汽车、载货汽车、摩托车、拖拉机、低速载货汽车、三轮汽车、轮式专用机械车、实习期内的驾驶人驾驶的机动车，不得在快速车道上行驶，但按照规定超越前方车辆时除外；

（二）在设有主路、辅路的道路上，拖拉机、低速载货汽车、三轮汽车、轮式专用机械车和摩托车，不得在主路上行驶；

（三）在行人遇人行道有障碍需要借用车行道通行时，应当避让行人。

第二十八条 机动车在同方向划有 2 条以上机动车道的道路上行驶，没有交通限速标志、标线的，城市封闭的机动车专用道路最高车速为每小时 80 公里，城市未封闭的机动车道路最高车速为每小时 60 公里；公路上小型载客汽车最高车速为每小时 80 公里，其他机动车最高车速为每小时 70 公里。

在道路设定限速的，公安机关交通管理部门应当征求道路主管部门和社会公众意见。

第二十九条 在划有公交专用车道的道路上，公共汽车应当在公交专用车道内行驶，其他车辆不得在公共汽车营运时间内进入公交专用车道行驶，但在交通警察指挥下，其他车辆可以借用公交专用车道通行。

在公交专用车道内行驶的公共汽车，遇前方有障碍无法正常通行时，可以临时借用相邻车道，超越障碍后应当驶回公交专用车道。

第三十条 机动车遇前方交通阻塞、车辆停车排队等候或者缓慢行驶时，应当停车等候或者依次行驶，不得进入非机动车道、人行道行驶，不得鸣号催促。

第三十一条 机动车在道路上临时停车，应当按照顺行方向紧靠道路右侧停放，同时开启危险报警闪光灯；夜间或者遇风、雪、雨、雾等低能见度气象条件时，开启危险报警闪光灯、示廓灯、后位灯。

第三十二条 禁止大、中型营运性客运车辆在 22 时至次日 6 时通行三级以下道路。

第三十三条 牵引故障机动车应当遵守下列规定：

（一）牵引车与被牵引车由实习期满的驾驶人驾驶；

（二）同方向设有 2 条以上机动车道的，在最右侧车道内行驶；

（三）道路设有主路、辅路的，在辅路上行驶；

（四）拖斗车、载运危险和剧毒化学品的车辆不得牵引。

第三十四条　非机动车通行应当遵守下列规定：

（一）在非机动车道内顺向行驶；

（二）不得进入高等级公路、城市快速路、高架路或者其他封闭的机动车专用道；

（三）与相邻行驶的非机动车保持安全距离，在与行人混行的道路上避让行人；

（四）行经人行横道避让行人；

（五）不得在车行道上停车滞留；

（六）设有转向灯的，转弯前应当开启转向灯；

（七）自行车、电动自行车、三轮车不得在人行道上骑行，制动器失效的、夜间无有效照明条件的，不得骑行；

（八）未成年人驾驶自行车不得载人，成年人驾驶自行车可以在固定座椅内载 1 名儿童。

第三十五条　行人应当遵守下列规定：

（一）不得进入高等级公路、城市快速路、高架路或者其他封闭的机动车专用道；

（二）不得将牲畜赶入高等级公路；

（三）不得在行车道上兜售、发送物品；

（四）在没有人行道的道路上，应当在距离道路边缘线 1 米的范围内行走。

第三十六条　乘车人应当遵守下列规定：

（一）乘坐载客汽车，应当待车辆停稳后上下车；

（二）明知驾驶人无驾驶证、饮酒驾驶机动车的不得乘坐；

（三）不得搭乘电动自行车、货运三轮车、轻便摩托车、拖拉机；

（四）不得违反规定搭乘自行车、残疾人机动轮椅车。

第五章　高等级公路特别规定

第三十七条　本条例所称高等级公路是指本省行政区域内按照国家标准和规范建设的二级以上全封闭和半封闭公路。

第三十八条　拖拉机、电动车、轮式专用机械车以及其他设计最高车速低于每小时 60 公里的机动车，不得进入高等级公路。

第三十九条　机动车在高等级公路上行驶的速度：

（一）一级公路小型载客汽车最高车速不得超过每小时 100 公里，其他机动车最高车速不得超过每小时 80 公里，最低车速不得低于每小时 50 公里；

（二）二级公路小型载客汽车最高车速不得超过每小时 80 公里，其他机动车最高车速不得超过每小时 70 公里，最低车速不得低于每小时 40 公里；

道路限速标志标明的车速与前款规定不一致的，按照道路限速标志标明的车速行驶；设有道路限速标志的，应当在道路限速标志前 1000 米处设置明显的警示标志。

在高速公路上机动车行驶速度，按照道路交通安全有关法律、行政法规的规定执行。

第四十条 机动车在高等级公路上行驶，不得有下列行为：

（一）倒车、逆行、穿越中央分隔带掉头或者在车道内停车；

（二）在匝道、加速车道或者减速车道上超车；

（三）骑、压车行道分界线或者在紧急停车带、路肩上行驶；

（四）非紧急情况时在应急车道行驶或者停车；

（五）试车或者学习驾驶机动车；

（六）开启后照灯。

第四十一条 禁止机动车在高等级公路上上下乘客、装卸货物。

第四十二条 机动车在高等级公路上发生故障时，机动车驾驶人应当在确保交通安全的情况下，迅速将车辆移到紧急停车带上，驾驶人、乘车人应当离开车辆和行车道。

禁止在高等级公路行车道上修理车辆。

第四十三条 机动车在高等级公路上遇前方交通堵塞无法正常行驶时，不得占用最左侧车道或者对向车道。

第四十四条 道路养护施工单位在高等级公路上进行施工、维修、养护作业时，应当遵守国家规定的安全作业规程。道路养护车、作业车不受最低车速规定的限制。

第四十五条 道路交通安全管理应当具备的场所、设施，与高等级公路同时设计、建设。

已建成的高等级公路，未建有道路交通安全管理场所、设施的，应当完善。

第六章 道路交通事故处理

第四十六条 县级以上人民政府应当组织制定应对自然灾害、恶劣气象条件、重特大交通事故及其他影响道路交通安全突发事件的应急预案。

公安、交通运输、卫生健康、应急、住房城乡建设、生态环境以及其他有关部门，应当根据应急预案制定实施方案。

第四十七条 公安机关交通管理部门接到特大以上交通事故或者载运爆炸物品、剧毒化学品等车辆发生交通事故报警时，应当立即采取应急措施，并向发生地县级人民政府报告。县级人民政府应当按照规定及时向上级人民政府报告。

第四十八条 公安机关交通管理部门调查交通事故案件，需要查阅、复制有关监控设施记录或者其他信息的，有关单位应当及时提供。

第四十九条 公安机关交通管理部门根据当事人的行为对交通事故所起的作用以及过错程度，确定当事人的责任。

交通事故当事人的责任分为：全部责任、主要责任、同等责任、次要责任、无责任：

（一）一方当事人有过错，其他当事人无过错的，有过错的一方为全部责任，无过错的一方为无责任；

（二）两方以上的当事人均有过错的，作用以及过错大的为主要责任，作用以及过错相当的为同等责任，作用以及过错小的为次要责任；

（三）属于交通意外事故的，各方均无责任；

（四）当事人逃逸的，应当承担全部责任，但有证据证明对方当事人也有过错的，可以减轻责任；

（五）当事人故意破坏、伪造现场或者毁灭证据的，承担全部责任；

（六）一方当事人故意造成交通事故的，其他方为无责任。

无法确定各方当事人过错的，不认定责任。

交通事故当事人责任确定规则由省公安机关交通管理部门制定并向社会公布。

第五十条 参加机动车交通事故责任强制保险的机动车，发生交通事故造成本车人员、被保险人以外的受害人人身伤亡或者财产损失的，由承保的保险公司在机动车交通事故责任强制保险责任限额内赔偿；未参加机动车交通事故责任强制保险的，由机动车驾驶人、所有人或者管理人在该车应当投保的机动车交通事故责任强制保险责任限额内予以赔偿。

超过强制保险责任限额的部分，按照《中华人民共和国道路交通安全法》和本条例的规定，由事故责任人按照赔偿比例承担。

第五十一条 机动车与非机动车驾驶人、行人之间发生交通事故的，有证据证明非机动车驾驶人、行人违反道路交通安全法律、法规，机动车驾驶人已经采取必要处置措施的，减轻机动车一方的赔偿责任；超过机动车交通事故责任强制保险责任限额的部分，机动车一方赔偿责任按照下列规定承担：

（一）主要责任承担80%；

（二）同等责任承担60%；

（三）次要责任承担40%；

（四）在高等级公路及其他封闭的机动车专用道路上发生交通事故的，无责任的机动车一方承担5%，但赔偿金额最高不超过1万元；在其他道路上发生交通事故的，无责任的机动车一方承担10%，但赔偿金额最高不超过2万元。

非机动车驾驶人、行人与处于正常停驶或者停放的机动车发生交通事故，机动车一方无交通事故责任的，不承担赔偿责任。

第五十二条 非机动车之间、非机动车与行人之间发生交通事故造成人身伤亡、财产损失的，由有过错的一方承担赔偿责任；双方都有过错的，按照各自过错大小的比例承担赔偿责任；无法确定双方当事人过错的，同等承担赔偿责任。

第五十三条 本省依法设立道路交通事故社会救助基金。

道路交通事故社会救助基金的设立、资金来源、使用管理，依照有关法律、法规执行。

第七章 执法监督

第五十四条 公安机关交通管理部门应当对交通警察进行职业道德、法制教育和交通安全管理业务培训、考核。交通警察经考核不合格的，不得上岗执行职务。

公安机关交通管理部门根据工作需要，可以聘用人员协助疏导交通，维护道路交通秩序，对道路交通安全违法行为进行劝阻，聘用人员不得行使交通警察的行政执法权。

第五十五条 公安机关交通管理部门应当建立警风警纪监督员制度，交通警察在执勤执法时，应当保持警容严整，举止端庄，行为规范。

第五十六条 公安机关交通管理部门应当公开办事制度、办事程序，建立执法质量考核评议、执法责任制和执法过错追究制度，加强对交通警察执法活动的监督，防止和纠正道路交通安全执法中的违法行为。

第五十七条 公安机关交通管理部门应当公布举报电话，受理群众举报投诉，接受社会和公民的监督。

第五十八条 交通警察抄告执法，必须在清晰、醒目、完整、有效的交通标志、交通标线的路段进行。

第五十九条 公安机关交通管理部门对交通技术监控资料确认的交通违法行为，应当通过互联网、新闻媒体、手机短信、邮寄等方式及时告知，但不得转嫁告知的成本费用。

公安机关交通管理部门应当对交通技术监控设备加强管理。交通技术监控设备应当定期检测。

第六十条 公安机关交通管理部门及其交通警察应当依法履行职责，不得越权执法，不得改变处罚的种类和幅度，严格罚缴分离制度，罚没收入、行政事业性收费应当按照规定统一上缴国库。

在边远、交通不便地区，当事人到指定银行缴纳罚款确有困难的，经当事人提出，可以依法当场收缴罚款。

对不出具省财政部门统一制发的代收交通违法罚款专用票据的，当事人有权拒绝缴纳罚款，并可以向有关部门举报。

第八章 法律责任

第六十一条 对违反道路交通安全法律、法规和本条例规定的行为，由公安机关交通管理部门依照《中华人民共和国道路交通安全法》、《中华人民共和国道路交通安全法实施条例》和本条例以及其他有关法律、法规的规定给予处罚。

第六十二条　公安机关交通管理部门及其交通警察对道路交通违法行为，应当及时纠正，并依法予以处罚；对情节轻微，未影响道路通行的，予以口头警告后放行。

第六十三条　违反本条例第六条第一款规定，汽车处以500元罚款；其它机动车处以100元罚款。

第六十四条　违反本条例第七条规定的，对机动车驾驶人处以100元罚款，没收非法装置。

第六十五条　违反本条例第八条第一款规定，未按照规定安装、使用符合国家标准的行驶记录仪的，责令限期安装，逾期未安装的，可处以1000元罚款；违反第二款规定的，责令限期改正，逾期不改正的，可处以500元罚款。

第六十六条　擅自改变机动车已登记结构、构造、特征或者改变机动车型号、发动机号、车架号、车辆识别代号的，责令恢复原状，可并处以1000元罚款。

使用已擅自改变登记结构、构造、特征或者改变型号、发动机号、车架号、车辆识别代号的机动车的，责令停止使用，可并处以500元罚款。

第六十七条　单位或者个人销售、使用报废机动车及其零部件，尚不构成犯罪的，由有关部门依法予以处罚。

第六十八条　违反本条例第二十五条规定的，给予警告，责令改正。

第六十九条　违反本条例第十条第二款、第二十七条、第三十条、第三十三条规定的，对机动车驾驶人处以100元罚款。

第七十条　违反本条例第九条、第二十九条规定的，处以50元罚款。

第七十一条　违反本条例第三十二条规定的，对机动车驾驶人处以200元罚款。

第七十二条　违反本条例第三十四条第一项、第二项规定的，对非机动车驾驶人处以50元罚款；违反第三项至第八项规定的，对非机动车驾驶人处以20元罚款；非机动车驾驶人拒绝接受处罚的，可以扣留其非机动车。

第七十三条　违反本条例第三十五条、第三十六条规定的，对行人、乘车人给予警告，责令改正。

第七十四条　违反本条例在高等级公路上有下列交通违法行为的，依法予以处罚：

（一）机动车发生故障和事故时，驾驶人、乘车人未按照规定离开车辆和行车道的，处以10元罚款；

（二）拖拉机、电动车、轮式专用机械车以及其他设计最高时速低于60公里的机动车进入高等级公路的，处以100元罚款；

（三）违反第四十条第一至五项、第四十三条规定的，处以100元罚款；

（四）违反第四十条第六项、第四十一条、第四十二条第二款规定的，处以200元罚款。

第七十五条 对存在交通安全隐患的机关、企业事业单位、社会团体以及其他组织，应当责令其限期整改；逾期未整改的，由有关部门追究其有关负责人的责任。

第七十六条 在高等级公路上施工作业未按照规定进行，造成交通事故的，由施工单位及其有关人员承担相应的法律责任。

第七十七条 公安机关交通管理部门及其工作人员，在道路交通安全管理工作中，滥用职权、徇私舞弊、玩忽职守的，按照有关法律、法规的规定处理。

附录五

《贵州省农村道路交通安全责任制规定》

第一章　总　则

第一条　为建立完善全省农村道路交通安全责任体系，遏制道路交通事故发生，保障人民群众生命财产安全，按照《地方党政领导干部安全生产责任制规定》和省委省政府关于乡村振兴战略的有关意见等要求，结合我省实际，特制定本规定。

第二条　本省行政区域内的机关、团体、企事业单位应当按照本规定实行农村道路交通安全责任制。法律、法规、规章另有规定的，从其规定。

第三条　农村道路交通安全责任包括政府属地责任、部门监管责任和单位主体责任。

第四条　农村道路交通安全按照属地管理、分级负责的原则，坚持管行业必须管安全、管业务必须管安全、管生产经营必须管安全。各级人民政府和有关工作部门的主要负责人是本地区和本行业、本系统农村道路交通安全的第一责任人，分管道路交通安全的负责人是直接责任人。因不履行职责义务或履行职责义务不力，发生道路交通事故的，应当依法依规追究责任。

第二章　政府职责

第五条　市级人民政府履行以下工作职责：

（一）统筹推进本辖区农村道路交通安全工作，建立农村道路交通安全“两站两员一长”（乡镇道路交通安全管理办公室或交管站，村、居道路交通安全劝导站点，专职道路交通安全协管员，村级专兼职劝导员，县、乡、村农村公路路长）管理机制，构建“主体在县、管理在乡、延伸到村、触角到组”的农村道路交通安全管理工作体系；

（二）制定农村道路交通安全管理规划并组织实施，提供必要的经费保障；

（三）组织实施农村道路交通安全风险分级管控、隐患排查、挂牌治理工作，建立健全“分级挂牌、限期治理、及时销号、约谈问责”机制；

（四）建立健全本地区道路交通事故预警和应急救援预案；

（五）探索建立农村道路交通安全诚信体系，推进农村道路交通安全综合监管云平台共管共用；

（六）制定并组织实施道路交通安全宣传教育年度工作计划和工作方案，督促各部门和单位履行宣传教育责任和义务；

（七）制定农村道路交通安全目标考核办法，并强化结果运用。

第六条 县级人民政府履行以下工作职责：

（一）部署开展本辖区农村道路交通安全工作，指导、督促各乡镇、各有关部门落实农村道路交通安全责任制，构建管理主体到乡镇、隐患治理到乡镇、宣传教育到乡镇、矛盾化解到乡镇、便民利民到乡镇的农村道路交通安全管理机制；

（二）完善农村道路交通安全管理工作机制，配齐配强“两站两员一长”管理力量；

（三）为开展农村交通安全管理工作提供必要的经费和装备保障，加强道路交通基础设施建设和监管能力建设，推动“雪亮工程”建设逐步向农村道路延伸；

（四）定期检查乡镇运用农村交通安全综合监管云平台开展管理的情况，推动道路隐患排查治理、人车源头管理、违法劝导、跟场管理、红白喜事打招呼、交通安全宣传教育等工作制度落实；

（五）依法组织、参与道路交通事故抢险救援和善后调查处理，落实道路交通事故责任追究和整改工作。

第七条 乡（镇）人民政府（街道办事处）履行以下工作职责：

（一）组织实施道路隐患排查、人车源头管理、违法劝导、跟场管理、红白喜事打招呼、交通安全宣传教育等工作；

（二）统筹建立道路交通安全管理办公室（交管站）、村（居）道路交通安全劝导站（点），组织辖区路长、村（支）两委负责人和交通安全协管员、劝导员、志愿者开展日常管理工作；

（三）对发生在辖区内或者涉及本乡镇（街道办事处）群众的农村道路交通事故，组织协调做好善后处置工作；

（四）实施乡镇（街道办事处）、村（居、社区）道路交通安全网格化管理，强化人、车、路源头管理；

（五）利用农村道路交通安全综合监管云平台，推动道路交通安全管理工作关口前移、重心下移，全面提升精细化、信息化、社会化管理水平；

（六）利用“新时代农民讲习所”和农村“大喇叭”等方式，开展交通安全宣讲和警示提示，倡导运用村规民约提升村民交通安全意识，教育引导群众自觉遵守交通规则。

第三章 部门（单位）职责

第八条 公安部门负责严管农村道路交通秩序，依法查处农村道路交通安全违法行为，组织开展农村公路危险路段、事故多发路段排查，分析研判农村道路交通事故发生的原因、特点和规律，提出防范治理对策建议，加强农村道路交通安全宣传警示教育。

第九条 交通运输部门负责严把农村运输市场准入关、扶持发展农村公共交通，强化农村道路养护和管理，推进生命防护工程，完善安全防护设施，整治农村公路安全隐患，依法查处各类道路运输违法行为。

第十条 应急管理部门负责对农村道路交通安全实施综合监督管理，指导、协调、监督各职能部门、各有关单位落实农村道路交通安全管理责任，对突出风险隐患实施挂牌督办，依法组织对道路交通事故进行调查处理，并监督事故调查和责任追究的落实情况。

第十一条 教育行政管理部门负责督促学校强化对校车及驾驶人的安全管理，制止学校使用不符合安全条件的车辆接送教师和学生，督促指导学校加强道路交通安全教育。

第十二条 工业和信息化部门按要求负责对车辆生产企业的生产一致性进行监督管理。

第十三条 司法行政部门负责将农村道路交通安全法律、法规宣传教育纳入普法内容，督促相关部门履行普法责任。

第十四条 财政部门负责为农村道路交通安全管理提供必要的经费保障，促进农村道路交通安全。

第十五条 自然资源部门负责开展农村道路地质灾害隐患的排查巡查、调查评估，协助做好农村道路重大地质灾害险情避险撤离。

第十六条 生态环境部门负责危险化学品道路交通事故造成环境污染和生态破坏的应急监测，参与事故应急救援。

第十七条 农业农村部门负责建立完善农机安全监管体系，严把农机驾驶人的培训、考试、审验、发证关，严格拖拉机和联合收割机注册登记和年度检验。

第十八条 文化和旅游部门负责加强旅游景区内部交通安全监管，对旅游从业人员进行交通安全教育管理。

第十九条 卫生健康部门负责建立健全农村道路交通事故伤员救援机制，开辟交通事故绿色救治通道。

第二十条 市场监管部门负责对销售的电动自行车、机动车零配件进行产品质量监管，依法查处违法销售经营行为，会同有关部门加强对机动车安全技术检验机构的监管。

第二十一条 银保监部门负责推动农村地区“警保合作”，指导完善农村“两站两员”建设。

第二十二条 气象管理部门负责气象灾害风险预判分析，及时通报灾害性天气情况，及时发布预警信息，提示群众安全出行。

第二十三条 保险机构应当参与农村“两站两员”建设，提高农村交通安全管理覆盖率及农村机动车投保率，配合做好驾驶人交通安全宣传教育。

第二十四条 各行业主管部门要督促农村客运、货物运输、外卖快递、客货运站（场）、机动车维修检测、驾驶人培训、校车服务等机构，严格落实交通安全主体责任，依法依规开展经营活动。

第二十五条 农村道路及交通设施设计、建设、监理、验收、养护、管理单位，应当严格执行法律、法规、规章和国家标准、行业标准、地方标准。

第四章 考核监督与责任追究

第二十六条 各级人民政府要落实责任主体、明确目标任务、细化工作措施、严格兑现奖惩，要对所属部门和下级人民政府落实农村道路交通安全责任制情况进行巡查，巡查结果列入所属部门和下级人民政府年度安全生产工作考核内容。省道路交通安全工作联席会议对市级人民政府农村道路交通安全管理进行考核。

第二十七条 各级人民政府要组织召开道路交通安全联席会议或专题会议，安排重点工作，解决突出问题。每年 11 月底前，县级以上人民政府有关部门要向本级人民政府报告本部门履行农村道路交通安全工作职责情况；每年 12 月底前，县级以上人民政府要向上一级人民政府报告年度农村道路交通安全工作情况。

第二十八条 各级人民政府及负有农村道路交通安全监督管理职责的部门应建立道路交通安全隐患日常管控和预警机制，定期对本地区、本行业交通安全工作落实情况进行检查，隐患突出的应下发预警通知书并督促整改。

第二十九条 各级人民政府要严格执行农村道路交通安全警示约谈、挂牌督办制度，对未履行或未正确履行职责、未及时排查治理重大安全隐患、未按时完成重要道路交通安全工作任务的单位和部门，要进行警示约谈、挂牌督办。

第三十条 按照有关规定，公安部门负责牵头开展道路交通事故调查，相关部门配合。事故调查要查明事故发生经过和原因，相关单位主体责任和有关部门监管责任落实情况，分析查找安全隐患、管理漏洞及薄弱环节，提出整改意见，坚持“四不放过”原则，依法依规追究相关责任人责任。道路运输事故的调查处理按照《生产安全事故报告和调查处理条例》等规定执行。

第三十一条 发生致 5 人及以上死亡的道路交通事故，市级政府负责人必须到现场；发生致 3 人及以上死亡的道路交通事故，县级政府负责人必须到现场；发生致 1 人及以上死亡的道路交通事故，乡镇级政府负责人必须到现场。

第五章 附 则

第三十二条 本规定解释工作由省道路交通安全联席会议办公室（省公安厅）承担。

第三十三条 本规定自印发之日起施行。

附录六

《贵州省电动自行车管理办法》

贵州省人民政府令
第 196 号

《贵州省人民政府关于修改〈贵州省电动自行车管理办法〉的决定》已经 2020 年 1 月 22 日省人民政府第 51 次常务会议审议通过，现予公布，自 2020 年 5 月 1 日起施行。

省长　谌贻琴

2020 年 3 月 19 日

贵州省人民政府关于修改《贵州省电动自行车管理办法》的决定

贵州省人民政府决定对《贵州省电动自行车管理办法》作如下修改：

一、将第三条修改为："本办法所称的电动自行车属于非机动车，是指以车载蓄电池作为辅助能源，具有脚踏骑行能力，能实现电助动、电驱动功能的两轮自行车。"

二、将第四条第一款修改为："公安机关交通管理部门负责电动自行车登记、道路通行管理，根据道路和交通流量的具体情况，依法对电动自行车采取疏导、限制通行、禁止通行等措施，保障道路交通有序、安全、畅通。"

将第二款、第三款合并，作为第二款，修改为："市场监督管理部门负责对电动自行车的生产、销售进行监督管理。"

将第四款中的"环境保护部门"修改为"生态环境部门"。

三、将第五条修改为："市场监督管理、生态环境和公安机关交通管理等部门应当建立电动自行车管理协调配合机制，实现信息共享。

"电动自行车行业协会应当建立健全行业自律制度，开展对电动自行车生产、销售的指导、服务工作，引导行业健康发展。"

四、将第七条修改为："电动自行车的生产应当经过强制性产品认证，取得强制性产品认证证书，并按规定标注强制性产品认证标志。

"销售者销售的电动自行车应当取得强制性产品认证证书，电动自行车销售包装上标注的内容应当与强制性产品认证证书相符合。

“禁止生产、销售未取得强制性产品认证的电动自行车。”

五、将第十条第一款修改为：“购买电动自行车，应当自购车之日起 30 日内，向县级以上人民政府公安机关交通管理部门申请办理登记，领取号牌、行驶证后，方可上道路行驶。”

六、将第十一条修改为：“申请登记，应当现场交验车辆，并提供下列材料：

“（一）电动自行车所有人合法有效的身份证明；

“（二）电动自行车发票或者其他合法来历凭证；

“（三）电动自行车整车出厂合格证。

“公安机关交通管理部门对申请材料齐全有效且按规定标注强制性产品认证标志的电动自行车，应当当场办理登记手续，当日核发电动自行车号牌、行驶证。对不符合登记条件的，不予登记，并书面告知理由。”

七、将第十二条修改为：“《电动自行车安全技术规范》（GB17761—2018）实施前购买的电动自行车未经登记的，应当于 2020 年 12 月 31 日前向县级以上人民政府公安机关交通管理部门申请登记：

“（一）符合国家安全技术标准的，发放号牌、行驶证；

“（二）不符合国家安全技术标准的，发放临时通行标识。对发放临时通行标识的电动自行车设置 3 年过渡期，过渡期满后，不得上道路行驶。

“具体管理办法由省人民政府公安机关会同省人民政府市场监督管理、省人民政府工业和信息化等有关部门制定，并向社会公布。

“鼓励电动自行车销售商采取以旧换新、折价回购等方式回收不符合国家安全技术标准的电动自行车；鼓励电动自行车所有人主动置换或者报废不符合国家安全技术标准的电动自行车。”

八、删去第十五条，增加一条，作为第十五条：“禁止对出厂后的电动自行车实施下列行为：

“（一）加装、改装电动机和蓄电池等动力装置，或者更换不符合国家标准的电动机和蓄电池等动力装置；

“（二）加装、改装车篷、车厢、座位等装置；

“（三）拆除或者改动限速处理装置；

“（四）其他影响电动自行车通行安全的拼装、改装行为。”

九、删去第二十三条中的“或者拒绝现场交纳”。

十、将第二十四条修改为：“违反本办法第七条、第八条、第九条、第十五条规定的，由市场监督管理、生态环境、城市管理等部门依据相关法律、法规和规章进行处罚。”

十一、将第二十五条中的“质量技术监督、工商行政管理、环境保护”修改为“市场监督管理、生态环境”，“行政处分”修改为“处分”。

本决定自2020年5月1日起施行。

《贵州省电动自行车管理办法》根据本决定作相应修改并对条文序号作相应调整，重新公布。

贵州省电动自行车管理办法

（2013年3月8日贵州省人民政府令第141号公布根据2020年3月19日贵州省人民政府令第196号《贵州省人民政府关于修改〈贵州省电动自行车管理办法〉的决定》修订）

第一章　总　则

第一条　为加强电动自行车的管理，维护道路交通秩序，预防和减少交通事故，根据《中华人民共和国道路交通安全法》《贵州省道路交通安全条例》等法律、法规的规定，结合本省实际，制定本办法。

第二条　本省行政区域内电动自行车的生产、销售、登记、道路通行及其管理适用本办法。

第三条　本办法所称的电动自行车属于非机动车，是指以车载蓄电池作为辅助能源，具有脚踏骑行能力，能实现电助动、电驱动功能的两轮自行车。

第四条　公安机关交通管理部门负责电动自行车登记、道路通行管理，根据道路和交通流量的具体情况，依法对电动自行车采取疏导、限制通行、禁止通行等措施，保障道路交通有序、安全、畅通。

市场监督管理部门负责对电动自行车的生产、销售进行监督管理。

生态环境部门负责对收集、贮存、处置电动自行车废旧电池实施监督管理。

城市管理部门负责对未经批准占用城市道路两侧、公共场地用于销售和停放电动自行车的管理。

其他有关部门按照各自职责做好电动自行车管理的相关工作。

第五条　市场监督管理、生态环境和公安机关交通管理等部门应当建立电动自行车管理协调配合机制，实现信息共享。

电动自行车行业协会应当建立健全行业自律制度，开展对电动自行车生产、销售的指导、服务工作，引导行业健康发展。

第六条　提倡电动自行车所有人参加相关责任保险。

第二章　生产销售管理

第七条　电动自行车的生产应当经过强制性产品认证，取得强制性产品认证证书，并按规定标注强制性产品认证标志。

销售者销售的电动自行车应当取得强制性产品认证证书，电动自行车销售包装上标注的内容应当与强制性产品认证证书相符合。

禁止生产、销售未取得强制性产品认证的电动自行车。

第八条 电动自行车销售者应当建立进货检查制度，验明产品合格证明和其他标识，并向消费者提供有效发票。

电动自行车销售者不得擅自占用城市道路以及其他公共场地销售电动自行车。

第九条 电动自行车废旧蓄电池应当回收利用。电动自行车销售商及蓄电池销售商负责回收废旧蓄电池，并交给具有危险废物经营资质的单位统一处理。

第三章 登记管理

第十条 购买电动自行车，应当自购车之日起30日内，向县级以上人民政府公安机关交通管理部门申请办理登记，领取号牌、行驶证后，方可上道路行驶。

电动自行车登记事项及号牌、行驶证的式样由省人民政府公安机关交通管理部门规定并监制。

第十一条 申请登记，应当现场交验车辆，并提供下列材料：

（一）电动自行车所有人合法有效的身份证明；

（二）电动自行车发票或者其他合法来历凭证；

（三）电动自行车整车出厂合格证。

公安机关交通管理部门对申请材料齐全有效且按规定标注强制性产品认证标志的电动自行车，应当当场办理登记手续，当日核发电动自行车号牌、行驶证。对不符合登记条件的，不予登记，并书面告知理由。

第十二条 《电动自行车安全技术规范》（GB17761—2018）实施前购买的电动自行车未经登记的，应当于2020年12月31日前向县级以上人民政府公安机关交通管理部门申请登记：

（一）符合国家安全技术标准的，发放号牌、行驶证；

（二）不符合国家安全技术标准的，发放临时通行标识。对发放临时通行标识的电动自行车设置3年过渡期，过渡期满后，不得上道路行驶。

具体管理办法由省人民政府公安机关会同省人民政府市场监督管理、省人民政府工业和信息化等有关部门制定，并向社会公布。

鼓励电动自行车销售商采取以旧换新、折价回购等方式回收不符合国家安全技术标准的电动自行车；鼓励电动自行车所有人主动置换或者报废不符合国家安全技术标准的电动自行车。

第十三条 电动自行车号牌、行驶证灭失、丢失、损毁的，电动自行车所有人应当持身份证明到原登记机关补换号牌、行驶证。

第十四条 电动自行车所有权发生转移的，双方应当到公安机关交通管理部门办理转移登记。

第十五条 禁止对出厂后的电动自行车实施下列行为：

（一）加装、改装电动机和蓄电池等动力装置，或者更换不符合国家标准的电动机和蓄电池等动力装置；

（二）加装、改装车篷、车厢、座位等装置；

（三）拆除或者改动限速处理装置；

（四）其他影响电动自行车通行安全的拼装、改装行为。

第四章　通行管理

第十六条　任何单位或者个人不得伪造、变造或者使用伪造、变造的电动自行车号牌、行驶证；不得故意遮挡、污损或者使用他人电动自行车的号牌、行驶证。

第十七条　驾驶电动自行车，应当年满16周岁以上，且无妨碍安全驾驶的身体缺陷。未满16周岁驾驶电动自行车的，由公安机关交通管理部门通知监护人。

第十八条　驾驶电动自行车应当遵守以下规定：

（一）携带行驶证和悬挂号牌；

（二）在划分机动车道和非机动车道的道路上，应当在非机动车道行驶。在没有划分中心线、机动车道和非机动车道的道路上，应当靠车行道右侧行驶；

（三）转弯前应当减速慢行，打转向灯示意，超越前车时不得妨碍被超越车辆行驶；

（四）行经繁华路段、交叉路口、铁路道口、人行横道、急弯路、宽度不足4米的窄路或者窄桥、陡坡、隧道或者容易发生危险的路段，不得超车；

（五）不得在人行道、步行街及其他禁止通行的区域内和道路上骑行；

（六）制动器失效、夜间无有效照明条件的，不得骑行；

（七）横过机动车道、人行横道、过街天桥时，应当下车推行；

（八）只能搭载一名12周岁以下未成年人，搭载学龄前儿童的，应当使用安全座椅；

（九）戴安全头盔；

（十）法律、法规和规章规定的其他情形。

第十九条　驾驶电动自行车禁止以下行为：

（一）酒后驾驶；

（二）载客营运；

（三）逆向行驶；

（四）驾驶拼装、改装的电动自行车；

（五）在电动自行车上安装、使用妨碍交通安全管理的装置；

（六）违反交通信号灯、交通标志、交通标线的指示；

（七）牵引、攀扶车辆或者被其他车辆牵引，双手离把或者手中持物；

（八）扶身并行、互相追逐或者曲折竞驶；

（九）载物高度从地面起超过1.5米，宽度左右各超出车把0.15米，长度前端超出车轮，后端超出车身0.3米；

（十）法律、法规和规章规定的其他情形。

第五章 法律责任

第二十条 违反本办法第十六条规定的，由公安机关交通管理部门给予警告，处50元罚款。

第二十一条 违反本办法第十八条规定的，由公安机关交通管理部门给予警告，责令改正；拒不改正的，处20元罚款。

第二十二条 有本办法第十九条第一项的行为的，由公安机关交通管理部门给予警告，处50元罚款，驾驶人酒醒后方能驾驶；有本办法第十九条第二项至第九项的行为的，由公安机关交通管理部门给予警告，责令改正，处40元罚款。

第二十三条 电动自行车驾驶人拒绝接受罚款处罚的，公安机关交通管理部门可以依法扣留其电动自行车。电动自行车驾驶人在规定期限内接受处理后，公安机关交通管理部门应当立即退还电动自行车；逾期不接受处理的，被扣留的电动自行车依照有关法律、法规规定处理。

第二十四条 违反本办法第七条、第八条、第九条、第十五条规定的，由市场监督管理、生态环境、城市管理等部门依据相关法律、法规和规章进行处罚。

第二十五条 公安机关交通管理、市场监督管理、生态环境、城市管理等部门及其工作人员违反本办法规定，在电动自行车监督管理中滥用职权、玩忽职守、徇私舞弊，有下列情形之一的，由其所在单位、监察机关或者上级主管部门责令其改正；情节严重的，对直接负责的主管人员和其他直接责任人员依法给予处分：

（一）未按照规定对电动自行车生产、销售市场进行监督检查的；

（二）对不符合条件的电动自行车办理号牌、行驶证的；

（三）未在规定的期限内办结电动自行车号牌、行驶证的申领、换领、补领、变更登记、转移登记等工作的；

（四）发现违法行为不予查处或者接到投诉不予处理的；

（五）其他违反本办法规定的情形的。

第六章 附 则

第二十六条 本办法自2013年5月1日起施行。